U0169765

野外应急生活保障理论与技术系列丛书

野外应急供电理论与技术

黄光宏　　曹世宏　　刘剑飞　　宁涛　**编著**

西安电子科技大学出版社

内 容 简 介

本书共分为 4 章。第 1 章为绪论，主要对野外应急供电的相关概念、野外应急供电系统的基本组成及特点等作了简要介绍；第 2 章为野外应急供电基本理论，概括地介绍了与野外应急供电相关的基本理论，涉及电工技术、模拟电子技术、数字电子技术、数字控制技术、电力电子技术、电机技术、发动机技术、噪声控制技术等；第 3 章为野外应急供电设备实例及设计原则，全面总结了野外应急供电设备的一般设计原则及方法，给出了小型高原柴油发电机组、小型低噪声发电机组、中型发电机组、并联供电发电机组、燃料电池发电系统、光伏发电系统、取力发电系统等设计实例，并对新型稀土永磁发电机、系统噪声、热控制等进行了分析设计；第 4 章为野外应急供电的发展方向，对野外应急供电新能源、新技术、新材料进行了展望。

本书可供从事野外应急供电设备研究与开发的相关技术人员使用，用于指导相关产品的研究和设计工作，也可供高等学校相关专业高年级本科生、研究生参考。

图书在版编目(CIP)数据

野外应急供电理论与技术/黄光宏等编著. —西安：西安电子科技大学出版社，2023.2
ISBN 978 - 7 - 5606 - 6663 - 1

Ⅰ. ①野… Ⅱ. ①黄… Ⅲ. ①野外—供电系统—应急系统 Ⅳ. ①TM72

中国版本图书馆 CIP 数据核字(2022)第 182730 号

策　　划　刘小莉
责任编辑　武翠琴
出版发行　西安电子科技大学出版社(西安市太白南路 2 号)
电　　话　(029)88202421　88201467　　邮　　编　710071
网　　址　www.xduph.com　　　　　　电子邮箱　xdupfxb001@163.com
经　　销　新华书店
印刷单位　咸阳华盛印务有限责任公司
版　　次　2023 年 2 月第 1 版　2023 年 2 月第 1 次印刷
开　　本　787 毫米×1092 毫米　1/16　印张　15
字　　数　353 千字
印　　数　1～1000 册
定　　价　43.00 元
ISBN 978 - 7 - 5606 - 6663 - 1/TM
XDUP 6965001 - 1

* * * 如有印装问题可调换 * * *

前　　言

我国地域辽阔，地形地貌复杂，处于太平洋板块和亚欧板块交汇处，地壳运动强烈，季风气候特点突出，自然灾害频发，是世界上少数多种自然灾害最为严重的国家之一，防灾减灾工作任务艰巨。

灾后的应急保障对抢险救灾行动至关重要，而供电保障更是重中之重，无论是救灾活动的组织领导、人员救护，还是灾民安置、生活保障，都需要电力供应。灾害可能导致固定电网瘫痪，此时各种发电机组、光伏发电就成了应急供电的主要选择。长期以来，由于缺乏专门的研究机构，没有专业人员全面总结关于野外应急供电的相关理论与技术，导致这方面的专业参考资料较少。本书编著者长期从事野外应急供电体系论证研究、设备开发等技术工作，积累了一定的经验，希望通过本书能为从事本领域工作的技术人员提供一个全面的知识储备和设计方法指导。

本书主要安排四部分内容，即基本概念、基本理论、设计实践和发展方向。基本概念部分阐述了有关野外应急供电相关概念的内涵和外延，同时也界定了本书的内容。基本理论部分简要叙述野外应急供电用到的相关理论，力求简洁明了、提纲挈领，这部分内容对设计实践起支撑作用，是设计实践的基础。设计实践部分总结了野外应急供电设备的一般设计原则及方法，同时对常用的野外应急供电设备给出了设计方法、步骤和实例，既有单机设计计算，也有系统设计，基本概括了野外应急用到的供电设备和系统。发展方向是对野外应急供电未来发展的展望，重点对可能用到的新能源、新技术、新材料进行介绍。

本书编著过程中，沈承、张福才提供了部分资料，空军工程大学航空机务士官学校郭娟参加了编写工作，西北工业大学卢刚教授审阅了初稿，在此一并表示感谢。

编著者

2022 年 9 月

目　　录

第 1 章　绪　　论

电能在现代社会中发挥着重要的作用，固定场合的用电主要靠固定电网和备用发电机组供电。本书主要讨论野外应急供电。

1.1　野外应急供电的相关概念

供电依托电力系统来完成，包括发电、输电、变电、配电、用电等几个主要环节。野外应急供电需要根据实际情况，完成从发电到用电的过程。

1.1.1　野外应急供电

应急供电也称为紧急供电，是指在使用地域内没有固定电网，或者由于某种原因固定电网停电时，为了减少损失而进行的供电行为。这里有三种情况：第一种是发生故障的设备具有备用电源，如果主电源故障，会启动备用电源供电；第二种是发生故障的设备无备用电源，或者自身无供电能力，则需要外部应急电源进行供电；第三种是没有固定供电设施时采取的供电行为。

野外应急供电是指在野外条件下，没有固定供电设施，为保障野外环境下的相关工作持续正常开展而进行的一种供电行为。

1.1.2　发电

发电是利用发电装置将水能、化石燃料（如煤炭、石油、天然气等）燃烧产生的热能以及太阳能、风能、地热能、海洋能等转换为电能的过程。野外条件下的发电，也称为应急发电。

在野外条件下，由于原始的可用能源如火能、地热能等并不是随处可得的，故常采用一些容易获得的、对电能转换装置要求较低的能源作为原始能源，比如采用发动机轴输出力作为动力源的发电机或者发电机组发电，采用太阳能、风能等作为能源的太阳能发电、风力发电等，由此导致野外应急发电动力装置与传统意义上的发电设备相比，环境适应性强、运输方便、展开迅速、可靠性高。

野外应急供电系统发出的电能必须经过一系列过程，才能到达终端用电设备。这个过程是由配电系统来完成的，涉及输电、配电环节。

1.1.3　输电与配电

输电，是指将发出的电能经传输线路输送到终端用电设备的环节。配电，是指在野外应急供电系统中直接与用电设备相连并向用电设备分配电能的环节。由于传输距离有限，野外应急供电系统常把输电和配电集成在一起，由配电环节完成。

野外应急供电系统的配电环节主要由配电控制器、变压器、配电网和保护设备构成，按照向终端用电设备提供的电流不同，可分为交流配电和直流配电两种。

交流配电方式是指配电系统向终端设备提供的电能为随时间变化的正弦交流电。交流配电主要有以下几种形式。

（1）三相三线制：分为三角形接线和星形接线。

（2）三相四线制：用于低压动力与照明混合配电。

（3）三相二线一地制：多用于农村配电，因为存在安全问题，故早已淘汰。

（4）单相单线制：常用于电气铁路牵引供电。

（5）单相二线制：由三相四线制获得，主要供应居民用电。

直流配电是指配电系统向终端设备提供的电能为直流电。常用的直流配电方式有以下两种。

（1）二线制：用于城市无轨电车、地铁机车、矿山牵引机车等的供电。

（2）三线制：供应发电厂、变电所、配电所自用电和二次设备用电，发电厂发出的是高压电，在输电、配电过程中，常经过多次变换，这就有了二次配电网络的概念。

1.2　野外应急供电系统概述

1.2.1　野外应急供电系统与常规电力系统的区别与联系

与生活用电和工业用电相关的固定电网供电系统是一种常规的电力系统。常规电力系统就是由发电、输电、变电、配电和用电设备以及测量、继电保护、控制装置乃至能量管理系统所组成的统一整体。野外应急供电系统则是由发电、输电、配电和用电设备以及测量、继电保护、控制装置和能量管理系统所组成的统一整体。两者的区别与联系主要体现在以下几点：

（1）从电力系统环节来看，由于野外应急供电所供电的对象的电压等级一般为市电 220 V/380 V 及以下用电设备，因此，变电不再是一个主要环节。

（2）从电能来源来看，常规电力系统中，煤电、风电、水电等是主要电能来源；野外应急供电系统多采用电池、燃油、新型能源（如太阳能、风能等）作为电能来源，能源供给更加灵活、多样、小型、便携。

（3）从系统规模看，常规电力系统具有跨距远、电压等级高且级别多的特点，动辄几千公里甚至上万公里的输电、变电网络，从高压、特高压最终变换为市电；野外应急供电系统则具有网络简单、等级单一、输送范围小的特点，发电后甚至可以直接供用户使用。

基于上述特点，野外应急供电系统更突出了应急供电的特征，相比于常规电力系统，这恰恰能够充分发挥它的应急供电保障优势。

1.2.2　野外应急供电系统的基本组成

经过不断发展，常规电力系统主要由发电系统、输电系统、变电系统和配电系统四个部分组成。而野外应急供电系统主要由发电系统、输电系统、配电系统三个主要环节构成，如图 1 - 1 所示，变电系统不再是必需的。

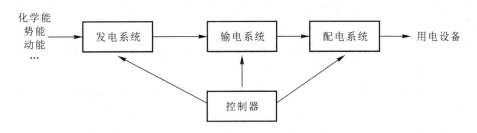

图 1-1 野外应急供电系统基本组成

1. 发电系统

野外应急供电系统的发电系统与常规电力系统的发电系统类似，由原动机、发电机和控制器组成。

常规电力系统的原动机将一次能源(如化石燃料能、核能、水能、风能、太阳能、潮汐能、地热能等)转换为机械能，再由发电机将机械能转换为电能。随着发电技术和手段的不断更新，野外应急供电的发电系统已不再是单纯而传统的原动机，新的发电方式不断引入野外应急供电发电系统中，比如燃料电池、太阳能电池等可以直接产生电能。

常规电力系统的发电机为三相交流同步发电机。而野外应急供电系统中的发电机，因用电设备的供电机制、电压等级等不同，除了采用传统的三相交流同步发电机之外，许多新型的发电机技术得以应用和推广，比如永磁无刷直流发电机、开关磁阻发电机等。

2. 输电系统

常规电力系统的输电系统(又称电网)由输电和变电设备组成。输电设备主要有输电线、杆塔、绝缘子串等，变电设备主要有变压器、电抗器、电容器、断路器、开关、避雷器、互感器、母线等一次设备以及保证输变电安全可靠运行的继电保护、自动装置、控制设备等。

野外应急供电输电系统和常规电力系统的输电系统相比，输电网络延伸范围小、电压等级低、不需要变电设备，因此，输电系统的主要构成为输电线。除此之外的继电保护、自动装置、控制设备等与常规电力系统相似。

3. 配电系统

配电系统是将电能输送到具体用电设备的网络。现代电网中，配电网的特征主要是中低压、网络复杂化、城市电缆化、绝缘化、无油化、小型化、配电自动化、光纤化、信息化等。

野外应急供电设备的配电系统与常规电力系统的配电系统相同，其设计理念和设计方法可借鉴常规电力系统的配电系统。

1.2.3 野外应急供电系统的特点及要求

野外应急供电系统的功能是将能量从一种自然存在的形式(一次能源)转换为电能的形式(二次能源)，并将它输送到终端用电设备。

电能的优点是输送和控制相对容易，效率和可靠性高。一个设计完善和运行良好的野外应急供电系统应满足以下基本要求。

（1）系统必须能够适应不断变化的有功负荷和无功负荷的功率需求，因而，必须保持适当的有功和无功裕量备用，并始终给予适当的控制。

（2）系统供电质量必须满足规定，即电压、频率在规定范围内，且具有一定的供电可靠性。

（3）由于快速性要求，电力系统的正常操作（如发电机、线路、用电设备的投入或退出）都应在瞬间完成，有些操作和故障的处理必须满足系统实时控制的要求。

（4）系统必须充分考虑安全性，即充分考虑过载保护、漏电保护，确保供电设备、用电设备和人员的安全。

1.3 野外应急供电的主要方式

1.3.1 直接供电

直接供电是一种直接将不经变换的电能提供给用电设备的供电方式，它是一种简单而经济的供电方式。在电力工业发展早期，发电后的电压、频率等参数相对固定，同时，用电设备在设计时，对供电电源的需求仅有电压、频率等参数，因此，可以将输送过来的电源不经变换环节直接接入用电设备。直到现在，直接供电方式依然在广泛应用。比如，工业领域大量使用的三相交流异步电机，在没有调速需求的场合，直接从电网接入 AC 220 V/380 V 电源，就可以工作了。此外，电气化铁路在早期常采用的单向牵引电网就是直接供电的一种应用，通过牵引电网将一根馈线接到接触网上，另外一根馈线接到钢轨上，就构成了最简单的供电方式。

生产中最常见的交流电源是由发电厂的公共电网供电，由公共电网向交流负载直接供电是最普通的供电方式。直接供电具有结构简单、投资少、能耗低等特点。但随着生产发展，相当多的用电设备对电源质量和参数有特殊要求，常常在一个系统内会出现不同的电压水平、不同频率的电源需求，以致难以由公共电网直接供电。为了满足这些要求，研究出了一种新的供电方式——逆变供电。

1.3.2 逆变供电

将交流电变换为直流电称为 AC/DC 变换，这种变换的功率流向是由电源传向负载，称之为整流。整流过程采用的电路称为整流电路，常用二极管搭建整流电路。

将直流电变换为交流电称为 DC/AC 变换，也就是逆变。逆变常采用 MOSFET、IGBT 等电力电子器件，配合相应的功率器件开关控制技术完成逆变过程。逆变过程采用的电路称为逆变电路，它的基本作用是在控制电路的控制下将直流电源转换为频率和电压都任意可调的交流电源。通过逆变电路进行供电的方式就是逆变供电。

正是由于逆变技术可以将直流电变换为不同频率的交流电，使得交流电的应用范围更广泛，进一步推动了供电技术的发展。蓄电池、干电池、太阳能电池等都是直流电源，通过逆变电路就可以实现向交流负载供电。另外，变频器、不间断电源、感应加热电源等电力电子装置的核心部分都是逆变电路。

当野外应急供电的发电动力装置是直流发电机组、太阳能电池板、燃料电池时，发出的电能为直流电,若用电设备为交流用电设备,则需要采用逆变技术,将直流电逆变为交流电。这时的供电即为逆变供电。

当野外应急供电系统采用交流发电机组发电,发出的电能为交流电,但其频率和幅值无法满足交流用电设备的用电要求时,则需要先进行整流,再进行逆变,逆变为符合用电设备用电规范的电能。这种供电也是逆变供电。

野外应急供电系统逆变供电时常用的逆变电路,按照直流电源性质不同,可分为由电压型直流电源供电的电压型逆变电路和由电流型直流电源供电的电流型逆变电路;按主电路的器件不同,可分为由具有自关断能力的全控型器件组成的全控型逆变电路和由无关断能力的半控型器件(如普通晶闸管)组成的半控型逆变电路;按电流波形不同,可分为正弦逆变电路和非正弦逆变电路;按输出相数不同,可分为单相逆变电路和多相逆变电路。

1.3.3 并联供电

随着用电设备的发展,用电设备的供电稳定性、可靠性越来越受到重视。以往单电源供电的方式,一旦发生故障,将导致用电设备无法工作,尤其是在野外紧急情况下,将造成不可预测的生命安全问题和经济损失。基于这一需求,并联供电技术逐渐成为一种有效的解决方案。同时,单电源供电容量达不到设备对电源的需求时,必须采用一定的措施来增加电源供电容量。但是,电源供电容量受限于电力电子器件本身的过流能力,而采用多个容量相近的电源并联可以提高电源负载能力,以满足用电设备的电源需求,这也是并联供电技术发展的主要推动力。

从上述分析可以看出,并联供电是一种采用多路或多种电源并联以提高供电冗余和负载能力的供电技术。

1.3.4 微电网供电

微电网(Micro-Grid,也译为微网),是相对传统大电网的一个概念,是指多个分布式电源及其相关负载按照一定的拓扑结构组成的网络,并通过静态开关关联至常规电网。开发和延伸微电网能够充分促进分布式电源与新能源的大规模接入,实现对多种能源形式的高可靠供给,是实现主动式配电网的一种有效方式,可使传统电网过渡到智能电网。

微电网强调各种小型分布式发电系统的集中应用,强调应用技术开发。而在此基础上发展的智能微电网是以微电网为基础,着重发展微电网能源的管理与控制,是能够实现自我控制、保护和管理的自治系统,既可以与外部电网联网运行,也可以孤立运行。它作为完整的电力系统,依靠自身的控制及管理功能可实现功率平衡控制、系统运行优化、故障检测与保护、电能质量调控等。

第2章　野外应急供电基本理论

野外应急供电是一个系统工程,开展野外应急供电设备的设计、应用和维护,需要掌握电工技术、模拟电子技术、数字电子技术、数字控制技术、电力电子技术、电机技术、发动机技术、噪声控制技术等基本理论。

2.1　电工技术

本节主要介绍在野外应急供电系统中所涉及的正弦交流电路和三相交流电路。

2.1.1　正弦交流电路

1. 直流电和交流电

电路中的电动势、电压、电流的大小和方向有两种存在形式:一种是恒定不变的,称为直流电;另外一种是大小和方向均随时间周期性变化的,称为交流电。

交流电可分为正弦和非正弦两类。随时间按照正弦规律变化的交流电称为正弦交流电。多数情况下,在生产和生活中使用的都是正弦交流电,即使是需要直流电的场合,一般也是将交流电转换成直流电使用。若没有特别说明,本书所说的交流电就是正弦交流电。我国工业用电的标准为 50 Hz,因此,把 50 Hz 的交流电又称为工频交流电。

将交流电某一瞬时的数值称为瞬时值,分别用小写字母 e、u、i 表示瞬时电动势、瞬时电压和瞬时电流;将瞬时值中最大的数值称为最大值或者峰值,分别用大写字母加角标表示,例如 E_m、U_m、I_m。交流电的电流波形可用数学公式表达为

$$i = I_m \sin(\omega t + \phi) \tag{2-1}$$

式中,$\omega = 2\pi f$,f 为正弦交流电的频率;ϕ 为电流的初相角。

2. 正弦交流电路的负载类型

电路中的电动势、电压、电流等信号随时间作周期性变化的电路叫作交流电路。如果电路中的电动势、电压、电流随时间作正弦变化,则该电路就叫正弦交流电路,简称正弦电路。

生活中依靠交流电供电的负载类型可分为阻性负载、感性负载和容性负载。不同类型的负载中,交流电呈现不同的特性。

1) 阻性负载

凡是电阻起主要作用的负载如白炽灯、电烙铁、电炉、电阻器等,其电感很小可忽略不计,可看成电阻组件,仅由电阻组件构成的交流电路称为纯电阻电路。

纯电阻电路具有以下特点:

(1) 电阻组件的电流和电压的瞬时值、最大值、有效值关系都遵从欧姆定律。

（2）电阻组件的电流与电压同相。

（3）电阻从电源吸收能量，是耗能元件。

2）感性负载

电感量不可忽略的负载，比如电感、电机绕组等，称为感性负载。电感对电流起阻碍作用，总是阻碍电流的变化。电感对电流的影响可归结为电路的感抗。感抗与电流频率有关，频率越高，感抗越大，在电压不变的情况下，电流越小。在纯电感电路中，电感起储存能量与释放能量的作用。电感负载不消耗有功功率，只在电源之间进行能量转换。能量转换的规模用瞬时功率中的幅值来衡量，称为无功功率。无功功率的单位为乏（var）。电感上的无功功率是电压超前电流的无功功率，称为感性无功功率。

感性负载电路具有以下特点：

（1）电感上的电压、电流、有效值关系符合欧姆定律。

（2）电感上的电流滞后电压，总是阻碍电流的变化。

（3）电感相当于储能元件，整体看并不消耗能量，有功功率为 0。

（4）电感对电流的影响与电流频率有关，通低频阻高频。

3）容性负载

电容量不可忽略的负载，比如电容器、功率补偿柜、开关电源等，称为容性负载。电容对电压起阻碍作用，总是阻碍电压的变化。电容对电压的影响可归结为电路的容抗。容抗也与频率有关，但是，它的大小与频率呈反比，频率越高，容抗越小。这个特性恰好与感性负载相反。在纯电容电路中，电容起储能与放电的作用。电容负载的有功功率为 0，无功功率称为容性无功功率，它与电感的能量转换过程相反。

容性负载电路具有以下特点：

（1）电容上的电压、电流、有效值关系符合欧姆定律。

（2）电容上的电流超前电压，对于纯电容负载，电流超前电压 90°相位。

（3）电容相当于储能元件，整体看并不消耗能量，有功功率为 0。

（4）电容对电流的影响与电流频率有关，阻低频通高频。

2.1.2　三相交流电路

单相交流电路指电路中只有一个电源作用的电路。三相交流电路是由同频率、同幅值（有效值）而相位互差 120°的 3 个交流电源共同作用的电路，是复杂交流电路的一种特殊类型。

三相交流电路是电力系统中普遍采用的一种电路结构，目前电厂发电、电网输配电均采用三相制。用电设备中，三相交流电动机应用最为广泛，需要大功率直流电的企业也大多采用三相整流。三相交流电之所以得到广泛应用，是由于它具有以下优点：

（1）与同功率单相发电机相比，三相发电机使用原材料少，体积小。

（2）在距离相同、输送功率相同时，三相输电线路比单相输电线路使用的材料少。

（3）三相交流电动机结构简单，性能也较单相电动机好得多。

（4）三相整流后的输出波形比单相整流后的波形更为平直，更接近于理想直流。

（5）在负载对称条件下，三相电路的计算可简化为单相电路的计算。

1. 三相交流发电机工作原理

三相交流电压是由三相交流发电机产生的，图 2-1 所示为二极三相交流发电机的原理示意图。

三相交流发电机的主要组成部分是电枢和磁极。通常电枢是固定的，又称为定子。磁极是旋转的，又称为转子。定子包括定子铁芯与定子绕组两部分，图 2-1 中定子铁芯内圆周表面冲槽，槽内嵌放 3 个独立的匝数相同的定子绕组 AX、BY 和 CZ，称为三相绕组。

图 2-2 给出了 A 相绕组的示意图，A 和 X 分别称为该相绕组的首端和末端。在图 2-1 中，当三相绕组绕向相同时，3 个绕组首端 A、B、C 彼此相差 120°，3 个末端 X、Y、Z 也相差 120°。对于第一绕组，首端、末端是任意定的。但一相绕组首端、末端规定后，其余两相绕组首端、末端就随之而定，不得再任意规定。

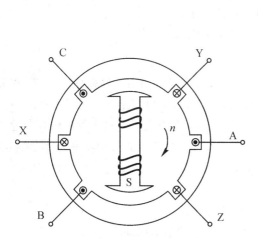

图 2-1　二极三相交流发电机原理示意图

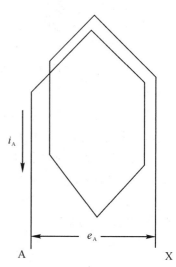

图 2-2　A 相绕组及其电动势

转子由转子铁芯和转子绕组构成。工作时，转子绕组通以直流电励磁，转子铁芯变成电磁铁。适当选择转子铁芯极面形状，并对转子绕组作适当分布，可使定子和转子之间的空气中的磁感应强度按正弦规律分布。

当原动机拖动转子匀速转动时，三相绕组依次切割磁力线而产生频率相同、幅值相等、相位互差 120°的电动势 e_A、e_B、e_C。

对于上述二极三相交流发电机，磁极对数 $p=1$，转子旋转一周，每相电动势变化一个周期。若转子转速为每分钟 n 转，则电动势频率为 $f=n/60$（单位为 Hz）。若转子有 p 对磁极，则转子每旋转一周，绕组的感应电动势变化 p 周，频率 $f=np/60$，电动势变化的角度（电气角度）为空间角度的 p 倍。因此，p 对磁极的发电机 B 相首端距 A 相 $120°/p$，C 相首端距 B 相 $120°/p$。

2. 三相对称电动势

由于三相绕组的电动势互差 120°电气角度，以 A 相初相位为 0°作参考，转子旋转，可得三相绕组的感应电动势分别为

$$\begin{cases} e_A = E_m \sin \omega t \\ e_B = E_m \sin(\omega t - 120°) \\ e_C = E_m \sin(\omega t + 120°) \end{cases} \qquad (2-2)$$

3 个幅值相等、频率相同、相位互差 120°的电动势称为三相对称电动势，三相发电机中三相绕组的电动势就是三相对称电动势。

3. 星形连接的三相电源

把三相对称电动势 3 个末端（或首端）接成一点 N，该点称为中性点或零点，从中性点（即零点）引出的导线称为中性线（零线），从 3 个首端（或末端）引出的 3 根导线称为相线，这就构成了图 2-3 所示的星形（X 形）连接的三相四线制的三相电源。

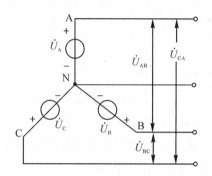

图 2-3　星形接法的三相电源

三相电源中每相电源电压（相线与零线间的电压）称为相电压，其有效值为 U_p。相线之间的电压称为线电压，其有效值为 U_1，且 $U_1 = \sqrt{3} U_p$。常见的工业及民用低压供配电系统就是星形连接的三相四线制的三相电源，其相电压 $U_p = 220$ V，线电压 $U_1 = \sqrt{3} U_p = 380$ V。

4. 三角形连接的三相电源

分别连接三相绕组的 X 与 B、Y 与 C、Z 与 A，在连接点上引出 3 根线，就构成了图 2-4 所示三角形（△形）连接的三相三线制的三相电源。三角形接法中，每相电源电压就是相线间电压，即线电压就是相电压。

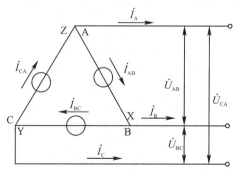

图 2-4　三角形接法的三相电源

三相交流发电机的三相绕组通常都是星形连接，只有三相变压器的三相绕组才会出现三角形连接。

5. 负载的星形连接

前文提到负载可分为阻性、感性和容性三种类型，但实际生活中没有绝对的阻性、感性和容性负载，一般负载都同时具备三种特性。考虑到容性负载和感性负载不消耗有功功率，在分析时，可将负载等效为阻抗 Z，如图 2-5 中的三相负载 Z_A、Z_B 和 Z_C。

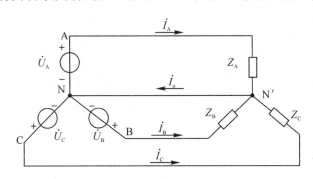

图 2-5　星形接法的三相负载

三相电源电路向外输送电能时，其负载也有星形连接和三角形连接两种接法。不管哪种接法，都规定每相阻抗上的电压为相电压 U_p，流过每相阻抗的电流为相电流 I_p，相线间电压为线电压 U_l，相线上流过的电流为线电流 I_l。

把三相负载的一端接到一点 N′，并把 N′ 点接到电源的零线上，另外 3 个负载端子接到电源的 3 根相线上，这种连接方式称为负载的星形连接。图 2-5 所示为星形连接的三相负载接到三相电源上。

在三相负载对称的情况下，零线电流为零，零线可以去掉。去掉零线后，N′ 点与 N 点依然等电位，三相负载的电压依然不变。这时，可以只对一相进行计算，而其余两相的电压（或电流）大小相等，相位互差 120°。

星形连接时，每相阻抗的电压 U_p 是线电压 U_l 的 $1/\sqrt{3}$，而每相阻抗的电流 I_p 就是线电流 I_l。

星形连接的三相电动机、三相整流器等能保证三相负载对称的电气设备，通常只接入 3 根相线，而将零线省去。如图 2-6 所示，这时三相线圈电压是 3 个对称的电压，三相线圈电流是 3 个对称的电流。

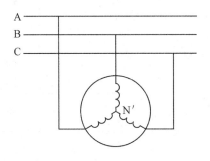

图 2-6　三相交流电动机接线图

三相负载不对称时，零线不能断掉。若零线断掉，则 N′ 点与 N 点电位将不相等，就会造成三相负载电压不对称，甚至会造成某相负载电压过高而烧毁负载。

通常工业及民用三相四线制供电系统的线电压 $U_l=380$ V，相电压 $U_p=220$ V，因此单相负载额定电压为 220 V。这些单相负载分别接在不同的相线和零线之间，如图 2-7 所示。每相相线与零线间可接有灯泡、荧光灯、电扇、电炉等负载，这些负载的阻抗并联，其等效电阻就是该相阻抗，这就形成了三相负载 Z_A、Z_B 和 Z_C。它们的一端都接到零线上，另一端分别接到 3 根相线上，构成星形连接。

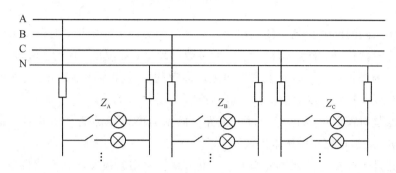

图 2-7　单相负载分别接入各相电源

负载星形连接时，必须注意：若三相负载对称，可以不接零线；若不能保证三相负载对称，则零线不允许断开，否则会造成三相负载电压不对称。因此，规定零线上不允许装开关或熔断器。这里的零线是指线路总的零线，而不是各相或各个具体负载上的零线。虽然在供电系统中总是把负载尽量均匀地分配到三相电源上，但很难做到负载对称。

6. 负载的三角形连接

将三相负载首尾相连，3 个连接点接到三相电源的 3 根相线上，如图 2-8 所示，这种连接方式称为三角形连接。三角形接法中，相电压 U_p 等于线电压 U_l，线电流 I_l 为相电流 I_p 的 3 倍，且线电流滞后对应相电流 30°。

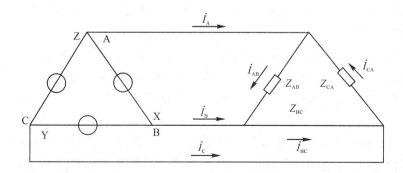

图 2-8　三相负载的三角形连接

三角形连接的三相负载，虽然只接 3 根相线，但任一相负载阻抗发生变化甚至断开，都不会影响其余两相的电压；但该相的电流将随阻抗的变化而变化，接该相负载的两根火线上的电流也将随之变化。

同一套三相对称电路，分别连接三角形负载和星形负载时，三角形连接时的功率是星形连接时的 3 倍。因此，规定为星形连接的负载，若错接成三角形，则每相负载的电压将是额定电压的 3 倍，功率是额定功率的 3 倍，负载将很快被烧毁；规定为三角形连接的负载，若错接成星形，则功率将为额定功率的 1/3。故三相电气设备必须按规定的方式连接。

2.2　模拟电子技术

电子系统中随时间变化的电压或电流，常表示为时间 t 的函数。时间上和数值上均连续的信号称为模拟信号。自然界和生活中大多数物理量，如温度、压力、流量、声音等，转换成的信号均为模拟信号。时间上和数值上均离散的信号称为数字信号，电压或电流的变化在时间上可以不连续，在取值上也可以不连续。

模拟电路是对模拟信号进行处理的电路。常见的模拟电路有放大电路、信号发生电路、整流电路、滤波电路、稳压电路等。

模拟电路是由模拟电路元器件组成的。电力系统常用的模拟电路元器件主要包括电阻器、电容器、电感器等无源元器件及二极管、三极管（晶体管）、场效应管等半导体元器件，这里主要介绍半导体元器件。

2.2.1　常用半导体元器件

1．二极管

按导电能力，物质可以分为导体、绝缘体、半导体。容易传导电流的物质称为导体，几乎不能导电的物质称为绝缘体，导电性介于导体与绝缘体之间的物质称为半导体。半导体是构成电子电路的基础。常见半导体包括本征半导体和杂质半导体（包括 N 型半导体、P 型半导体）两大类。

用一定的工艺将 P 型半导体和 N 型半导体制作在一块硅片上，其交界面就形成 PN 结。PN 结具有单向导电性：正偏时导通，呈小电阻，电流较大；反偏时截止，电阻很大，电流近似为零。

PN 结反偏电压增大到一定数值 U_{BR} 时，反向电流将急剧增加，称为反向击穿。反向击穿可分为电击穿和热击穿。电击穿时 PN 结未损坏，断电即恢复，是可逆的击穿。电击穿的典型应用为稳压管。热击穿时 PN 结的实际功率超过容许功率，PN 结烧毁，是不可逆击穿。

杂质半导体掺杂浓度较高时，耗尽层宽度较窄，不太大的反向电压（如几伏大小）就可以形成很强的电场，将电子强行拉出共价键，产生电子空穴对，引起反向电流急剧增加，导致 PN 结被击穿，这种现象称为齐纳击穿，典型应用是齐纳二极管。齐纳击穿电压一般小于 6 V。

反向电场的增加使电场强度增大，少子在漂移运动中不断被加速，动能增大，与共价键碰撞，将价电子撞出共价键，形成电子空穴对，新的电子、空穴撞击其他价电子，使反向电流急剧增加，这种现象称为雪崩击穿。雪崩击穿电压一般大于 6 V。

1）普通二极管

将 PN 结封装，接上电极引线，就构成了二极管。由 PN 结的 P 端引出的电极称为阳极，N 端引出的电极称为阴极。

在二极管两端加电压，当正偏电压小于某个值(开启电压 U_{ON})时，电流为 0；当正偏电压大于此值后，正向电流由零随两端电压按指数规律增加。加反偏电压时，电流近似为 0；当反偏电压大于某个值(击穿电压 U_{BR})后，电流急剧增大，如图 2-9 中实线所示。当环境温度升高时，正向特性曲线左移，反向特性曲线下移，如图 2-9 中虚线所示。

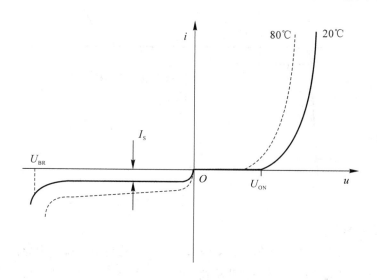

图 2-9　普通二极管伏安特性

2）发光二极管

发光二极管，简称 LED，常在电路及仪器中作为指示灯。当给发光二极管加上正向电压后，电子和空穴复合，产生自发辐射的荧光。普通单色发光二极管的发光颜色取决于所用的半导体材料，比如砷化镓二极管发红光，磷化镓二极管发绿光，氮化镓二极管发蓝光。不同颜色的发光二极管的正向管压降不同，比如红色为 2.0～2.2 V，黄色为 1.8～2.0 V，绿色为 3.0～3.2 V。正常发光时的额定电流约为 20 mA。

3）光电二极管

光电二极管是一种特殊的二极管，光的变化引起光电二极管电流的变化。光电二极管是把光信号转换成电信号的光电传感器件，它有良好的线性特性，不仅响应速度快，灵敏度较高，而且噪声低，稳定可靠。光电二极管外加正偏电压时，与普通二极管一样，有单向导电性。光电二极管外加反偏电压，没有光照时，反向电流极其微弱，称为暗电流；有光照时，反向电流迅速增大到几十微安，称为光电流。光强度越大，光电流越大。

4）稳压二极管

稳压二极管是利用击穿区的特性制成的，其伏安特性如图 2-10 所示。稳压二极管的正向特性为指数函数；反向加压到一定数值后击穿，击穿后曲线几乎与纵轴平行，即电流急剧增加，但电压几乎不变。正偏时，可将稳压二极管看作普通二极管。反偏时，若未超过额定电压，则仍可将稳压二极管看作普通二极管；若超过额定电压，则呈现出稳压二极管特有的性质。

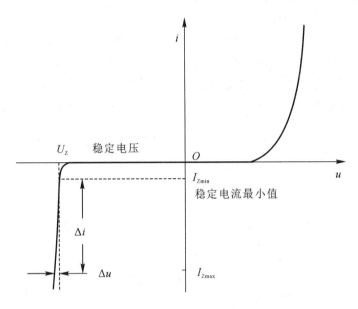

图 2-10　稳压二极管伏安特性

5）肖特基二极管

肖特基（Schottky）二极管又称肖特基势垒二极管，是利用金属与半导体接触形成的金属－半导体结原理制作的。它是一种低功耗、超高速半导体器件，其最显著的特点是开关频率高和正向压降低（仅 0.4 V 左右），但其反向击穿电压比较低，大多不高于 60 V，最高仅约 100 V，反向恢复时间极短（可以小到几纳秒）。肖特基二极管在通信电源、变频器等设备中比较常见，用作高频低压大电流整流二极管、续流二极管、保护二极管，也在微波通信等电路中作整流二极管、小信号检波二极管。

6）快恢复二极管

快恢复二极管是近年来问世的新型半导体器件，具有开关特性好、反向恢复时间短、正向电流大、体积小、安装简便等优点。快恢复二极管有 0.8～1.1 V 的正向导通压降，200～500 ns 的反向恢复时间，可在导通和截止之间迅速转换，提高了器件的使用频率并改善了波形。快恢复二极管在制造工艺上采用掺金、单纯的扩散等工艺，可获得较高的开关速度，同时也能得到较高的耐压。目前快恢复二极管主要在逆变电源中作整流元件。

超快恢复二极管（Superfast Recovery Diode，SRD）则是在快恢复二极管基础上发展而成的，其反向恢复时间已接近于肖特基二极管的指标。SRD 广泛用于开关电源、脉宽调制器（PWM）、不间断电源（UPS）、交流电动机变频调速（VVVF）、高频加热等装置中，作高频、大电流的续流二极管或整流管，是极有发展前途的电力电子半导体器件。

快恢复二极管、超快恢复二极管和肖特基二极管这三者相比较，快恢复二极管的恢复时间是 200～500 ns，超快恢复二极管的恢复时间是 30～100 ns，肖特基二极管的恢复时间是 10 ns 左右；正向导通电压也有所不同，肖特基二极管最小，快恢复二极管略高，超快恢复二极管最大。

2. 三极管(晶体管)

双极结型晶体管(Bipolar Junction Transistor，BJT)也称晶体三极管、半导体三极管，简称三极管，是半导体基本元器件之一，具有电流放大作用，是电子电路的核心元器件。其作用是把微弱信号放大成幅度值较大的电信号，也用作无触点开关。

根据不同的掺杂方式，在同一个硅片上制造出三个掺杂区域，并形成两个 PN 结，就构成晶体管。采用平面工艺制成的 NPN 型硅材料晶体管的结构剖面图如图 2－11(a)所示，位于中间的 P 区称为基区，它很薄且杂质浓度很低；位于上层的 N 区是发射区，掺杂浓度很高；位于下层的 N 区是集电区，面积很大。晶体管的外特性与三个区域的上述特点紧密相关。它们所引出的三个电极分别为基极 b、发射极 e 和集电极 c。图 2－11(b)所示为 NPN 型管的结构示意图，发射区与基区间的 PN 结称为发射结，基区与集电区间的 PN 结称为集电结。图 2－11(c)所示为 NPN 型管和 PNP 型管的电路符号。

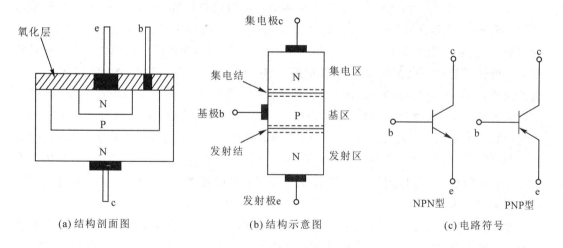

(a) 结构剖面图　　　　(b) 结构示意图　　　　(c) 电路符号

图 2-11　三极管的结构与电路符号

无论是 NPN 型还是 PNP 型晶体管，它们只适用于小功率的低频开关类型的应用或者构建模拟放大电路。随着电力电子技术的发展，高频开关类型的功率器件随之兴起，对于调整电路电压和电流的应用更为实用。

3. 场效应管

场效应管(Field Effect Transistor，FET)是一种放大器件。与三极管不同的是，它是通过改变输入电压来控制输出电流的，是一种电压控制型器件，其工作时只有一种载流子参与导电，因此它是单极型器件。场效应管因其制造工艺简单，功耗小，同时具有温度特性好、抗干扰能力强、便于集成等优点，故得到了广泛应用。场效应管可分为结型场效应管(JFET)和绝缘栅型场效应管(MOSFET)。

1）结型场效应管

结型场效应管有两种结构形式，分别是 N 沟道结型场效应管和 P 沟道结型场效应管。结型场效应管也具有三个电极，其中，g 为栅极，d 为漏极，s 为源极。

N 沟道结型场效应管的结构示意图和结构剖面图分别如图 2 - 12(a)、(b)所示。图 2 - 12(c)电路符号中栅极的箭头方向可理解为两个 PN 结的正向导电方向。

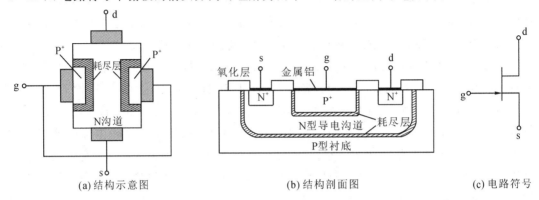

| (a) 结构示意图 | (b) 结构剖面图 | (c) 电路符号 |

图 2 - 12　N 沟道结型场效应管的结构与电路符号

如图 2 - 12(a)所示，在一块 N 型半导体材料的两边各扩散一个高杂质浓度的 P 型区（用 P^+ 表示），就形成两个不对称的 P^+N 结。把两个 P^+ 区并联在一起，引出一个电极，称为栅极(g)；在 N 型半导体的两端各引出一个电极，分别称为源极(s)和漏极(d)。它们分别与三极管的基极(b)、发射极(e)和集电极(c)相对应。夹在两个 P^+N 结中间的 N 区是电流的通道，称为导电沟道(简称沟道)。这种结构的管子称为 N 沟道结型场效应管，栅极上的箭头表示栅、源极间 P^+N 结正偏时栅极电流的方向(由 P 区指向 N 区)。实际的 JFET 结构和制造工艺比上述复杂。图 2 - 12(b)中衬底和中间顶部都是 P^+ 型半导体，它们连接在一起(图中未画出)作为栅极 g。分别与源极 s 和漏极 d 相连的 N^+ 区是通过光刻和扩散等工艺完成的隐埋层，其作用是为源极 s、漏极 d 提供低阻通路。三个电极 s、g、d 分别由不同的铝接触层引出。

如果在一块 P 型半导体的两边各扩散一个高杂质浓度的 N^+ 区，就可以制成一个 P 沟道的结型场效应管。由结型场效应管电路符号中栅极上的箭头方向，就可以确认沟道的类型。

场效应管是电压控制型功率器件，改变栅源电压 U_{GS} 的大小，就可以有效地控制沟道电阻的大小。若同时在漏、源极间加上固定的正向电压 U_{DS}，则漏极电流 i_D 将受 U_{GS} 的控制。当 $|U_{GS}|$ 增大时，沟道电阻增大，i_D 减小。上述效应也可看作是栅、源极间的偏置电压在沟道两边建立了电场，电场强度的大小控制了沟道的宽度，从而控制了沟道电阻的大小，也就是控制了漏极电流 i_D 的大小。

2）绝缘栅型场效应管

另外一种常用的场效应管是金属-氧化物半导体场效应管(Metal Oxide Semiconductor FET，MOSFET)，即绝缘栅型场效应管。MOSFET 也有两种结构形式，分别是 N 沟道型和 P 沟道型，简称 NMOS 和 PMOS。无论是哪种沟道，它们又分为增强型和耗尽型两种。以 N 沟道增强型 MOSFET 为例，其结构示意图与电路符号如图 2 - 13 所示。

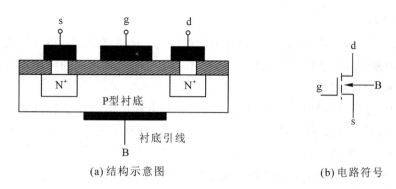

(a) 结构示意图　　　　　　　　　　　(b) 电路符号

图 2-13　N 沟道增强型 MOSFET 的结构与电路符号

正常工作时，N 沟道增强型 MOSFET 外加电源电压时的电路示意图如图 2-14 所示，其转移特性如图 2-15 所示，其输出特性 (漏极特性) 如图 2-16 所示。

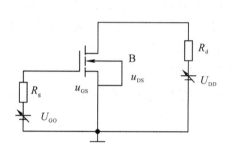

图 2-14　MOSFET 外加电源电压时的电路图

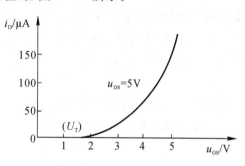

图 2-15　u_{GS} 与 i_D 的关系图

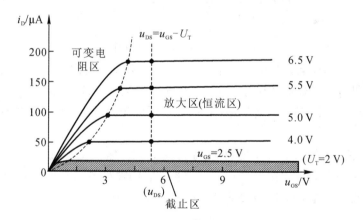

图 2-16　u_{DS} 与 i_D 的关系图

在选择场效应管时，主要考察场效应管的直流参数、交流参数、极限参数、噪声系数、高频参数等。

2.2.2　典型模拟电路

下面主要介绍放大电路、电压比较电路、信号发生电路、整流电路、滤波电路、稳压电路等常用模拟电路。

1. 放大电路

微弱电信号经过采集后，必须经过放大才能使用，这里就要用到放大电路。放大电路是电子系统中最常见的信号处理电路之一，其作用是将输入的微弱的电压或电流信号不失真地放大到所需要的幅度。

功率控制电路是构成放大电路的核心，它通常由双极结型晶体管（BJT）或场效应管（FET）等有源器件构成，利用输入信号（电压或电流）对 BJT 或 FET 的输出控制作用，使输出信号的电压或电流得到放大。因此，放大的本质是功率放大。

放大电路的性能指标是衡量电路性能优劣的标准，并决定其适用范围。输入阻抗、输出阻抗、增益、频率响应和非线性失真等是放大电路的几个主要指标，它们主要是针对放大能力和失真度两方面的要求而提出的。

通常将模拟集成运算放大器简称为集成运放或运放。运放是由多级直接耦合的放大电路组成的高增益模拟集成电路，是一个高性能的放大电路，因首先用于信号的运算而得名。由于它具有体积小、重量轻、价格低、使用可靠、灵活方便、通用性强等优点，因此在检测、自动控制、信号产生与信号处理等许多方面得到了广泛应用。

图 2-17 是集成运放的电路符号。它具有同相输入端、反相输入端和单端输出。这里的"同相"是指运放的输出电压与该输入端的输入电压相位相同，"反相"是指运放的输出电压与该输入端的输入电压相位相反。

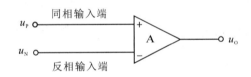

图 2-17　集成运放的电路符号

根据不同的分类标准，集成运放有不同的类型。例如，按供电方式不同可分为双电源供电和单电源供电，按集成度不同可分为单运放、双运放、四运放，按制造工艺不同可分为双极型、CMOS 型、BiMOS 型，按工作原理不同可分为电压放大型、电流放大型、跨导型、互阻型。

理想情况下，运算放大器的电压增益为无穷大，输入阻抗为无穷大，输出阻抗为零。集成运放是一个比较理想的电压放大电路，它的输出电压与两个输入端的电压之差（$u_{Id} = u_P - u_N$）即差模输入电压的关系可表示为

$$u_O = A_{ud}(u_P - u_N) \tag{2-3}$$

式中，A_{ud} 为集成运放的开环差模电压放大倍数。可见，集成运放实际上是一个高电压增益的差分放大电路。

集成运放的电压传输特性反映的是输出电压与差模输入电压的关系，如图 2-18 所示。传输特性可分为线性区与非线性区，而非线性区又可分为正向饱和区和负向饱和区。静态时，即差模输入电压 u_{Id} 为零时，输出电压 u_O 也为零，这相当于集成运放工作于传输特性的原点处。当差模输入电压 u_{Id} 不为零且幅值很小时，输出电压 u_O 随着输入电压 u_{Id} 的增加而线性增加，此时集成运放工作于线性区，其直线的斜率即为开环差模电压增益。当

工作在线性区时,集成运放是一个高增益的差模电压放大器,其典型的差模电压增益在 10^5 以上,有的甚至可达 10^7。由于 A_{ud} 的值很大,故集成运放输入电压的线性区很窄。当输入电压增加到一定程度时,受供电电压的限制,输出电压不再增加,达到了正的最大值 U_{OM} 或负的最大值 $-U_{OM}$,即集成运放进入非线性区工作。

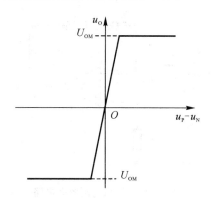

图 2-18 集成运放的电压传输特性

为了确定集成运放工作在线性区还是非线性区,现在引入"反馈"这一概念。所谓反馈,就是将放大电路输出信号(电压或电流)的部分或全部通过一定的电路(反馈电路)回送到输入回路的反送过程。引入了反馈的放大电路叫作闭环放大电路(或闭环系统),如图 2-19 所示,未引入反馈的放大电路叫作开环放大电路(或开环系统)。

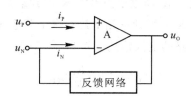

图 2-19 加入反馈的集成运放电路

所以,定性分析时,判断集成运放工作状态的方法一般是看电路中引入的反馈的极性,若为负反馈,则工作在线性区;若为正反馈或者没有引入反馈(开环状态),则工作在非线性区。

集成运放工作在线性区时,有两个重要特性:

(1)虚短。由于集成运放工作在线性区时具备的线性关系是 $u_O = A_{ud}(u_P - u_N)$,而在理想情况下,开环差模电压增益 A_{ud} 趋于无穷大,因此,$u_P - u_N \approx 0$,即 $u_P \approx u_N$。

(2)虚断。由于集成运放差模输入电阻为无穷大,因此,$i_P \approx i_N \approx 0$。

这两条重要结论是分析和设计工作于线性状态下的集成运放的重要工具。

1)集成运算放大器常用电路

集成运算放大器的常用电路有比例放大电路、加减乘除运算电路、微积分电路等。比例放大电路又分为反相比例放大电路、同相比例放大电路和差分放大电路。

(1)反相比例放大电路。

反相比例放大电路的接法如图 2-20 所示,信号电压 u_I 通过电阻 R 加到运放的反相输入端，输出电压 u_O 通过电阻 R_f 反馈到运放的反相输入端，同相输入端通过电阻 R' 接地。电路的输入输出关系为

$$u_O = -\frac{R_f}{R}u_I \qquad (2-4)$$

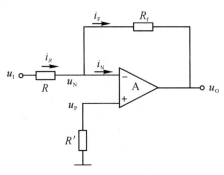

图 2-20　反相比例放大电路

式(2-4)表明该电路的输出电压与输入电压为反相比例运算关系，故该电路称为反相比例放大电路。电路的增益为

$$A_{uf} = -\frac{R_f}{R} \qquad (2-5)$$

（2）同相比例放大电路。

如图 2-21 所示，信号电压 u_I 通过平衡电阻 R' 加到运放的同相输入端，输出电压 u_O 过电阻 R_f 和 R 串联分压，在 R 上得到反馈电压，作用于运放的反相输入端。这种接法就构成了同相比例放大电路，电路的输入输出关系为

$$u_O = \left(1 + \frac{R_f}{R}\right)u_I \qquad (2-6)$$

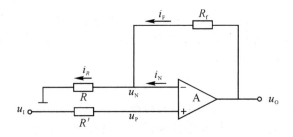

图 2-21　同相比例放大电路

该电路的闭环电压增益为

$$A_{uf} = 1 + \frac{R_f}{R} \qquad (2-7)$$

（3）差分放大电路。

图 2-22 所示是差分放大电路的结构。输入电压 $u_I (u_I = u_{I2} - u_{I1})$ 称为差模输入电压，该电路将差模输入电压 u_I 放大到输出电压 u_O。其实，该电路本质是反相比例和同相比例放大电路的综合。

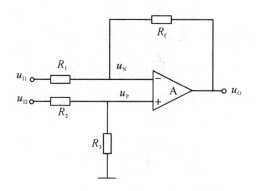

图 2-22　差分放大电路

若在图 2-22 所示的差分放大电路中,电阻值之间的关系满足 $\dfrac{R_f}{R_1}=\dfrac{R_3}{R_2}$,则输出电压为

$$u_O=\frac{R_f}{R_1}(u_{I2}-u_{I1}) \tag{2-8}$$

式(2-8)表明输出电压 u_O 与两个输入电压之差 $u_{I2}-u_{I1}$ 呈正比,故该电路也称为差分比例运算电路(或减法运算电路)。电路的闭环差模电压增益为

$$A_{uf}=\frac{u_O}{u_{I2}-u_{I1}}=\frac{R_f}{R_1} \tag{2-9}$$

(4) 减法运算电路。

如图 2-23 所示是由两个运放构成的减法运算电路。其功能是将两个输入电压相减,产生的输出电压是 u_{I2} 与 u_{I1} 差的倍数。

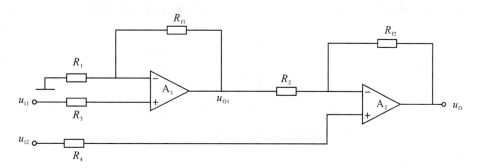

图 2-23　减法运算电路

为了使问题简化,取 $R_1=R_{f2}$,$R_2=R_{f1}$,则输出与输入的关系为

$$u_O=\left(1+\frac{R_{f2}}{R_2}\right)(u_{I2}-u_{I1}) \tag{2-10}$$

式(2-10)表明该电路为减法放大器。图 2-23 所示电路属于多级运算电路,但由于各级电路的输出电阻为零(设运放为理想运放),其输出电压为恒压,即后级电路的接入不影响前级电路的输出电压,因此,在这一类电路的分析中,对每一级电路的分析和单级电路完全相同。

（5）加法运算电路。

图 2-24 所示为反相加法运算电路，输出与输入的关系为

$$u_O = -\frac{R_f}{R_1}u_{I1} - \frac{R_f}{R_2}u_{I2} - \frac{R_f}{R_3}u_{I3} \tag{2-11}$$

式（2-11）表明输出电压 u_O 为三输入信号电压的反相比例相加。特殊情况下，若有 $R_1 = R_2 = R_3 = R$，则

$$u_O = -\frac{R_f}{R}(u_{I1} + u_{I2} + u_{I3}) \tag{2-12}$$

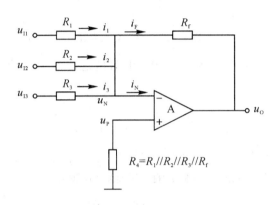

图 2-24　反相加法运算电路

可见，在该电路中，改变 R_1、R_2 或 R_3 并不影响其他输入电压与输出电压的比例关系（注意 R_1、R_2、R_3 均不为零）。类似地，可以得到更多输入的反相加法器放大电路。在测量和自控系统中，可用这种电路对多路信号按不同比例进行调节。

还有另外一种加法电路，如图 2-25 所示，它是同相加法运算电路。

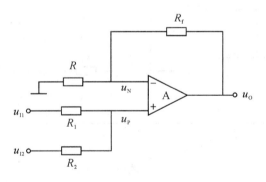

图 2-25　同相加法运算电路

同相加法运算电路的输出电压为

$$u_O = \left(1 + \frac{R_f}{R}\right)\left(\frac{R_2}{R_1 + R_2}u_{I1} + \frac{R_1}{R_1 + R_2}u_{I2}\right) \tag{2-13}$$

（6）积分运算电路。

积分运算电路如图 2-26 所示，在反相比例放大电路的基础上，将反馈电阻 R_f 用电容 C 取代即可。利用"虚短"和"虚断"的概念，可分析得出输出电压为

$$u_O = -\frac{1}{RC}\int_{t_1}^{t_2} u_I \mathrm{d}t + u_O(t_1) \tag{2-14}$$

式中，$u_O(t_1)$ 为积分的初始条件。

（7）微分运算电路。

微分运算电路如图 2-27 所示，其输出电压为

$$u_O = -RC\frac{\mathrm{d}u_I}{\mathrm{d}t} \tag{2-15}$$

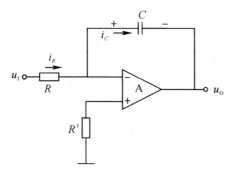
图 2-26　积分运算电路

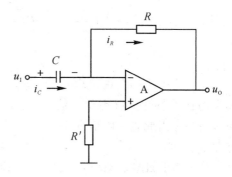
图 2-27　微分运算电路

式（2-15）表明输出电压 u_O 与输入电压的微分 $\mathrm{d}u_I/\mathrm{d}t$ 呈正比。

2）晶体管放大电路

晶体管是三端器件，必有一端为公共端（输入输出信号的公共参考点），根据连接形式的不同，其外部特性有以基极为公共端的共基极特性和以发射极为公共端的共发射极特性之分。

共发射极特性测试电路如图 2-28 所示。图中，电源 U_{BB}、电阻 R_b 和基极-发射极（即发射结）构成输入回路；电源 U_{CC}、电阻 R_c 和集电极-发射极构成输出回路，其中，发射极为输入回路和输出回路的公共端，故由此得到的电路特性称为共发射极特性。

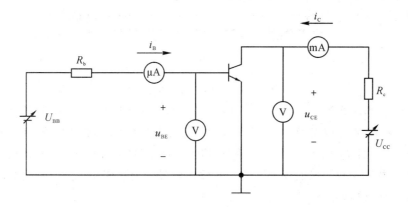
图 2-28　共发射极特性测试电路

对于输入回路来说，在给定 u_{CE} 的条件下，研究基极电流 i_B 与基极-发射极间电压 u_{BE} 的关系，即 $i_B = f(u_{BE})|_{u_{CE}=常数}$，可得到晶体管的输入特性。当 u_{CE} 为一系列值时，将得到一曲线族，如图 2-29 所示。

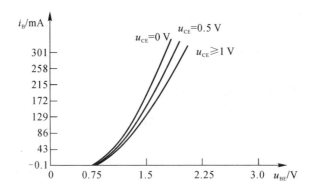

图 2-29 共发射极输入特性

从图 2-29 中可以看出，$u_{CE}=0$ 的曲线相当于集电极与发射极短路，即与二极管的伏安特性曲线类似。随着 u_{CE} 增大，曲线右移，当 u_{CE} 超过一定值后，曲线不再明显右移。因此，一般情况下，可以用 $u_{CE}=1$ V 的曲线来近似表示 u_{CE} 大于 1 V 的所有曲线。

对于输出回路来说，在给定 i_B 的条件下，将得到一曲线族，如图 2-30 所示，每一个确定的 i_B 对应一条曲线。每一条曲线的特点是：当 u_{CE} 从 0 逐渐增大时，i_C 以线性增大；当 u_{CE} 增大到一定值后，i_C 值基本恒定，几乎与 u_{CE} 无关。从输出特性可以看出，晶体管分为三个工作区：饱和区、放大区、截止区。在放大区，由于 i_C 与 i_B 呈正比，故此时晶体管相当于一个由基极电流 i_B 控制集电极电流 i_C 的流控电流源。

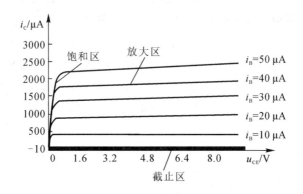

图 2-30 共发射极输出特性

综上所述，当晶体管工作在截止区和饱和区时，晶体管相当于一个开关；当晶体管工作在放大区时，晶体管相当于一个流控电流源，集电极"放大"了基极电流 β 倍。因此，晶体管具有"开关"和"放大"两个作用。"开关"作用主要用于数字电路，产生 0、1 信号；"放大"作用主要用于模拟电路，以实现输入信号对输出信号的控制作用，比如放大微控制器的驱动信号、驱动继电器等。

晶体管放大电路的典型应用有共射放大器、共集放大器、共基放大器，典型连接方式如下：在共射极放大电路中，信号由基极入、集电极出；在共集电极放大电路中，信号由基极入、发射极出；在共基极电路中，信号由发射极入、集电极出。

共射极放大电路的电压和电流增益都大于 1，输入电阻在三种组态中居中，输出电阻与集电极电阻有关，适用于低频情况下多级放大电路的中间级；共集电极放大电路只有电流放大作用，没有电压放大作用，但有电压跟随作用，在三种组态中输入电阻最高，输出电阻最小，频率特性好，可用于输入级、输出级或缓冲级；共基极放大电路只有电压放大作用，没有电流放大作用，但有电流跟随作用，输入电阻小，输出电阻与集电极电阻有关，高频特性较好，常用于高频或宽频带的输入阻抗的场合，模拟集成电路中亦兼有电位移动的功能。

3）场效应管放大电路

场效应管的源极 s、栅极 g、漏极 d 分别对应于三极管的发射极 e、基极 b、集电极 c，它们的作用相似。与三极管的共射、共基和共集三种组态相对应，场效应管也有共源、共栅和共漏三种组态。

2. 电压比较电路

在电路中，经常需要比较电压的大小，此时，比较器是很好的选择。比较器和运算放大器相似，有两个输入电压（同相端电压和反相端电压）和一个输出电压。与线性运放电路不同的是，比较器只有两个输出状态，即低电平和高电平。因此，比较器通常用于模拟电路和数字电路的接口。

1）过零比较器

构造比较器最简单的方法是直接连接运放而不使用反馈电阻，如图 2-31 所示。比较器具有很高的开环电压增益，正的输入电压会产生正饱和压降 $+U_{OM}$，而负的输入电压会产生负饱和压降 $-U_{OM}$。

过零比较器的电压传输特性如图 2-32 所示。当电路只有一个比较门限电压时，称其为单门限电压比较器；当门限电压为 0 时，称其为过零比较器。

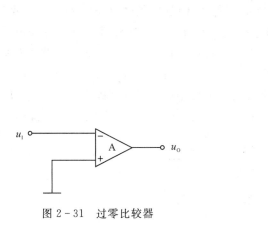

图 2-31　过零比较器　　　　　　　　　　图 2-32　过零比较器的电压传输特性

2）非过零比较器

有一些应用中的阈值电压（比较门限）不是零，而是可以根据需要在任一输入端增加偏置来改变阈值电压。

图 2-33（a）、（b）所示为单门限电压比较器最基本的应用形式。图 2-33（a）是在比较器的反相端接参考电压 U_{REF}，同相端接输入电压 u_1，将同相端的输入电压与反相端的参考电压比较，即同相比较器。图 2-33（b）是在比较器的同相端接参考电压

U_{REF}，反相端接输入电压 u_1，将反相端的输入电压与同相端的参考电压比较，即反相比较器。假设比较器线性区的宽度很小，可以忽略，则单门限电压比较器的电压传输特性分别如图 2-33(c)、(d)所示。

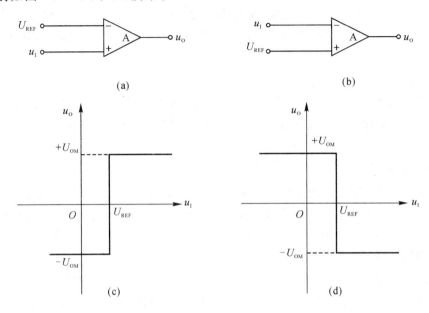

图 2-33 单门限电压比较器及其电压传输特性

需要指出的是，在上述比较器中，若比较器是由运放构成的，则输出电压 U_{OM}（或$-U_{OM}$）的值较大，接近电源电压 U_{CC}（或$-U_{CC}$）。

3）滞回比较器

如果比较器的输入包含大量噪声，当 u_1 接近翻转点（门限电压）时，输出电压就会不稳定。减小噪声的一种方法是使用正反馈连接的比较器。一是正反馈加速了输出状态的转换，从而改善了输出波形的前后沿；二是正反馈将产生两个独立的翻转点，将单门限比较器变为具有上、下门限的滞回比较器，可以防止由输入端噪声造成的错误翻转。

图 2-34 所示为反相输入滞回比较器电路，在反相比较器的基础上，电阻 R_1、R_2 接入同相端构成正反馈，加速了比较器的转换速度；输入信号 u_1 作用于比较器的反相端。

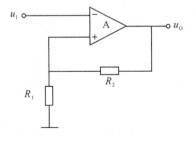

图 2-34 反相输入滞回比较器

当 $u_O = +U_{OM}$ 时，有

$$U_{T1} = \frac{R_1}{R_1 + R_2} U_{OM} \tag{2-16}$$

当 $u_O = -U_{OM}$ 时，有

$$U_{T2} = -\frac{R_1}{R_1 + R_2}U_{OM} \qquad (2-17)$$

式中，U_{T1} 为上门限电压，U_{T2} 为下门限电压。

　　当 u_I 的值从小于下门限电压 U_{T2} 开始增加时，输出为高电平 U_{OM}，即比较器的同相端电压 u_P 为上门限电压 U_{T1}。当 u_I 大于 U_{T1} 时，输出将由高电平转换为低电平，之后保持低电平。当 u_I 的值从大于上门限电压 U_{T1} 开始减少时，输出为低电平 $-U_{OM}$，即比较器的同相端电压 u_P 为下门限电压 U_{T2}。当 u_I 小于 U_{T2} 时，输出将由低电平转换为高电平，之后保持高电平。根据以上分析，可以画出传输特性曲线，如图 2-35 所示。

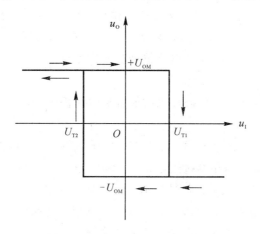

图 2-35　滞回比较器的传输特性

　　可以看出，只要输入电压 u_I 满足 $U_{T2} < u_I < U_{T1}$，输出电压将保持原来的状态，即电路具有记忆功能；只有当 u_I 增大到 U_{T1} 以上或下降到 U_{T2} 以下时，输出才会转换状态。尤其注意，曲线是具有方向性的。

　　滞回比较器的上门限电压 U_{T1} 与下门限电压 U_{T2} 之差称为回差电压，用 ΔU_T 表示，即

$$\Delta U_T = U_{T1} - U_{T2} = \frac{2R_1}{R_1 + R_2}U_{OM} \qquad (2-18)$$

　　由此可见，正是由于回差电压的存在，才使得滞回比较器输出状态跳变。这样，当噪声信号作用于比较器时，只要噪声信号峰值电压小于滞回电压，噪声就不会导致比较器输出状态的误跳变。电压滞回比较器还有其他的形式，读者可以参考相关资料作进一步了解。

　　4）窗口比较器

　　过零比较器常用于交流信号的过零点检测，单门限比较器常用于输入信号噪声的抗干扰应用。但是，由于干扰可能是双向的，滞回比较器则解决了误差信号噪声在一定区间变化时输出信号的稳定性问题。此外，如果只需要某一区间内的信号通过比较器电路输出，则用到窗口比较器。

　　窗口比较器（也称双端限幅检测器）检测的是处于两个限定值之间的输入电压，这个中间区域称为窗口。比如电冰箱的过电压、欠电压保护电路要求将电冰箱的工作电压限定在 220 ± 22 V 之间，这就要求保护电路中的比较器有两个门限电平，需要使用窗口比较器。

为了实现窗口比较器，需要使用两个具有不同阈值电压的比较器。

3. 信号发生电路

在测量、通信、自动控制等系统中，通常会用到各种类型的波形产生电路，产生的常用波形有正弦波、矩形波和锯齿波等。这些波形的产生常常要使用反馈电路，在前面讲过的放大电路中我们引入的是负反馈，目的是用来改善放大电路的性能指标。但如果引入不当，可能形成自激振荡，在没加外部激励信号的情况下，电路自动将直流电源提供的能量转换为信号发生电路常用的一种能量输出。

1）正弦波振荡电路

振荡电路并不需要先由外加激励信号产生输出，而后再将激励信号移去，而是靠反馈回路自身建立振荡，振荡电压从无到有逐步增大，最后达到振幅、频率稳定输出。进入平衡条件后，即使外界条件变化，振荡电路也会自动恢复平衡。

正弦波振荡电路由以下三部分组成。

（1）基本放大电路：将直流电源提供的能量通过振荡系统转换成固定频率的交流能量输出。

（2）正反馈网络：将输出信号通过正反馈引至输入端，以维持正常振荡。

（3）选频网络：振荡电路在刚接通电源的瞬间，电路中存在各种频率的噪声，根据需要，可通过选频网络使特定频率的信号输出，则电路产生单一频率的振荡信号。选频网络可以设在放大电路中，也可以设在反馈网络中，根据组成选频网络的元件不同可以将正弦波振荡电路分为 RC 正弦波振荡电路和 LC 正弦波振荡电路。其中，RC 正弦波振荡电路的振荡频率较低，一般在 1 MHz 以下；LC 正弦波振荡电路的振荡频率较高，多在 1 MHz 以上。

振荡电路引入的是正反馈，因此，振荡平衡条件为

$$|AF| = 1 \tag{2-19}$$
$$\varphi_A + \varphi_F = \pm 2n\pi, \ n = 0, 1, 2, \cdots \tag{2-20}$$

式中，A 表示电路的电压增益，F 表示电路的反馈系数。式（2-19）为振幅平衡条件，式（2-20）为相位平衡条件。

振荡电路在满足振幅平衡条件的时候，并不能起振，因为电路无输入，接通电源时，会产生微弱的噪声作为激励信号，在 $|AF| = 1$ 的条件下，输入信号经放大反馈得到的输出不变，仍很微弱，不满足要求。只有在 $|AF| > 1$ 的情况下，信号经过一轮轮的循环，才能不断放大，建立振荡，因此，振荡电路的起振条件为

$$\begin{cases} |AF| > 1 \\ \varphi_A + \varphi_F = \pm 2n\pi, \ n = 0, 1, 2, \cdots \end{cases} \tag{2-21}$$

（1）RC 正弦波振荡电路。

RC 正弦波振荡电路可分为 RC 文氏电桥振荡电路、RC 移相式振荡电路和双 T 网络振荡电路等多种形式。

图 2-36 所示为 RC 文氏电桥振荡电路，选频网络由 R、C 元件组成的串并联网络构成，R_f 和 R_1 支路引入一个负反馈。串并联网络中的串联支路、并联支路、R_f 和 R_1 正好组成一个电桥的四个臂，因此这种电路称为文氏电桥振荡电路。

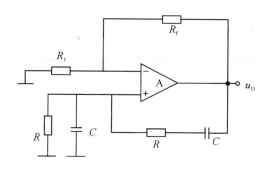

图 2 - 36　RC 文氏电桥振荡电路

整个振荡电路也是由基本放大电路、正反馈网络和选频网络三部分组成的。

① 基本放大电路。

由运放、R_f 和 R_1 构成了一个同相放大电路，其电压增益为 $A_u = 1 + R_f/R_1$，反馈系数的最大值约为 $1/3$。根据振荡电路起振条件 $|AF| \geqslant 1$，可以推导出对于 RC 正弦波振荡电路要求 $A_u \geqslant 3$，即 $R_f \geqslant 2R_1$。这里具体要求电路起振的时候 $R_f > 2R_1$，稳振的时候 $R_f = 2R_1$。

② 正反馈网络。

为满足起振的相位平衡条件，要求引入正反馈。可用瞬时极性法判断，先将输入端断开，假设输入信号极性为正，然后沿放大电路和反馈回路判断反馈信号极性也为正，说明为正反馈，满足要求。

③ 选频网络。

选频网络由 R、C 串并联网络构成，输出的正弦波频率为 $f_0 = 1/(2\pi RC)$。

RC 振荡电路的稳幅方式通常是在负反馈电路中采用非线性元件来自动调整反馈的强弱，以维持输出电压的稳定。例如，可让图 2 - 36 中的 R_f 采用负温度系数的热敏电阻。起振时，流过热敏电阻的电流很小，温度较低，热敏电阻阻值较大，满足 $R_f > 2R_1$。稳振后，流过热敏电阻的电流变大，温度增加，热敏电阻阻值减小，直到 $R_f = 2R_1$ 时，满足振幅平衡条件，振荡幅度就稳定下来了。另外，也可以利用二极管正向伏安特性的非线性稳幅。如图 2 - 37 所示，利用两个方向相反的二极管，起振时由于输出电压幅度很小，两个二极管都不导通，近似开路状态，此时 $(R + R_{f2}) > 2R_{f1}$。随着振荡幅度的增加，两个二极管中有一个导通，其正向电阻逐渐减小，直到 $(R + R_{f2}) = 2R_{f1}$ 时，振荡趋于稳定。

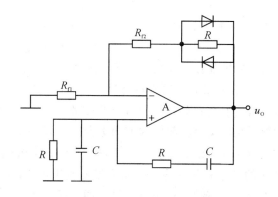

图 2 - 37　RC 振荡电路稳幅电路

（2）LC 正弦波振荡电路。

在 LC 正弦波振荡电路中，选频网络由电感 L 和电容 C 组成，可以产生几十 MHz 以上的正弦波信号。LC 并联电路如图 2-38 所示，图中 R 表示电路的等效电阻，一般很小。

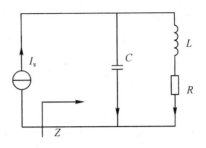

图 2-38 LC 并联电路

LC 并联电路阻抗的频率特性如图 2-39 所示，包括幅频特性和相频特性。由幅频特性曲线可见，当 $\omega = \omega_0$ 时，产生并联谐振，回路等效阻抗达到最大值 Z_0；当 $\omega \neq \omega_0$ 时，$|Z|$ 将减小。品质因数 Q 越大，幅频特性曲线越尖。由相频特性曲线可见，当 $\omega = \omega_0$ 时，电路呈纯阻性；当 $\omega > \omega_0$ 时，电路呈容性；当 $\omega < \omega_0$ 时，电路呈感性。Q 越大，在 ω_0 处曲线越陡，相角变化越快。所以 LC 电路具有频率选择性，Q 越大，频率选择性越好。

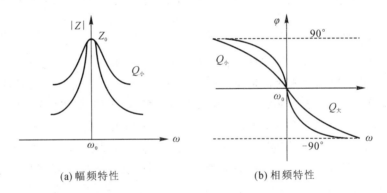

(a) 幅频特性   (b) 相频特性

图 2-39 阻抗频率特性

（3）石英晶体振荡器。

在 LC 振荡器中，由于工艺水平的限制，其频率稳定度一般只能达到 10^{-4} 数量级。然而在某些场合，往往要求振荡器的稳定度高于 10^{-5} 数量级，这时就必须采用稳定度更高的石英晶体振荡器，其稳定度一般可达 $10^{-6} \sim 10^{-8}$ 数量级，甚至更高。石英晶体的主要化学成分是二氧化硅。应用时，要将其按一定方向切割成薄片，称为晶片，在晶片的两个对应表面上涂敷银层并装上一对金属板，就构成石英晶体振荡器。石英晶体之所以能作为振荡器，是因为它具有压电效应。若在石英晶体的两个极板间加电场，会使晶体产生机械变形；相反，若在极板上施加机械力，又会在相应的方向上产生一定的电场，这种现象就称为压电效应。若在极板上加交变电压，则晶片会产生机械变形振动，机械变形振动又会产生交变电场。当外加交变电压的频率和晶片固有的频率接近或相等时，机械振动幅度将会突然增大，这种现象称为压电谐振，该频率称为石英晶体的谐振频率，因此石英晶体具有选频特性。石英晶体振荡器基频等效电路如图 2-40 所示，其串联谐振频率为

$$f_s = \frac{1}{2\pi\sqrt{L_q C_q}} \tag{2-22}$$

并联谐振频率为

$$f_p = \frac{1}{2\pi\sqrt{L_q \dfrac{C_0 C_q}{C_q + C_0}}} = f_s \sqrt{1 + \frac{C_q}{C_0}} \tag{2-23}$$

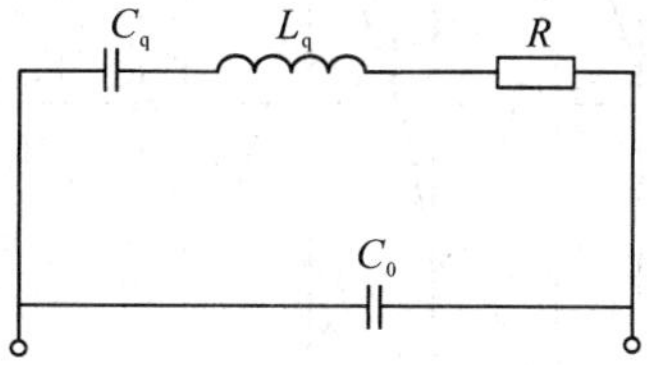

图 2-40　石英晶体振荡器的等效电路

由于 C_q/C_0 非常小，因此 f_s 和 f_p 非常接近。在 f_s 和 f_p 之间很窄的频率范围内，晶体可等效为一个电感，并且其电抗特性最为陡峭，对频率变化具有极灵敏的补偿能力。因此，为了使晶体稳频作用强，石英晶体总是工作在这个感性区的频率范围内，作为一个电感元件来使用。而其余频率均等效为一个电容。

2）方波发生器

方波发生器的电路原理图如图 2-41 所示，其基本工作原理是：将输出电压 u_O 经 R_1、C（利用电容 C 的充、放电电压 u_C 代替滞回比较器的外输入电压 u_1）支路反馈回比较器的反相端，与同相端电压进行比较，使比较器的输出不断发生翻转，从而形成自激振荡。由图可知，运放同相端电位为 $u_P = u_O R_2/(R_2 + R_3)$，当 $u_C = u_P$ 时，输出电压发生跳变，门限电压为 $U_T = u_O R_2/(R_2 + R_3)$。将 $u_O = +U_Z$ 或 $u_O = -U_Z$ 代入可得，$U_{T+} = U_Z R_2/(R_2 + R_3)$，$U_{T-} = -U_Z R_2/(R_2 + R_3)$。

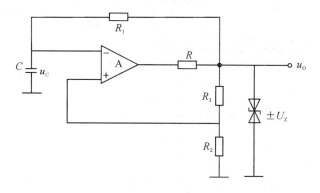

图 2-41　方波发生器

电容的初始电压为零，电路接通瞬间，输出电压 u_O 为正或负纯属偶然，可设 $u_O = +U_Z$。U_Z 经 R_1 对 C 充电，使 u_C 上升到 U_{T+}，u_O 由高电平跳变到低电平，即 $u_O = -U_Z$；电容 C 经 R_1 放电，使 u_C 下降到 U_{T-}，u_O 由低电平跳变到高电平，即 $u_O = +U_Z$，如此反复，输出方波，如图 2-42 所示。由图可知，由于电容 C 充、放电的时间常数均为 $R_1 C$，且幅值也相等，因此 u_O 为方波，故该电路称为方波发生器。当电容 C 充电、放电的时间常数不相等时，将得到矩形波，矩形波高电平持续的时间与周期之比称为占空比，而方波的占空比为 50%。

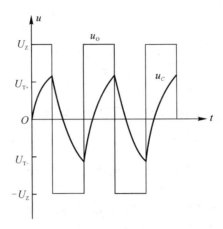

图 2-42　方波发生器输出波形

3）锯齿波发生器

锯齿波发生器的电路原理图如图 2-43 所示，A_1 为同相输入的迟滞电压比较器，A_2 为积分电路。门限电压 $u_{N1}=0$，A_1 同相输入端电压为

$$u_{P1}=\frac{R_1}{R_1+R_2}(\pm U_Z)+\frac{R_2}{R_1+R_2}u_O \qquad (2-24)$$

$$u_O=-\frac{R_1}{R_2}(\pm U_Z) \qquad (2-25)$$

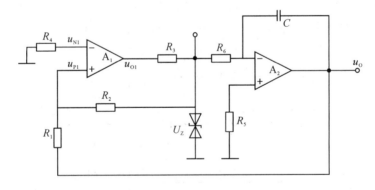

图 2-43　锯齿波发生器

当 $u_{O1}=+U_Z$ 时，有

$$U_{T-}=-\frac{R_1}{R_2}U_Z$$

当 $u_{O1}=-U_Z$ 时，有

$$U_{T+}=\frac{R_1}{R_2}U_Z$$

工作原理为：设 $t=0$ 时接通电源，有 $u_{O1}=U_Z$，U_Z 经 R_6 向 C 充电，使输出电压按线性规律下降。当 u_O 下降到门限电压 U_{T-}，使 $u_{P1}=u_{N1}=0$ 时，比较器输出 u_{O1} 由 $+U_Z$ 下跳到 $-U_Z$，同时门限电压上跳到 U_{T+}，此时 $u_{O1}=-U_Z$；当 u_O 上升到门限电压 U_{T+} 时，比较

器输出 u_{O1} 由 $-U_Z$ 上升到 $+U_Z$，如此周而复始，产生振荡。输出的波形图如图 2 - 44 所示。

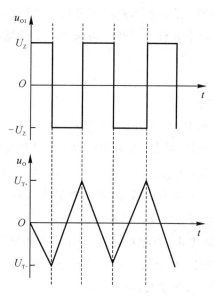

图 2 - 44　锯齿波发生器输出波形

4. 整流电路

整流电路形式繁多，各具特点，整流电路可从不同角度进行分类，主要分类方法如下。

整流电路按整流器件可分为全控整流电路、半控整流电路和不可控整流电路。在全控整流电路中，整流器件由可控器件组成（如 SCR、GTR、GTO、IGBT 等），其输出直流电压的平均值及极性可以通过控制器件的导通而得到调节，功率可以由电源向负载传送，也可由负载反馈给电源；在半控整流电路中，整流器件则由不控器件（整流二极管）和可控器件（如 SCR）混合组成，负载电压极性不能改变，但输出直流电压的平均值可以调节；在不可控整流中，整流器件由不可控器件（整流二极管）组成，其输出直流电压的平均值和输入交流电压的有效值之比是固定不变的。

整流电路按整流输出波形和输入波形的关系可分为半波整流电路和全波整流电路。在半波整流电路中，整流器件的阴极（或阳极）全部连接在一起，并接到负载的一端，负载的另一端与电源相连，每条交流电源线中的电流是单一方向的，负载上得到的只是电源电压波形的一半；全波整流电路可以看成是两组半波整流电路串联，整流器件一组接成共阴极，另一组接成共阳极，分别接到负载的两端，在全波整流电路中，每条交流电源线中的电流是交变的。

整流电路按控制方式可分为相控整流电路和 PWM（脉冲宽度调制）整流电路。相控整流电路采用晶闸管作为主要的功率开关器件（通过控制触发脉冲起始相位来控制输出电压大小），该电路容量大、控制简单、技术成熟；PWM 整流电路是近年来发展的一种新型 AC - DC 变换电路，整流器件采用全控器件，使用现代的控制技术，因其优良的性能，故在工程领域得到了越来越多的应用。

另外，整流电路按电路结构可分为桥式电路和零式电路；按输入交流相数可分为单相电路、三相电路和多相电路；按变压器二次侧电流的方向可分为单向电路和双向电路。

使用整流二极管进行整流，是最基本的整流电路。接下来，将着重介绍使用整流二极管的整流电路结构及原理。以下分析中二极管均采用理想模型，即正向导通电阻为零，反向电阻为无穷大。

1）单相半波整流电路

（1）电路组成及工作原理。

单相半波整流电路结构最简单，其电路组成及工作原理如图 2-45 所示，它由整流变压器、整流二极管 V_D 及负载 R_L 组成。交流电网电压经整流变压器降压后，得到的电压为 $u_2 = \sqrt{2}U_2\sin\omega t$，$u_2$ 的波形为正弦波，设二极管 V_D 为理想模型，R_L 为纯电阻负载。

在 u_2 正半周时，V_D 正偏导通，忽略变压器副边内阻，此时输出电压 $u_O = u_2 = \sqrt{2}U_2\sin\omega t$，负载电流等于二极管所流过的电流，$i_O = i_D = \sqrt{2}U_2\sin\omega t/R_L$；在 u_2 负半周时，V_D 反偏截止，$i_O = i_D = 0$，负载 R_L 两端电压 $u_O = 0$，于是得到如图 2-46 所示的工作波形图。可见，在 u_2 的整个周期内，半个周期有电流流过负载，输出获得极性不变、大小变化的脉动直流电压，所以称为半波整流电路。

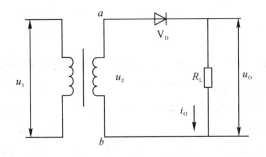

图 2-45　单相半波整流电路

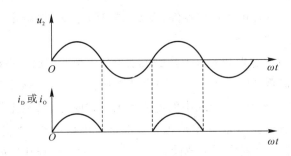

图 2-46　单相半波整流电路输出波形

（2）主要参数的计算。

① 输出电压平均值。为了说明 u_O 的大小，常用它在一个周期内的平均值来衡量，则单相半波整流电路输出电压平均值为

$$U_O = \frac{\sqrt{2}U_2}{\pi} = 0.45U_2 \qquad (2-26)$$

② 直流电流 I_O 及流过二极管的平均电流 I_D 为

$$I_{\mathrm{O}} = I_{\mathrm{D}} = 0.45 \frac{U_2}{R_{\mathrm{L}}} \tag{2-27}$$

③ 二极管承受的最大反向电压为

$$U_{\mathrm{RM}} = U_{2m} = 1.414 U_2 \tag{2-28}$$

实际应用中,可根据以上数值来选择合适的整流二极管,为保证电路可靠工作,一般留有 2 倍裕量。

单相半波整流电路的优点是结构简单,所用元件少;缺点是输出波形脉动大,直流成分比较低,变压器利用率低,变压器电流含直流成分容易造成磁饱和。所以半波整流电路一般只用在输出电流较小、要求不高的场合。

2) 单相桥式整流电路

(1) 电路组成及工作原理。

为克服半波整流电路的缺点,实际上采用最广泛的是桥式整流电路。它由 4 个二极管接成电桥的形式,如图 2-47(a)所示,图 2-47(b)是简化电路。设变压器二次侧电压 $u_2 = \sqrt{2} U_2 \sin\omega t$,二极管为理想模型,$R_{\mathrm{L}}$ 为电阻负载。

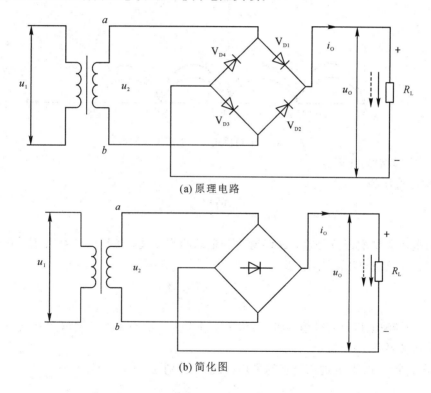

(a) 原理电路

(b) 简化图

图 2-47　单相桥式整流电路

在 u_2 正半周时,V_{D1}、V_{D3} 正偏导通,V_{D2}、V_{D4} 反偏截止,流过负载的电流的路径如图 2-47(a)中实线箭头所指方向,输出电压 $u_{\mathrm{O}} = u_2 = \sqrt{2} U_2 \sin\omega t$,即在 $0 \sim \pi$ 段得到一个正弦半波电压;在 u_2 负半周时,V_{D2}、V_{D4} 正偏导通,V_{D1}、V_{D3} 反偏截止,此时电流的路径沿图 2-47(a)中虚线箭头所指方向流过负载,R_{L} 两端电压 $u_{\mathrm{O}} = -u_2$,同样得到一个正弦半波电压(在 $\pi \sim 2\pi$ 段)。图 2-48 所示为工作波形图。可见,在 u_2 的两个半周中,都有电流流

过负载 R_L，且电流方向不变，输出是单方向的脉动波形。

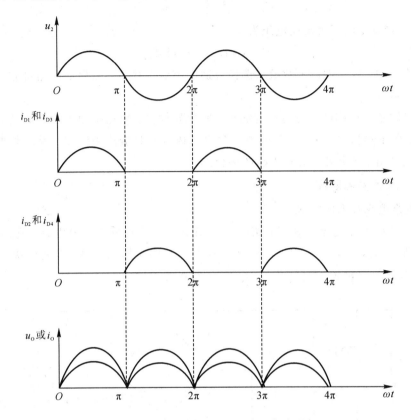

图 2-48 单相桥式整流电路工作波形

（2）主要参数的计算。

① 输出电压为

$$U_O = \frac{2\sqrt{2}U_2}{\pi} = 0.9U_2 \tag{2-29}$$

输出电压含偶次谐波分量，这些谐波分量总称为纹波，常用纹波系数 K_γ 来表示直流输出电压相对纹波电压的大小，即

$$K_\gamma = \frac{U_{O\gamma}}{U_O} = \frac{\sqrt{U_2^2 - U_O^2}}{U_O} \tag{2-30}$$

式中，$U_{O\gamma}$ 为谐波电压总有效值，如 U_{O2} 和 U_{O4} 分别为 2 次和 4 次谐波电压有效值。该桥式整流电路纹波系数 $K_\gamma = 0.483$。

② 直流电流 I_O 及流过二极管的平均电流 I_D 分别为

$$I_O = \frac{U_O}{R_L} = 0.9\frac{U_2}{R_L} \tag{2-31}$$

$$I_D = \frac{1}{2}I_O = 0.45\frac{U_2}{R_L} \tag{2-32}$$

③ 二极管承受的最大反向电压为

$$U_{RM} = U_{2m} = 1.414U_2 \tag{2-33}$$

实际选购二极管时，其电压、电流参数一般留有 2 倍裕量。桥式整流电路的优点是输出电压高，纹波电压较小，电源变压器在正、负半周都有电流流过负载，因此电源变压器得到充分利用，效率较高。

5. 滤波电路

一般情况下，经整流电路后得到的电压是一个单方向且含有纹波的脉动电压，需要滤波电路对纹波进行滤除。常用的滤波电路有电容滤波、电感滤波和复式滤波。常用的结构如图 2-49 所示。电容 C 接在最前面的称为电容输入式，如图 2-49(a)、(c)所示；电感 L 接在最前面的称为电感输入式，如图 2-49(b)所示。前一种滤波电路多用于小功率电源中，而后一种滤波电路多用于较大功率电源中。

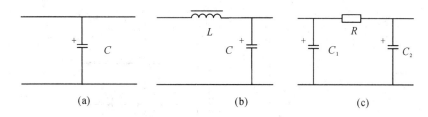

| (a) | (b) | (c) |

图 2-49　滤波电路的基本结构

1）电容滤波电路

（1）电路组成及工作原理。

电容滤波是小功率整流电路的主要滤波形式，它利用电容两端电压不能突变的特性使负载电压波形平滑，因此电容应与负载并联。图 2-50 所示为单相桥式整流、电容滤波电路。在电源供给的电压升高时，与负载并联的电容能将部分能量存储起来，而当电源电压降低时，电容又能把电场能量释放出来，以使负载电压比较平滑，达到滤波目的。

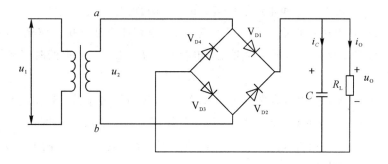

图 2-50　单相桥式整流、电容滤波电路

负载未接入时，设电容两端初始电压为零，接入交流电源后，当 u_2 为正半周时，通过 V_{D1}、V_{D3} 向电容充电；当 u_2 为负半周时，通过 V_{D2}、V_{D4} 向电容充电。充电时间常数为

$$\tau_c = R_{in}C \tag{2-34}$$

式中，R_{in} 包括变压器二次绕组的直流电阻和二极管的正向电阻，其值一般很小，使电容充电后很快到达交流电压 u_2 的最大值 $\sqrt{2}U_2$。而由于电容无放电回路，故输出电压（电容 C 两端电压 u_C）保持在 $\sqrt{2}U_2$，即输出一个恒定的直流电压，如图 2-51 中的 $\omega t < 0$ 段所示。

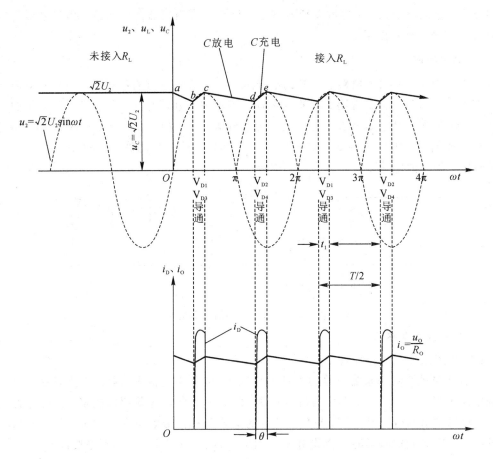

图 2-51　单相桥式整流电路电容滤波时的电压、电流波形

假设 u_2 在正半周从 0 开始上升时接入负载，因电容在负载未接入前充了电，故刚接入时 $u_2 < u_C$，二极管受反偏电压影响而截止，电容 C 经 R_L 放电，放电的时间常数为

$$\tau_d = R_L C \qquad\qquad (2-35)$$

因为 τ_d 一般较大，所以电容两端电压 u_C 按指数规律缓慢下降，输出电压 $u_O = u_C$，如图 2-51 的 ab 段所示。同时，交流电压 u_2 按正弦规律上升。当 $u_2 > u_C$ 时，二极管 V_{D1}、V_{D3} 正偏导通，此时 u_2 经二极管 V_{D1}、V_{D3} 一边向负载 R_L 提供电流，一边向电容 C 充电。接入负载时的充电时间常数为

$$\tau_c = (R_{in} /\!/ R_L)C \approx R_{in}C \qquad\qquad (2-36)$$

此时，u_C 升高，如图 2-51 中的 bc 段所示，其随着交流电压 u_2 升高到最大值 $\sqrt{2}U_2$ 附近后，又按正弦规律下降。当 $u_2 < u_C$ 时，二极管反偏截止，电容 C 又经 R_L 放电，负载端便得到如图 2-51 所示的近似锯齿波的电压波形，这使得负载电压的波动大大减小。由此可见，电容滤波电路输出电压与 R_L、C 的大小有关，放电时间常数 τ_d 越大，电容放电越慢，u_O 的下降部分越平缓，U_O 值就越大；τ_d 越小，电容放电越快，u_O 的下降也快。当 $R_L = \infty$，即空载时，电容无放电回路，$U_O = \sqrt{2}U_2 \approx 1.414U_2$；当 $C=0$，即电路不接滤波电容时，$U_O = 0.9U_2$。因此电路输出电压 U_O 在 $0.9U_2 \sim 1.414U_2$ 之间波动。

（2）主要参数的计算。

① 滤波电容容量的确定。实际工作中，为获得较为平缓的输出电压，一般取：

$$\tau_d = R_L C \geqslant (3 \sim 5)\frac{T}{2} \qquad (2-37)$$

其中，T 为交流电源的周期。

② 输出电压平均值。在整流电路内阻不太大（几欧姆）和放电时间常数满足式（2-37）所示关系时，负载电压 U_O 为

$$U_O = (1.1 \sim 1.2)U_2 \qquad (2-38)$$

③ 二极管平均电流。流过二极管的平均电流为负载电流的一半，即

$$I_D = \frac{1}{2}I_O = \frac{1}{2}\frac{U_O}{R_L} = \frac{0.6U_2}{R_L} \qquad (2-39)$$

④ 二极管承受的最高反向电压。对于单相桥式整流、电容滤波电路，最高反向电压为

$$U_{RM} = \sqrt{2}U_2 \qquad (2-40)$$

对于单相半波整流、电容滤波电路，负载开路时，$U_{RM} = 2\sqrt{2}U_2$。电容滤波电路简单，负载直流电压较高，纹波较小，但输出特性差，常用于负载电压较高或负载变动不大的场合。

2）电感滤波电路

电感滤波主要是利用电感中电流不能突变的特性使负载电流波形平滑，因此电感与负载串联。通过负载，电流平滑了，输出电压波形也就平稳了。

如图 2-52 所示，当通过电感线圈的电流增大时，线圈产生自感电势来阻止电流增加，同时将一部分电能转化为磁场能储存在电感中；当电流减小时，自感电势又阻止电流减小，同时将磁场能释放出来，以补偿电流的减小。利用电感的储能作用，可以减小输出电压和电流的纹波，得到较平滑的直流电。忽略电感 L 上的直流压降时，负载上输出的平均电压和纯电阻负载时一样，即 $U_O = 0.9U_2$。要保证电感滤波电路中电流的连续性，需满足 $\omega L \gg R_L$，即电感储存的能量可维持负载电流连续。

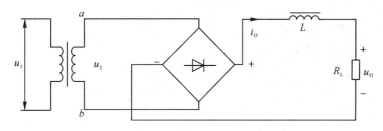

图 2-52　单相桥式整流、电感滤波电路

电感滤波电路的优点是整流管的导电角较大，没有峰值电流，输出特性较平坦；缺点是由于铁芯的存在，导致整个电路体积大而且重，容易引起电磁干扰。电感滤波电路一般仅适用于低电压、大电流的场合。

6．稳压电路

经整流滤波电路输出的电压比较稳定，但若电网电压发生波动，输出电压也会随之改变，此外，整流电路存在一定的内阻，当负载变化时，输出电压也会随负载电流（或 R_L 值）的变化而波动。因此，为了获得稳定的直流电压输出，必须在整流滤波电路后接稳压电路。稳压电路的技术指标分两种：一种是特性指标，包括允许的输入电压、输出电压、输出电

流及输出电压调节范围等；另一种是质量指标，用来衡量输出直流电压的稳定程度，包括电压调整率、电流调整率及纹波电压等。由于输出电压 U_O 随输入电压 U_I（即整流滤波电路的输出电压，其数值可近似认为与交流电源电压呈正比）、输出电流 I_O 和环境温度 T 的变化而变动，即输出电压 $U_O = f(U_I, I_O, T)$，因此输出电压变化量的一般式可表示为

$$\Delta U_O = \frac{\Delta U_O}{\Delta U_I} \Delta U_I + \frac{\Delta U_O}{\Delta I_O} \Delta I_O + \frac{\Delta U_O}{\Delta T} \Delta T \tag{2-41}$$

或者：

$$\Delta U_O = K_V \Delta U_I + R_O \Delta I_O + S_T \Delta T \tag{2-42}$$

其中，K_V 反映输入电压波动对输出电压的影响，$K_V = \Delta U_O / \Delta U_I$。实际中通常用输入电压变化 ΔU_I 时引起输出电压的相对变化来表示，称为电压调整率，即

$$S_V = \frac{\Delta U_O / U_O}{\Delta U_I} \times 100\% \tag{2-43}$$

输出电阻 R_O 反映负载电流 I_O 变化对输出电压 U_O 的影响，即

$$R_O = \frac{\Delta U_O}{\Delta I_O} \tag{2-44}$$

温度系数 S_T 为

$$S_T = \frac{\Delta U_O}{\Delta T} \tag{2-45}$$

上述系数越小，输出电压越稳定，它们的具体数值与电路形式和电路参数有关。

1）串联反馈稳压电路

（1）电路组成。

图 2-53 是串联反馈式稳压电路的一般结构图，U_I 是整流滤波后的不稳定输入电压，U_O 是可调节大小的稳定输出电压。

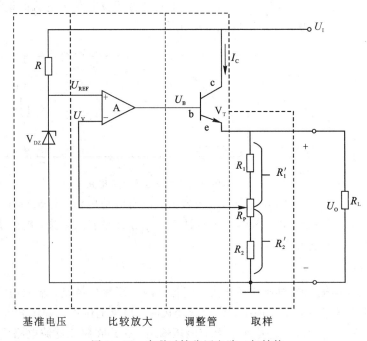

图 2-53　串联反馈稳压电路一般结构

① 电阻 R_1、R_P、R_2 组成了采样反馈电路，采集输出电压的变化量并反馈送至放大电路的反相输入端。

② 限流电阻 R 和稳压管 V_{DZ} 构成基准电压源，其作用是提供一个稳定性较高的直流基准电压 U_{REF}，接入放大电路的同相输入端。

③ 调整管 V_T 的工作点设置在放大区，因采样电路电流 I_{R_1} 远小于负载电流 I_L，所以 V_T 与负载 R_L 近似串联，故称为串联型稳压电路。

④ A 为比较放大电路，其作用是将采样电压与基准电压源比较后的差值放大，传送到调整管 V_T。

（2）稳压原理。

当输入电压 U_I 增大或负载电流 I_L 减小时，导致输出电压 U_O 增大，随之反馈电压也增大，与基准电压 U_{REF} 相比较后，差值电压经 A 放大后，使 U_B 和 I_C 减小，调整管 V_T 的 c、e 极间电压 U_{CE} 增大，使 U_O 下降，从而维持 U_O 基本恒定。反之亦然。可见，串联反馈型稳压电路的稳压过程实质上是通过电压串联负反馈实现的，调整管 V_T 接成电压跟随器。

（3）输出电压的调节范围。

基准电压 U_{REF}、调整管 V_T 和 A 构成同相放大电路，则输出电压为

$$U_O=U_{REF}\left(1+\frac{R_1'}{R_2'}\right) \tag{2-46}$$

该式表明，U_O 与 U_{REF} 近似呈正比。输出电压的调节范围为：当 R_P 动端在最上端时，输出电压最小，此时有

$$U_{Omin}=U_{REF}\left(\frac{R_1+R_P+R_2}{R_P+R_2}\right) \tag{2-47}$$

当 R_P 动端在最下端时，输出电压最大，此时有

$$U_{Omax}=U_{REF}\left(\frac{R_1+R_P+R_2}{R_2}\right) \tag{2-48}$$

2）集成稳压电路

集成稳压电路即指集成稳压器。集成稳压器目前已经成为模拟集成电路的一个重要组成部分，相对于分立元件的集成电路，它具有体积小、稳定性好、可靠性高、组装调试方便、价格低廉等优点。

只有输入端、输出端和公共引出端的三端集成稳压器在电子设备中最常使用，它将取样、基准、比较放大、调整及保护环节集成于一个芯片，只对外引出三个接线端。三端集成稳压器可分为固定输出和可调输出两种类型。

常用的三端固定输出集成稳压器有 W78×× 系列（输出固定正电压）和 W79×× 系列（输出固定负电压）等。型号中的 ×× 表示输出电压的稳定值，其等级有 ±5 V、±6 V、±9 V、±12 V、±15 V、±18 V、±24 V，最大输出电流有 1.5 A（W78×× 和 W79×× 系列）、500 mA（W78M×× 和 W79M×× 系列）、100 mA（W78L×× 和 W79L×× 系列）。三端固定输出集成稳压器的基本应用电路如图 2-54 所示，整流滤波后得到的直流脉动电压接在输入端与公共端之间，在输出端即可得到稳定的输出电压 U_O。为使三端稳压器正常工作，U_I 与 U_O 之差应大于 2～3 V，且 $U_I \leqslant 35$ V。输入端电容 C_1 用来抵消输入引线较长

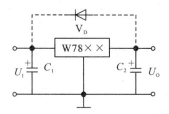

图 2-54　三端固定输出集成稳压器的基本应用电路

时的电感效应，以防止产生自激，其容量一般在 0.1～1 μF。C_2 是为了瞬时增减负载电流时不致引起输出电压有较大波动，其容量为 0.1 μF，两个电容均应直接接在集成稳压器的引脚处。当输出电压 U_O 较高且 C_2 容量较大时，输入端和输出端之间应跨接一个保护二极管 V_D，保护稳压器内部的调整管。使用时应注意防止稳压器的公共接地端开路，因为当接地端断开时，输出电压将接近于不稳定的输入电压，即 $U_O \approx U_I$，可能导致负载受损。

　　常用三端可调输出集成稳压器有 W317 和 W337，型号中第一个数字 3 表示民用，后两个数字 17 表示输出正电压值，37 表示输出负电压值。三端可调输出集成稳压器的基本应用电路如图 2-55 所示，输出电压近似由下式决定：

$$U_O \approx \left(1 + \frac{R_P}{R_1}\right) \times 1.25 \text{ V} \tag{2-49}$$

式中，1.25 V 是集成稳压器输出端与调整端之间的固定参考电压。为使电路正常工作，一般输出电流不应小于 5 mA，输入电压在 2～40 V 之间。通过调节 R_P，U_O 可在 1.25～37 V 之间变化。

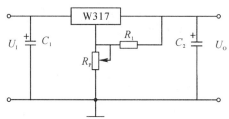

图 2-55　三端可调输出集成稳压器的基本应用电路

3）开关稳压电路

　　三端可调输出集成稳压器工作在线性区，所以统称为线性稳压电源。其优点是结构简单，调整方便，输出电压脉动较小；主要缺点是效率低（一般为 40%～60%），有笨重的电源变压器，还得安装较大的散热装置及较大容量的滤波电容。这种电源的体积和重量大，难以实现微小型化。开关稳压电路中的调整管工作在开关（饱和导通或截止）状态，它克服了线性稳压电源的缺点，目前已广泛用在宇航、计算机、通信、数控装置、家用电器、大功率和超大功率电子设备等领域。因饱和导通时管子的压降 U_{CES} 和截止时管子的电流 I_{CEO} 都很小，故电源效率可提高到 75%～95%，并且可省去散热装置使其比较轻巧。开关稳压电路的主要缺点是含纹波较大，电子干扰较大，且控制电路较复杂，对元件要求较高。

　　（1）串联型开关稳压电路。

　　① 电路组成。

　　图 2-56 所示是串联型（降压）开关稳压电路的原理框图，开关调整管 V_T 与负载 R_L 串

联；V_D 为续流二极管，L 和 C 构成高频整流滤波器；R_1 和 R_2 组成取样电路，A_1 为误差放大器，A_2 为电压比较器，它们与产生固定频率的三角波发生电路、基准电压电路组成开关调整管的控制电路。

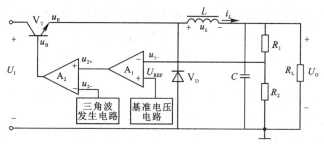

图 2 - 56　串联型(降压)开关稳压电路的原理框图

② 工作原理。

基准电压电路产生稳定电压 U_{REF}，取样电压 u_{1-} 与 U_{REF} 的差值经 A_1 放大后输入 A_2 同相端，设为 u_{2+}。u_{2+} 与 A_2 反相端的三角波电压 u_{2-} 相比较，得到矩形波控制信号 u_B。u_B 控制调整管 V_T，使得 V_T 处于开关状态。当 u_B 为高电平时，V_T 饱和导通(设导通时间为 t_{on})，其饱和管压降 U_{CES} 很小，V_T 的发射极、集电极之间近似短路，发射极电位 $u_E = U_I - U_{CES} \approx U_I$。此时二极管 V_D 反偏而截止，电感 L 存储能量的同时向电容 C 充电，负载 R_L 中流过电流。当 u_B 为低电平时，V_T 截止(设截止时间为 t_{off})，电感 L 产生的自感电动势使二极管 V_D 导通，$u_E = -U_D \approx 0$。L 存储的能量通过 V_D 向 R_L 释放，使 R_L 上继续有同方向的电流流过，因此称 V_D 为续流二极管；同时，电容 C 放电。

u_{2-}、u_B、u_E 和 u_O 的波形如图 2 - 57 所示，可见，电路利用 A_2 的输出信号 u_B 控制调整管 V_T，进而将输入电压 U_I 变成矩形波电压 u_E，再经续流滤波环节作用，得到较平稳的直流输出电压。由于 R_L 的变化会影响 LC 的滤波效果，故开关稳压电路适用于负载固定、输出电压调节范围不大的场合。

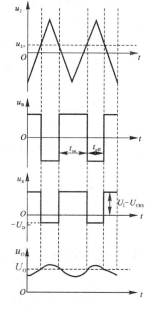

图 2 - 57　开关稳压电路的电压波形

③ 稳压原理。

当输入电压 U_I 增加使输出电压 U_O 增加时，比较放大器 A_1 的输出电压 u_{2+} 为负值，与固定频率三角波电压 u_{2-} 相比较，得到 u_B 波形，其占空比 $q<50\%$，从而使输出电压下降到预定的稳定值，电路自动调整输出电压的过程可简述为 $U_I\uparrow \rightarrow U_O\uparrow \rightarrow u_{1-}\uparrow \rightarrow u_{2+}\downarrow \rightarrow u_B\downarrow \rightarrow q\downarrow (t_{on}\downarrow)\rightarrow U_O\downarrow$，从而维持了输出电压的稳定，反之亦然。

（2）并联型开关稳压电路。

① 电路组成。

并联型（升压）开关稳压电路主回路如图 2-58 所示，开关调整管 V_T 为 MOSFET，与负载并联，电感接在输入端，L、C 为储能元件，V_D 为续流二极管。图中控制电压 u_G 为矩形波，控制 V_T 的导通与截止。

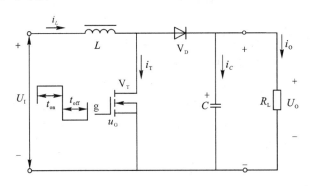

图 2-58 并联型（升压）开关稳压电路主回路

② 工作原理。

当控制电压 u_G 为高电平时，V_T 饱和导通（时间为 t_{on}），输入电压 U_I 直接加在电感 L 两端，i_L 线性增长，电感两端产生左正右负的电压 u_L，储存能量，$u_L\approx U_I$（V_T 的 $U_{DSS}\approx 0$），二极管 V_D 因反偏而截止，此时电容 C 向负载提供电流 i_O，并维持 U_O 不变。当控制电压 u_G 为低电平时，V_T 关断（时间为 t_{off}），i_L 不能突变，电感 L 产生左负右正的 u_L，当 $U_I+u_L>U_O$ 时，V_D 导通，U_I+u_L 给负载提供电流 i_O，并向 C 充电，此时 $i_L=i_O+i_C$，则输出电压 $U_O>U_I$。V_T 导通时间越长，L 储能越多；当 V_T 截止时，电感 L 向负载释放的能量越多，在一定负载电流条件下，输出电压越高。开关稳压电路一般还有过流、过压等保护电路，并备有辅助电源为控制电路提供电源电压，其控制电路通常采用 PWM 技术。

（3）集成开关稳压器。

常用的集成开关稳压器分为两类：一类是单片的脉宽调制器，在使用时需外接开关功率调整器；另一类是将脉宽调制器和开关功率调整器制作在同一芯片上，构成单片集成开关稳压器。一般情况下，集成开关稳压器还具有软启动及过流、过热保护功能，工作频率高达 100 kHz。

2.3 数字电子技术

在电子技术领域中，为了便于存储、分析和传输模拟信号，常常需要将其转换为数字信号，利用数字逻辑这一强有力的工具来分析和设计复杂的数字电路。与模拟电路相比，数字电路具有易于高度集成化、工作准确可靠、抗干扰、产品系列多、成本低、可以进行逻辑运算和控制等一系列优点，因此数字电路在计算机、电视、雷达、自动控制、仪器仪表等领域均被广泛应用。随着半导体技术的发展，现在常见的数字电路通常都是集成电路。常将数字集成电路按集成度分为小规模、中规模、大规模、超大规模、甚大规模等，数字集成电路分类情况见表 2-1。

表 2-1　数字集成电路分类表

分类	三极管个数	典型集成电路
小规模	最多 10 个	逻辑门电路
中规模	10～100	计算器、加法器
大规模	100～1000	小型存储器、门阵列
超大规模	1000～10^6	大型存储器、微处理器
甚大规模	10^6 以上	可编程逻辑器件、多功能集成电路

2.3.1　数字信号和逻辑门电路

1. 数字信号

数字电子技术中，电路处理的主要是数字信号。数字信号是指在时间上和数值上都变化的离散信号，如计算机键盘输入的信号、生产线上记录个数的计数信号等。这些信号的特点是其变化发生在离散的瞬间，其值也是离散的，共有两个，常用数字 0 和 1 表示。这里的 0 和 1 不仅可以表示数量的大小，还可以表示一个事物相反的两种状态，如电平的高与低、脉冲的有与无、开关的合与开以及灯的亮与灭，等等。

数字信号可以进行两种运算，即算术运算及逻辑运算。当数字信号 0 和 1 用来表示数量的大小时，它们进行的是算术运算；当数字信号 0 和 1 用来表示两种不同的状态时，它们进行的是逻辑运算。

一般来说，数字信号是在两个稳定状态之间作跳跃式变化的，它有电位型和脉冲型两种表示形式。用高低不同电位信号来表示数字 1 和 0 的是电位型表示法；用有无脉冲来表示数字 1 和 0 的是脉冲型表示法。

2. 逻辑门电路

处理数字信号的电路称为数字电路。在数字电路中，所谓"门"，是指能实现基本逻辑关系的电路。

常用的逻辑门电路有与门、或门、与非门、或非门、与或非门、异或门等。使用二极管或者三极管也可以搭建基本的门电路，称为分立元件门电路。或者，也可以将门电路的所有器件及连接导线制作在同一块半导体芯片上，构成集成逻辑门电路。

1）TTL 集成逻辑门电路

TTL 集成逻辑门电路是晶体管—晶体管逻辑门电路的简称。由于 TTL 集成逻辑门电路的生产工艺成熟、产品参数稳定、工作性能可靠、开关速度快而得到广泛的应用。但这种电路的功耗大、线路较复杂，使其集成度受到一定的限制，因此常应用于中小规模逻辑电路中。在电路设计中，常使用 TTL 集成逻辑门电路。

2）MOS 集成逻辑门电路

MOS 集成逻辑门电路是采用半导体场效应管作为开关元件的数字集成电路，它分为 PMOS、NMOS 和 CMOS 三种类型。

（1）PMOS 工艺比较简单，成品率高，价格便宜，但其工作速度低，且采用负电源，输出电平为负，所以不便于和 TTL 电路相连，因而其应用受到了限制。

（2）NMOS 电路全部使用 NMOS 管组成，其工作速度快、尺寸小、集成度高，而且采用正电源工作，便于和 TTL 电路相连。NMOS 工艺比较适用于大规模数字集成电路，如存储器和微处理器等，但不适于制成通用逻辑门电路。主要原因是，NMOS 电路带电容性负载能力较弱。

（3）CMOS 集成电路诞生于 20 世纪 60 年代末，又称互补 MOS 电路，经过制造工艺的不断改进，在应用的广度上已与 TTL 平分秋色，它的技术参数从总体上说，已经达到或接近 TTL 的水平，它突出的优点是静态功耗低、抗干扰能力强、工作稳定性好、开关速度高，特别适用于通用逻辑电路的设计，其中功耗、噪声容限、扇出系数等参数优于 TTL，目前在数字集成电路中已得到普遍应用。

2.3.2　典型数字电路

在野外应急供电系统中，常用到的典型数字电路有触发器、时序逻辑电路、计数器、寄存器、脉冲发生与整形电路、模拟与数字转换电路等。

1. 触发器

触发器具有"记忆"功能，它是构成时序逻辑电路的基本单元。常用触发器有 RS 触发器、JK 触发器、D 触发器、T 触发器、T′触发器。其中，最常见的集成触发器是 JK 触发器和 D 触发器；T、T′触发器没有集成产品，需要时可用其他触发器转换而成；JK 触发器与 D 触发器之间的功能也是可以互相转换的。

基本触发器的特点是：一旦输入的置 0 或置 1 信号出现，输出状态就可能随之而发生变化，这在数字系统中会带来许多不便。在实际使用中，往往要求触发器按一定的节拍动作，于是产生了同步式触发器，也可称为时钟触发器或钟控触发器。同步触发器主要包括同步 RS 触发器、同步 D 触发器、同步 JK 触发器以及同步 T 触发器等。

在一个时钟周期的整个高电平期间或整个低电平期间都能接收输入信号并改变状态的触发方式称为电平触发。由此引起的在一个时钟脉冲周期中，触发器发生多次翻转的现象叫作空翻。空翻是一种有害的现象，它使得时序电路不能按时钟节拍工作，会造成系统的误动作。造成空翻现象的原因是同步触发器结构不完善。

同步触发器由于存在空翻，故不能用于计数器、移位寄存器和存储器，只能用于数据锁存。用主从触发方式，可以克服电位触发方式的多次翻转现象，但主从触发器有一次翻转特性，这就降低了其抗干扰能力。

边沿触发器不仅可以克服电位触发方式的多次翻转现象，而且仅仅在时钟（CP）的上升沿或下降沿时刻才对输入激励信号响应，这就大大提高了抗干扰能力。边沿触发器有

CP 上升沿(前沿)触发和 CP 下降沿(后沿)触发两种形式。

边沿触发器工作时,总是在 CP 的上升沿(或下降沿)之前接收输入信号,而在 CP 的上升沿(或下降沿)到来时刻触发翻转、记忆或传输信号,在触发沿过后封锁输入,这三步均在触发沿前后完成,故称边沿触发器。因此,边沿触发器较其他触发器抗干扰能力强、速度快、使用灵活。

1) 触发器的脉冲工作特性

触发器的脉冲工作特性是指触发器对时钟脉冲、输入信号以及它们之间相互配合的时间关系的要求。

2) 集成触发器的主要参数

(1) 直流参数。

① 电源电流 I_{CC}:指空载功耗电流。

② 低电平输入电流 I_{IL}:指输入被短路时的电流。

③ 高电平输入电流 I_{IH}:指各输入端接高电平(U_{DD})时的输入电流。

④ 输出高电平 U_{OH} 和输出低电平 U_{OL}:触发器输出高电平时的对地电压值为 U_{OH},触发器输出低电平时的对地电压值为 U_{OL}。

(2) 开关参数。

① 最高时钟频率:f_{max}。

② 对时钟信号的延迟时间:t_{CPLH}、t_{CPHL}。

③ 对直接置 0 或置 1 的延迟时间。

2. 时序逻辑电路

时序逻辑电路分为同步时序逻辑电路和异步时序逻辑电路两大类。这两类时序逻辑电路共同的基本器件是触发器,因此时序逻辑电路具有记忆功能,这是时序逻辑电路和组合逻辑电路在功能上的最大区别。

时序逻辑电路的基本特点是,任一时刻的输出信号不仅取决于该时刻的输入信号,而且还取决于电路原来的状态。时序逻辑电路的框图如图 2-59 所示。图中,x_1,x_2,…,x_n 代表输入信号;z_1,z_2,…,z_m 代表输出信号;q_1,q_2,…,q_j 代表存储电路的输入信号;y_1,y_2,…,y_j 代表存储电路(触发器)的输出信号。

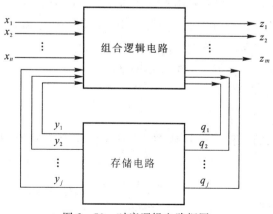

图 2-59　时序逻辑电路框图

由图 2-59 可知,时序电路的结构具有以下两个特点:

(1)时序电路往往由组合逻辑电路和存储电路组成,而且存储电路是必不可少的。

(2)存储电路的输出反馈到输入端,与输入信号共同决定组合逻辑电路的输出。

3. 计数器

在数字电路中,能够记忆输入脉冲个数的电路称为计数器。计数器是一个周期性的时序电路,其状态图有一个闭合环,闭合环循环一次所需要的时钟脉冲的个数称为计数器的模值。

计数器有许多不同的类型:

(1)按时钟控制方式来分,有异步计数器、同步计数器两大类。

(2)按计数过程中数值的增减来分,有加法计数器、减法计数器、可逆计数器三类。

(3)按模值来分,有二进制计数器、十进制计数器和任意进制计数器。

例如,集成芯片 74LS161 是同步可预置 4 位二进制计数器,并具有异步清零功能;集成芯片 74LS160 和 74LS162 是同步十进制加法计数器,具有异步清零功能。

尽管集成计数器产品种类很多,但也不可能做到任意进制的计数器都有其相应的产品。常用的做法是,用一片或者几片集成计数器经过适当连接,就可以构成任意进制的计数器。若一片集成计数器为 M 进制,欲构成的计数器为 N 进制,构成任意进制计数器的原则是:当 $M>N$ 时,只需用一片集成计数器即可;当 $M<N$ 时,则需用多片 M 进制集成计数器才可以构成 N 进制的计数器。用集成计数器构成任意进制计数器时,常用的方法有反馈清零法、级联法和反馈置数法。

4. 寄存器

在数字电路中,用来存放一组二进制数据或代码的电路称为寄存器。寄存器是由具有存储功能的触发器和门电路组合起来构成的。一个触发器可以存储 1 位二进制代码,存放 n 位二进制代码的寄存器需用 n 个触发器来构成。按照功能的不同,寄存器可分为数码寄存器(基本寄存器)和移位寄存器两大类。

5. 脉冲发生与整形电路

在数字电路或系统中,常常需要用到各种脉冲波形,如矩形波、三角波、锯齿波等。这些脉冲波形的获取通常采用两种方法:一是利用脉冲信号产生器直接产生;二是对已有的信号进行适当变换,产生能为系统所用的脉冲波形。

常见的几种脉冲信号产生器及脉冲变换的基本电路有多谐振荡器、单稳态触发器、施密特触发器及 555 定时器等。

1)多谐振荡器

由两个与非门构成的多谐振荡器如图 2-60 所示,其电路原理和工作波形分别如图 2-61(a)、(b)所示。

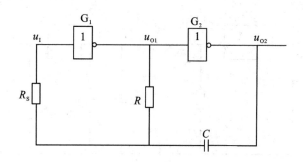

图 2 - 60　CMOS 门电路构成的多谐振荡器

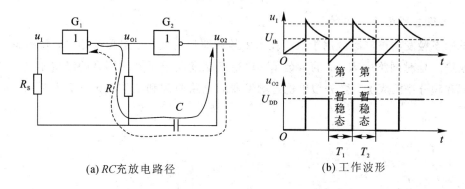

(a) RC充放电路径　　　　　　　(b) 工作波形

图 2 - 61　多谐振荡器电路原理和工作波形

　　由石英晶体组成的石英晶体多谐振荡器可以获得频率稳定性很高的方波信号。石英晶体的电路符号如图 2 - 62(a)所示。一般地，石英晶体有一个极为稳定的串联谐振频率 f_s（其值仅取决于晶体的切割形状），且等效品质因数 Q 值很高。石英晶体的阻抗频率特性曲线如图 2 - 62(b)所示。由图可知，石英晶体具有非常好的选频特性。将其串入交流电路中时，只有频率为 f_s 的信号容易通过，而其他频率的信号均会被晶体所衰减。利用此特点，将石英晶体作为上述多谐振荡器的反馈网络，所构成的振荡器称为石英晶体多谐振荡器，如图 2 - 63 所示，它可以产生频率稳定性很高的振荡信号，即高频率稳定性的方波信号。石英晶体多谐振荡器多用于产生微型计算机的时钟脉冲等对频率稳定性要求较高的场合。

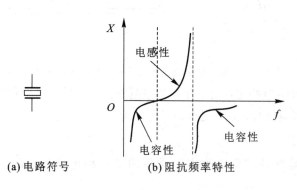

(a) 电路符号　　　　(b) 阻抗频率特性

图 2 - 62　石英晶体的电路符号及阻抗频率特性

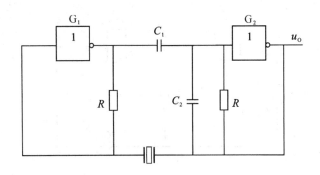

图 2-63　石英晶体多谐振荡器电路

2）单稳态触发器

单稳态触发器被广泛应用于数字技术中脉冲波形的变换、整形及延时。暂稳态的延迟时间取决于延时网络中 R、C 的参数值。单稳态触发器根据延时网络的结构不同，可分为微分型和积分型两大类。微分型单稳态触发器的电路原理和工作波形分别如图 2-64(a)、(b)所示。

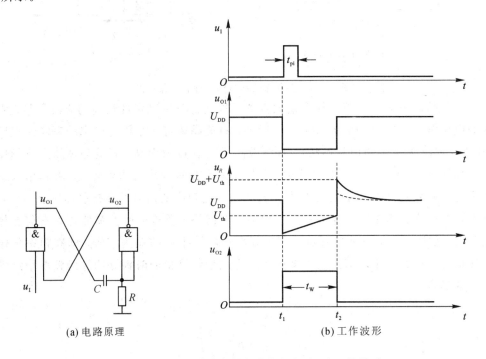

(a)电路原理　　(b)工作波形

图 2-64　微分型单稳态触发器的电路原理和工作波形

集成单稳态触发器以稳定性好、脉宽调节范围大、触发方式多样且功耗小而广泛使用在数字系统中，典型应用有定时、延时、多谐振荡等。

3）施密特触发器

施密特触发器是脉冲波形变换中经常使用的一种电路。它在性能上有两个重要的特点：

（1）施密特触发器属于电平触发。即使输入慢变的触发信号，当输入电平达到某一电压值时，输出电压也会发生突变。

（2）对于正向和负向增长的输入信号，电路具有如图 2 - 65 所示的滞后电压传输特性。施密特触发器可用于波形变换和整形、噪声和干扰消除、幅度鉴别等。

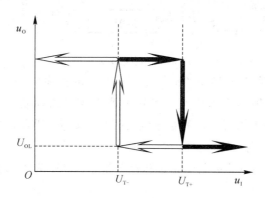

图 2 - 65　施密特触发器的电压传输特性

4）555 定时器

555 定时器是一种应用极为广泛的中规模集成电路。它只需外接少量的阻容器件就可以构成单稳态触发器、多谐振荡器及施密特触发器等电路。这些电路使用灵活、方便，广泛用于信号的产生、变化、控制与检测等场合。

555 定时器分双极型和 CMOS 型两种类型。双极型定时器具有较大的驱动能力，最大负载电流可达 200 mA，其电源电压范围为 5～16 V；而 CMOS 型定时器的输入阻抗高、功耗低，其电源电压范围为 3～18 V，最大负载电流在 4 mA 以下。

6. 模/数与数/模转换电路

数字系统与模拟系统相比具有很多优点，特别是计算机在自动控制、数字通信、检测设备以及其他领域的广泛应用，使系统具有高度智能化的优点，所以目前先进的信息处理和自动控制设备大多采用数字系统，如数字通信系统、数字电视及广播系统、数控系统、数字仪表等。

数字系统能处理时间和幅值都是离散的数字信号，然而现实物理世界中存在的绝大多数信号都是时间和幅值连续变化的模拟信号，如电压、电流、声音、图像、温度、压力、光通量等，要用数字系统处理这些信号，必须首先将这些模拟量转换成数字量。

如果模拟量是非电模拟量，还应先通过换能器或传感器将其变换成电模拟量，然后再转换成数字量。这种将电模拟量转换成数字量的过程称为“模/数转换”。完成转换的电路称为模/数转换器，简称 ADC(Analog to Digital Converter)。同时，经过数字系统处理后的数字量，有时又需要再转换成模拟量，以便实际使用(如用来视、听、唱或驱动模拟设备)，这种转换称为“数/模转换”。完成数/模转换的电路称为数/模转换器，简称 DAC(Digital to Analog Converter)。通常 ADC 和 DAC 都是数字系统的重要接口部分。图 2 - 66所示是典型数字系统结构图。

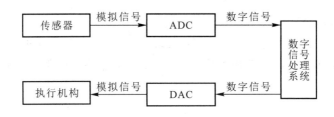

图 2-66　典型数字系统结构

模拟量与数字量之间相互转换的前提是转换结果的准确性,因此,ADC 和 DAC 必须有足够的转换精度。如果是应用于实时性转换要求较高的控制和测量系统,则 ADC 和 DAC 必须有足够快的转换速度,以满足系统实时性的要求。因此,转换速度和转换精度是衡量 ADC 和 DAC 性能优劣的主要标志。

模/数与数/模转换器的主要技术指标包括分辨率、转换精度、转换速度、满量程等。

2.4　数字控制技术

数字控制技术是近代发展起来的一种自动控制技术。下面首先对自动控制理论进行简要介绍,而后介绍嵌入式控制系统。

2.4.1　自动控制理论简介

1. 自动控制的定义

所谓自动控制,是指在没有人直接参与的情况下,利用外加的设备或装置操纵机器、设备或生产过程,使其自动按预定规律运行的技术。这里所说的外加设备或装置,通常包括测量仪器、控制装置和执行机构。没有检测与执行设备,单独的控制器是无法发挥作用的。

目前,自动控制理论的研究还在继续,朝着以控制论、信息论、仿生学为基础的智能控制理论方向深入发展。

2. 自动控制系统的基本组成

自动控制系统的组成基本上是一个仿人的工作装置。如图 2-67 所示,人的眼睛是测量装置,大脑是控制器,手及手臂是执行装置。可以将图 2-67 画成图 2-68 所示的方框图。一个反馈控制系统基本由图 2-68 所示的检测器、控制器和执行器三大部分组成。

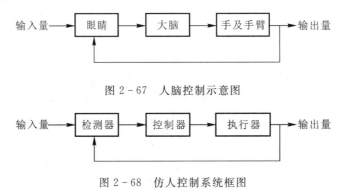

图 2-67　人脑控制示意图

图 2-68　仿人控制系统框图

3. 自动控制系统的基本控制方式

1）开环控制系统

所谓开环控制系统，是指控制器与被控对象之间只有顺向作用而无反向联系，即控制是单方向进行的，系统的输出量并不影响其控制作用，控制作用直接由系统输入量产生。

图 2-69 所示的电动机转速控制系统可以作为开环控制系统的一个实例。直流电动机带动生产机构以一定的转速旋转，其转速由电位器的给定电压来决定。改变电位器滑动端的位置，可以改变给定电压的大小，放大器的输入、输出电压和电动机的电枢电压也相应发生改变，从而自动地决定了电动机转速的高低，以满足生产机构的要求。

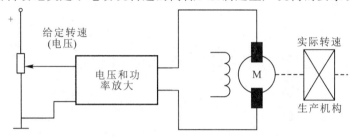

图 2-69　电动机转速控制系统

因此，开环控制系统可用图 2-70 所示框图来表示。开环控制系统是最基本的不带反馈或者反馈不影响控制输出的自动控制系统，这类系统在生产过程及生活设施中随处可见。

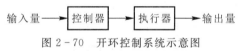

图 2-70　开环控制系统示意图

2）闭环控制系统

由于系统周围环境的变化会给系统造成干扰，开环控制系统的输出量不可能精确地对应于输入量，因此开环系统不具备克服输出量与输入量之间的偏差的能力，它的准确性和稳态精度都不高。如果系统输入量又随时间变化，而系统的被控对象一般都存在惯性，则开环控制系统不可能瞬时完成对输入量的响应。

针对开环控制系统的上述缺陷，迫切需要给控制系统引入反馈，即把被控对象与控制系统输入量所对应的输出量馈送到系统输入端，以便与输入信号进行比较，取其偏差作为控制器的输入，如图 2-71 所示，这样的系统称为带负反馈的闭环控制系统。其中，由输入到输出的路径称为前向通路，检测器所在的路径称为反馈通路。扰动量分为内扰和外扰，内扰是由于组成系统的元部件参数的变化引起的，外扰则是由系统的动力源或负载变化等外部因素所引起的。

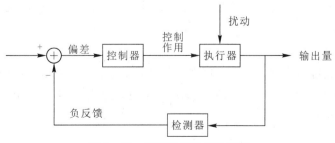

图 2-71　闭环控制系统示意图

　　图 2-71 所示的扰动量是内扰和外扰的概括。值得注意的是,加在控制器上的信号并不是系统的输入量,而是它和系统反馈量之间的误差。控制器所产生的控制作用实施于被控对象之后,力图减小或者消除这种误差。

　　图 2-72 所示的电加热器系统是一个简单的闭环控制系统。其中,温控开关是控制器,电加热器为执行机构,输入量是设定温度,输出量是测温元件(即温度传感器)检测到的实际水温,输入与输出之间的求差过程直接由温控开关完成。该系统的外扰动量是注入的冷水和流出的热水。

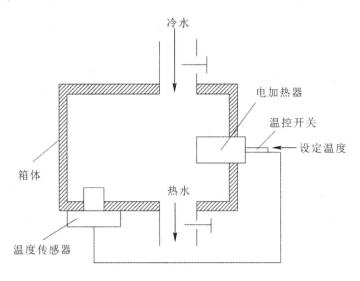

图 2-72　电加热器系统

　　采用负反馈控制,可以有效地抑制前向通路中各种扰动对系统输出量的影响。假设输入量为一给定值,而外加扰动量使输出量减小,由于输入量未变,因而误差就会增大,控制器的控制作用也相应地增大,从而提高了输出量,这就对因扰动而引起的输出量的减小起到了自动调节的作用,反之亦然。所以,带有负反馈的闭环控制又称为偏差控制,它能够提高系统的抗扰动性能,增强鲁棒性,改善系统的稳态精度。另一方面,由于负反馈的存在,对应于一定输出量的输入量必然加大,因此在到达稳态之前的动态过程中,施加于控制器的信号比较大,将产生所谓的强激作用。控制作用增大了,被控对象的输出量对于输入量的跟踪速度也会增大,由此可见闭环系统还具有提高响应速度的优势。然而,闭环控制也给系统带来新的问题,负反馈虽然能起到校正误差的作用,但由于系统一般都存在惯性,控制作用产生的效果将延迟一段时间,因此并不能及时校正系统误差。如果控制系统的强激作用与被控对象的惯性匹配不当,那么闭环系统还可能产生振荡,造成不稳定,使系统不能正常运行。

　　3) 复合控制系统

　　当生产机构对自动控制系统提出很高的控制要求时,单独采用开环控制或闭环控制就有困难。这时,可以设计一种开环控制和闭环控制相结合的复合控制系统,如图 2-73 所示。

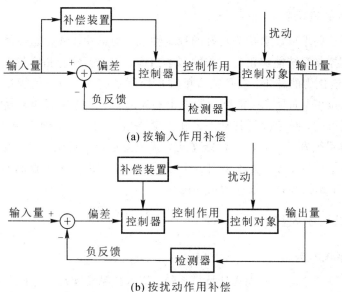

(a) 按输入作用补偿

(b) 按扰动作用补偿

图 2-73　复合控制系统示意图

在这种系统中，带有负反馈的闭环控制起主要的调节作用，而带有前馈的开环控制则起辅助作用，这样就能使系统达到很高的控制精度。图 2-74 所示的电动机速度复合控制系统就是按扰动作用补偿的复合控制系统，负载大小的改变引起转速变化，反映在图 2-74(b)中即为负载转矩 M_c 的改变。

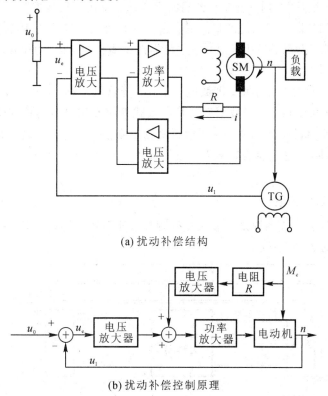

(a) 扰动补偿结构

(b) 扰动补偿控制原理

图 2-74　电动机速度复合控制系统

4. 控制系统的设计要求

对控制系统的要求可以概括为良好的稳定性能、动态性能和稳态性能三个方面。

稳定性能是控制系统能够正常工作的基本前提，而动态性能和稳态性能则是对控制系统动态、静态性能优劣的评价。在单输入单输出控制系统中，动态性能指的是系统输出响应的快速性和超调量，而稳态性能则常用输出响应的稳态误差的大小来衡量。

设计控制系统时，必须满足其动态、静态性能指标的要求，但是两者之间常有矛盾：稳态性能很高的系统容易导致动态性能恶化，甚至使系统不稳定；动态性能好的系统有可能达不到高稳态精度的要求。为了解决这个矛盾，必须合理地设计控制器，对系统性能进行综合校正，这正是控制系统设计的核心内容。

2.4.2 嵌入式控制系统

1. 嵌入式系统的定义

嵌入式系统一词来源于嵌入式计算机系统。嵌入式系统实际上是嵌入特定对象中的集成微电子智能系统，其定义中涵盖了三个基本特点，即智能性、嵌入性与对象性。智能性表明所有嵌入式系统都有微处理器智能内核；嵌入性表明嵌入式系统没有独立存在的价值；对象性表明嵌入式系统有一个特定的应用领域。

嵌入式系统已经渗透到我们的生活中，小到鼠标，大到飞机、大炮，而恰恰由于这种范围的扩大，使得"嵌入式系统"更加难以明确定义。根据 IEEE（电气和电子工程师协会）的定义，嵌入式系统是"控制、监视或者辅助机器和设备运行的装置"。

国内比较认同的嵌入式系统的概念是：嵌入式系统是以应用为中心，以计算机技术为基础，并且软硬件可裁剪，适用于对功能、可靠性、成本、体积、功耗有严格要求的专用计算机系统。

嵌入式系统有四大支柱学科，即微电子学科、计算机学科、电子技术学科与对象学科。微电子学科、计算机学科、电子技术学科是嵌入式系统知识平台的构建学科，对象学科是嵌入式系统知识平台的应用学科。对象学科囊括了众多的嵌入式系统应用领域，除包含被控对象的相关学科外，还包括自动控制、仪器仪表、工业控制、家用电器、医疗设备、通信设备等。

2. 嵌入式系统的组成

通常意义上的嵌入式系统是由嵌入式处理器、外围硬件设备、实时操作系统、应用软件等组成的，如图 2-75 所示。

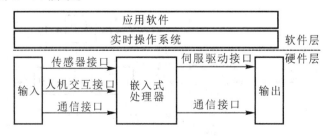

图 2-75　嵌入式系统组成

硬件层的嵌入式处理器是由嵌入式微处理器(MPU)、微控制器(MCU)、数字信号处理器(DSP)与片上系统(SoC)等组成的；外围硬件设备是由传感器的前向通道接口、控制对象伺服驱动的后向通道接口、人机交互的交互通道接口和与外部通信的信息通道接口等组成的。软件层是由实时操作系统与应用软件组成的。

1) 嵌入式处理器

嵌入式处理器是嵌入式系统的核心，是控制、辅助系统运行的硬件单元，范围极其广阔，从最初的 4 位处理器(1971 年，Intel 公司推出了 4 位微处理器 4004)，目前仍在大规模应用的 8 位单片机，到最新的受到广泛青睐的 32 位、64 位以及多核嵌入式中央处理器(CPU)。目前市面上具有嵌入式功能特点的处理器已经超过 1000 种，可将其划分成微处理器(MPU)、微控制器(MCU)、数字信号处理器(DSP)、片上系统(SoC)。

中央处理器(Central Processing Unit，CPU)，是一台计算机的运算核心和控制核心。CPU 由运算器、控制器和寄存器及实现它们之间联系的数据、控制及状态的总线构成。

运算器是集成在微处理器中的逻辑运算单元，可以执行定点或浮点算术运算操作、移位操作以及逻辑操作，也可执行地址运算和转换。

控制器是集成在微处理器中的控制单元，主要负责对指令译码，并且发出为完成每条指令所要执行的各个操作的控制信号。控制器结构有两种：一种是以微存储为核心的微程序控制方式；另一种是以逻辑硬布线结构为主的控制方式。

寄存器是集成在微处理器中的一种特殊的存储单元，它是配置微处理器工作参数和存储临时数据的场所。寄存器包括通用寄存器、专用寄存器和控制寄存器。通用寄存器又可分为定点数和浮点数两类，用来保存指令执行过程中临时存放的寄存器操作数和中间(或最终)操作结果。专用寄存器是设置微处理器某个功能模块参数的寄存器，仅限特定模块使用，因此称为专用寄存器。比如，微处理器中的 RX/TX(收发模块)，它的专用寄存器用于设置收发模块的比特率、编码格式等。控制寄存器用于设置微处理器功能模块的行为方式，比如收发模块的接收、发送功能控制。

CPU 采用三级流水线：取址、译码、执行。CPU 的运作原理可分为四个阶段：提取、解码、执行和写回。CPU 从存储器或高速缓冲存储器中取出指令，放入指令寄存器，然后对指令译码，并执行指令。

(1) 微处理器(MPU)。

微处理器(Micro Processor Unit，MPU)，通常代表一个功能强大的 CPU，但它不是为任何已有的特定计算目的而设计的芯片。这种芯片往往是个人计算机和高端工作站的核心 CPU。例如，Intel 的 X86、ARM 的 Cortex-A 等都属于 MPU。

MPU 本质上只是增强版的 CPU，必须添加相应的 RAM 和 ROM。MPU 作为一种增强型 CPU，不能直接运行程序，必须安装相应的嵌入式操作系统后才能部署应用软件。

(2) 微控制器(MCU)。

微控制器(Micro Controller Unit，MCU)是将微型计算机的主要部分集成在一个芯片上的单芯片微型计算机。微控制器诞生于 20 世纪 70 年代中期，经过几十年的发展，其成本越来越低，而性能越来越强大，这使其应用已经无处不在，遍及各个领域。

微控制器可从不同方面进行分类：

① 根据数据总线宽度可分为 8 位、16 位和 32 位；

② 根据存储器结构可分为哈佛（Harvard）结构和冯·诺依曼（Von Neumann）结构；

③ 根据内嵌程序存储器的类别可分为 OTP、掩膜、EPROM/EEPROM 和 Flash 闪存；

④ 根据指令结构又可分为 CISC（Complex Instruction Set Computer，复杂指令集计算机）和 RISC（Reduced Instruction Set Computer，精简指令集计算机）架构。

Intel 公司于 1980 年推出了 MCS - 51，为发展具有良好兼容性的新一代微控制器奠定了良好的基础。在 8051 技术实现开放后，Philips、Atmel、Dallas 和 Siemens 等公司纷纷推出了基于 80C51 内核的微控制器。这些各具特色的产品能够满足大量嵌入式应用的需求。基于 80C51 内核的微控制器并没有停止发展的脚步，例如现在 Maxim/Dallas 公司提供的 DS89C430 系列微控制器，其单周期指令速度已经提高到了 8051 的 12 倍。基于 CISC 架构的微控制器除了 80C51 外，还包括 Motorola 公司提供的 68HC 系列微控制器，这也是大量应用的 8 位微控制器系列。

基于 RISC 架构的微控制器则包括 Microchip 公司的 PIC 系列 8 位微控制器等。在 16 位 RISC 架构的微控制器中，Maxim 公司推出的 MAXQ 系列微控制器以其高性能、低功耗和卓越的代码执行效率，成为许多需要高精度混合信号处理以及便携式系统和电池供电系统的理想选择。

（3）数字信号处理器（DSP）。

数字信号处理器（Digital Signal Processing/Processor，DSP）是一种具有更强运算能力、擅长数据运算和算法、速度更快的处理器。与微处理器和微控制器相比，DSP 在内部结构设计上具有更直接的数据运算电路，而不是程序层面的运算，因此，其运算速度更快、精度更高，更适合大规模的数据信号处理应用。

根据数字信号处理的要求，DSP 一般具有如下主要特点：

① 在一个指令周期内可完成一次乘法和一次加法；

② 程序空间和数据空间分开，可以同时访问指令和数据；

③ 片内具有快速 RAM，通常可通过独立的数据总线同时访问程序空间和数据空间；

④ 具有低开销或无开销循环及跳转的硬件支持；

⑤ 可以进行快速的中断处理和硬件 I/O 支持；

⑥ 具有在单周期内操作的多个硬件地址产生器；

⑦ 可以并行执行多个操作；

⑧ 支持流水线操作，使提取、解码和执行等操作可以重叠执行。

当然，与通用微处理器相比，DSP 芯片的其他通用功能相对弱些。

（4）片上系统（SoC）。

片上系统（System-on-Chip，SoC）设计技术始于 20 世纪 90 年代中期，随着半导体工艺技术的发展，设计者能够将愈来愈复杂的功能集成到单硅片上，SoC 正是在集成电路（IC）向集成系统（IS）转变的大方向下产生的。

SoC 的定义多种多样，由于其内涵丰富、应用范围广，很难给出准确定义。一般来说，SoC 称为系统级芯片，也称为片上系统，意指它是一个产品，是一个有专门用途的集成电路，其中集成了硬件和软件；同时它又是一种应用技术，包含了系统分析、功能确定、软/

硬件规划、设计、实现等。从狭义角度讲，它是信息系统核心的芯片集成，是将系统关键部件集成在一块芯片上；从广义角度讲，SoC 是一个微小型系统，打个比方，如果说中央处理器(CPU)是大脑，那么 SoC 就是包括大脑、心脏、眼睛和手的整个系统。

SoC 设计的关键技术主要包括总线架构技术、IP 核可复用技术、软硬件协同设计技术、SoC 验证技术、可测性设计技术、低功耗设计技术、超深亚微米电路实现技术等，此外还要做嵌入式软件移植、开发研究等。SoC 设计是一门跨学科的新兴研究领域。

2）实时操作系统

在嵌入式系统中，为了及时有效地处理一些事件，通常需要在嵌入式处理器上运行实时多任务操作系统来进行可靠的管理。目前，市面上的嵌入式实时操作系统也很多，各有应用，各具特色，较典型、通用的有嵌入式 Linux、μClinux、Windows Embedded CE、Windows Embedded Compact 7、μC/OS-II、μC/OS-III、VxWorks、eCos 等。

3. 嵌入式控制系统的典型应用

根据嵌入式系统的定义，只要存在微电子控制、运算应用的领域，都可以根据功能需求对系统进行量身定做，制定满足控制需求的嵌入式系统方案。在野外应急供电设备中，常涉及的嵌入式控制系统有发动机电子控制系统、发电控制系统等。

1）发动机电子控制系统

野外应急供电设备的原动机是汽油发动机或者柴油发动机，其电子控制系统单元就是一个典型的嵌入式系统。电子控制单元由发动机控制单元(ECU)、传感器和执行器构成。ECU 是电子控制系统的核心，它根据传感器信号，经过存储、计算和分析处理后，向执行器发出指令，控制执行器动作，完成发动机的喷油、点火、调速、怠速等控制。

2）发电控制系统

发电控制系统是野外应急供电设备的核心，犹如发电设备的大脑，用于控制发电机的启动、停机、重要参数测量、故障报警或停机保护等。发电控制系统也是一个典型的嵌入式系统，一般是由 DSP 或 MCU 控制器、外围电子元件、传感器、执行器和片上程序等组成的。为实现发电功率的控制，发电控制系统还需要通过通信接口与发动机电子控制系统进行通信，以完成发动机的控制。

一般的发电控制系统通过励磁调节器调节发电机电压，通过转速调节器来控制柴油机转速的变化，通过电源管理器实现对发电机组的启动、停止、负荷分配、功率限幅、电流限幅、发电机故障报警等。高性能、智能化的控制系统会大大提高发电机组的运行效率，保障发电机组的稳定工作，节省人力物力，提高工作效率等。有些复杂的发电控制系统的芯片上运行有嵌入式操作系统，发电控制程序运行于操作系统之上，可提供丰富的用户界面和操作、通信接口。

下面简单介绍两个特殊的发电控制系统。

(1) 太阳能发电控制系统。

太阳能发电控制系统一般由发电控制器、逆变器组成，有并网需求的还需配置并网控制器。一般情况下，发电控制器、逆变器、并网控制器都是独立的嵌入式系统，按照设计功能完成各自的控制目标。这些独立的嵌入式系统都是由 MCU、DSP、外围电路硬件和片上程序软件等组成的。

有特殊需求的太阳能发电控制系统，还可以采用 ARM、DSP 等芯片，安装嵌入式操作系统，为发电控制提供更为丰富的接口能力。

（2）燃料电池发电控制系统。

燃料电池发电控制系统也采用嵌入式系统架构。一般燃料电池发电控制系统由发电控制器、传感器、执行器组成。发电控制器多以专用的燃料电池控制用 MCU、DSP 为基础搭建，运行嵌入式操作系统和应用软件，完成电池冷却控制、电堆发电控制、电源管理等功能。和车辆匹配的燃料电池控制系统还具有与整车控制器（VCU）接口的能力。

4. 嵌入式软件及开发

嵌入式软件是指部署到嵌入式系统内的应用软件（程序）。与嵌入式软件对应的是非嵌入式软件，比如 PC 平台下 Windows 操作系统中的软件就属于非嵌入式软件。如果软件运行于 Windows CE 操作系统下，那么该软件也将是一个嵌入式软件。嵌入式软件与非嵌入式软件相比，对硬件环境具有较强的依赖性，移植性较差。

1）嵌入式软件架构

嵌入式软件按照结构可分为单线程嵌入式软件和事务驱动型嵌入式软件两种。

（1）单线程嵌入式软件。

对单线程程序而言，其没有主控程序。单线程嵌入式软件的结构如图 2 - 76 所示，一种是循环轮询结构，另一种是有限状态机结构。比如一个采用循环轮询结构的产品包装系统，系统采用光感应来判断是否有产品需要包装，一旦发现传输带上有物体，程序主体就控制执行包装动作。单线程嵌入式软件的优点是程序简单，执行效率高；缺点是一旦出现故障，系统无法自动进行控制与恢复，安全性较差。

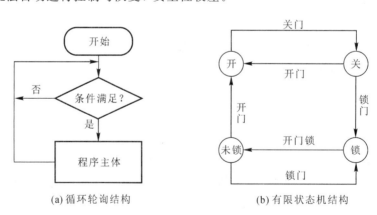

(a) 循环轮询结构　　　　　　(b) 有限状态机结构

图 2 - 76　单线程嵌入式软件的结构

利用中断驱动系统可以解决单线程嵌入式软件存在的安全性问题。在中断驱动系统中，有一个循环轮询的主程序控制中断响应程序的执行，程序结构如图 2 - 77 所示。当有多个中断请求同时发生或响应出现错误时，主程序就须处理更复杂的任务管理，这时主程序已成为一个简单的嵌入式操作系统。如果上面的包装系统采用中断驱动系统，则一旦发生错误，就会有一个错误中断请求执行错误响应程序，错误响应程序会处理错误，使系统恢复正常。

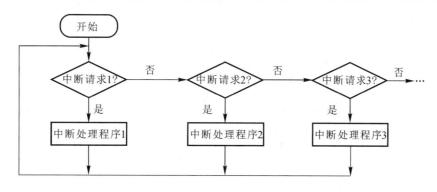

图 2-77　中断驱动系统

（2）事务驱动型嵌入式软件。

若考虑有更多的任务或有多个中断处理过程的多任务系统的情况，比如要考虑存储的分配与管理、I/O 的控制与管理、多个任务或中断请求同时发生等，则中断驱动系统就无法应付了。这时，嵌入式操作系统的支持是必不可少的，它要完成任务的切换、调度、通信、同步、互斥、中断管理、时钟管理等，而在一些系统中还需要嵌入式数据库的支持。

嵌入式系统的需求已越来越复杂，PC 机上的应用几乎都有移到嵌入式系统的需要，如通过手机、PDA 等移动设备进行的网络游戏、网上购物、网上银行交易等，这使嵌入式软件变得更加复杂，不仅需要嵌入式操作系统、嵌入式数据库，还需要网络通信协议、应用支撑平台等，在此基础上的应用软件的架构也变得复杂起来。如图 2-78 所示，分布式的嵌入式软件系统可能是 peer-to-peer 结构，也可能是 B/S 结构等。

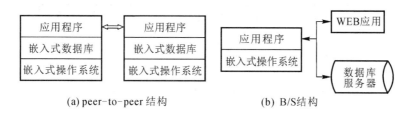

(a) peer-to-peer 结构　　　　　　　　(b) B/S结构

图 2-78　分布式的嵌入式软件系统架构

2）嵌入式软件开发流程

由于受嵌入式系统本身特性的影响，嵌入式系统的开发与通用系统的开发有很大区别。嵌入式系统的开发主要分为系统总体开发、嵌入式硬件开发和嵌入式软件开发三大部分。可见，嵌入式软件的开发离不开硬件环境。

嵌入式软件的开发工具非常多，可根据不同的开发过程来划分，比如在需求分析阶段可以选择 IBM 的 Rational Rose 软件，在程序开发阶段可以采用 CodeWarrior 软件，在调试阶段可以采用 Multi-ICE 软件。同时，不同的嵌入式操作系统往往会有配套的开发工具，例如 VxWorks 有集成开发环境 Tornado，Windows CE 有集成开发环境 Windows CE Platform。此外，不同的处理器可能还有对应的开发工具，例如 ARM 的常用集成开发工具有 ADS、IAR 和 RealView 等。在这里，大多数软件都有比较高的使用费用，但也可以大大加快产品的开发进度，用户可以根据需求自行选择。

嵌入式系统的软件开发与通常软件开发的区别主要在于软件实现部分，其中又可以分为交叉编译和交叉调试两部分。

(1) 交叉编译。

嵌入式软件开发所采用的编译为交叉编译。所谓交叉编译，就是在一个平台上生成可以在另一个平台上执行的代码。由于不同的体系结构有不同的指令系统，编译的最主要工作就是将程序转化成运行该程序的 CPU 所能识别的机器代码，因此，不同的 CPU 需要有相应的编译器，而交叉编译就如同翻译一样，把相同的程序代码翻译成不同 CPU 的对应可执行二进制文件。要注意的是，编译器本身也是程序，也要在与之对应的某一个 CPU 平台上运行。

这里一般将进行交叉编译的主机称为宿主机，也就是普通的通用 PC，而将程序实际的运行环境称为目标机，也就是嵌入式系统环境。由于一般通用计算机拥有非常丰富的系统资源、使用方便的集成开发环境和调试工具等，而嵌入式系统的系统资源非常紧缺，无法在其上运行相关的编译工具，因此，嵌入式系统的开发需要借助宿主机(通用计算机)来编译出目标机的可执行代码。

由于编译的过程包括编译、链接等几个阶段，因此，嵌入式的交叉编译也包括交叉编译、交叉链接等过程。以 ARM 软件编译为例，通常采用 ARM 结构的交叉编译器有 arm—elf—gcc、arm—linux—gcc 等，交叉链接器有 arm—elf—ld、arm—linux—ld 等。一般嵌入式软件交叉编译过程如图 2 - 79 所示。

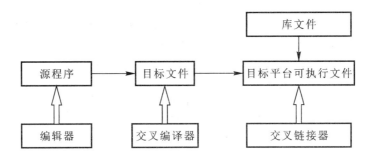

图 2 - 79　嵌入式软件交叉编译过程

(2) 交叉调试。

嵌入式软件经过编译和链接后即进入调试阶段，调试是软件开发过程中必不可少的一个环节，嵌入式软件开发过程中的交叉调试与通用软件开发过程中的调试方式有很大的差别。在常见软件开发中，调试器与被调试的程序往往运行在同一台计算机上，调试器是一个单独运行着的进程，它通过操作系统提供的调试接口来控制被调试的进程。而在嵌入式软件开发中，调试时采用的是在宿主机和目标机之间进行的交叉调试，调试器仍然运行在宿主机的通用操作系统之上，但被调试的进程却是运行在基于特定硬件平台的嵌入式操作系统中，调试器和被调试进程通过串口或者网络进行通信，调试器可以控制、访问被调试进程，读取被调试进程的当前状态，并能够改变被调试进程的运行状态。

嵌入式系统的交叉调试有多种方法，主要可分为软件方式和硬件方式两种。它们一般都具有如下一些典型特点。

① 调试器和被调试进程运行在不同的机器上，调试器运行在 PC 机(宿主机)上，而被调试的进程则运行在各种专业调试板(目标板)上。

② 调试器通过某种通信方式(串口、并口、网络、JTAG 等)控制被调试进程。

③ 在目标机上一般会具备某种形式的调试代理,它负责与调试器共同配合完成对目标机上运行着的进程的调试。这种调试代理可能是某些支持调试功能的硬件设备,也可能是某些专门的调试软件。

④ 目标机可能是某种形式的系统仿真器,通过在宿主机上运行目标机的仿真软件,整个调试过程可以在一台计算机上运行。此时物理上虽然只有一台计算机,但逻辑上仍然存在着宿主机和目标机的区别。

5. 上位机软件及开发

上位机软件是根据软件工作的相对位置来说的。对于由多个嵌入式系统共同工作所组成的更大的控制系统,位于上位负责整体控制管理工作的计算机系统或者微型计算机系统称为"上位机",位于下位的则称为"下位机"。运行于上位机中的软件就是"上位机软件",运行于下位机中的软件就是"下位机软件"。

上位机所用的计算机可以是运行不同操作系统(如 Windows、Linux、Android 等)的台式计算机、平板式计算机、工业控制计算机、手机等。因此,上位机软件包含了嵌入式软件和非嵌入式软件两大类,也就是说所有的软件都可以是上位机软件。

对于嵌入式软件类的上位机软件,其开发过程可参照前述内容实施。对于非嵌入式软件,则应根据软件运行的 CPU 架构、操作系统特点,按照软件工程的原则,建立商业化的软件开发环境后再进行软件开发。

一般情况下,上位机软件开发除了完成数据采集、控制处理外,更注重人机交互体验和软件 UI 设计。

2.5 电力电子技术

2.5.1 电力电子技术简介

1. 电力电子技术的定义

电子技术包括信息电子技术和电力电子技术两大分支。通常所说的模拟电子技术和数字电子技术属于信息电子技术;电力电子技术是应用于电力领域的电子技术,它是利用电力电子器件对电能进行变换和控制的技术。信息电子技术主要用于信息处理,而电力电子技术则主要用于电力变换。

电力电子技术又有电力电子器件的制造技术和变流技术两个分支。变流技术也称为电力电子器件的应用技术,它包括用电力电子器件构成各种电力变换电路和对这些电路进行控制的技术,以及由这些电路构成电力电子装置和电力系统的技术。"变流"不只是交直流之间的变换,也包括直流变直流、交流变交流的变换。

由于电力电子器件直接用于处理电能,因而同处理信息的电子器件相比,它一般具有如下特征:

(1) 能处理的电功率大,能承受的电压和电流大。

(2) 一般都工作在开关状态。导通时(通态)阻抗很小,接近于短路,管压降接近于零,而电流由外电路决定；阻断时(断态)阻抗很大，接近于断路，电流几乎为零，而管子两端电压由外电路决定。

（3）由信息电子电路来控制。

（4）自身的功率损耗通常远大于信息电子器件。

电力电子器件在导通或者阻断状态下，并不是理想的短路或者断路。导通时器件上有一定的通态压降，阻断时器件上有微小的断态漏电流流过。尽管其数值都很小，但分别与数值较大的通态电流和断态电压相作用，就形成了电力电子器件的通态损耗和断态损耗。此外，还有在电力电子器件由断态转为通态(开通过程)或者由通态转为断态(关断过程)的转换过程中产生的损耗，分别称为开通损耗和关断损耗，总称开关损耗。除一些特殊的器件外，电力电子器件的断态漏电流都极其微小，因而通态损耗是电力电子器件功率损耗的主要成因。当器件的开关频率较高时，开关损耗会随之增大而可能成为器件功率损耗的主要因素。

电力电子技术是以功率处理和变换为主要对象的现代工业电子技术，当代工业、农业等各领域都离不开电能，离不开表征电能的电压、电流、频率和相位等基本参数的控制和转换，而电力电子技术可以对这些参数进行精确的控制与高效的处理，所以电力电子技术是实现电气工程现代化的重要基础。电力电子技术的应用范围十分广泛，国防军事、工业、能源、交通运输、电力系统、通信系统、计算机系统、新能源系统以及家用电器等无不渗透着电力电子技术的新成果。

2. 电力变换的分类

电力是电力能源的简称。通常所用的电力有交流和直流两种。从公用电网直接得到的电力是交流的，从蓄电池和干电池得到的电力是直流的。从这些电源得到的电力往往不能直接满足全部使用要求，需要进行电力变换。

电力变换通常可分为四大类，即交流变直流(AC—DC)、直流变交流(DC—AC)、直流变直流(DC—DC)和交流变交流(AC—AC)。交流变直流称为整流；直流变交流称为逆变；直流变直流是指将一种电压(或电流)的直流变为另一种电压(或电流)的直流，可用直流斩波电路实现；交流变交流称为交流电力控制，也可以是频率或相数的变换。

逆变电路的应用非常广泛。在已有的各种电源中，蓄电池、干电池、太阳能电池等都是直流电源，当需要用这些电源向交流负载供电时，就需要逆变电路。另外，交流电动机调速用变频器、不间断电源、感应加热电源等电力电子装置使用非常广泛，其电路的核心部分都是逆变电路。

逆变电路分有源逆变和无源逆变两种，把直流电经过DC—AC变换，向交流电源反馈能量的逆变电路，称为有源逆变；把直流电经过DC—AC变换，直接向非电源负载供电的逆变电路，称为无源逆变。

逆变电路的分类方法很多，按照不同的分类方法主要有以下几种。

1）按照输入直流电源的性质分类

按照输入直流电源的性质不同，逆变电路可分为电压型逆变电路(Voltage Source Type Inverter，VSTI)和电流型逆变电路(Current Source Type Inverter，CSTI)。

电压型逆变电路具有以下主要特点：

（1）直流侧为电压源，或并联有大电容相当于电压源；直流侧电压基本无脉动，直流回路呈现低阻抗。

（2）由于直流电压源的钳位作用，故交流侧输出电压波形为矩形波，并且与负载阻抗角无关，而交流侧输出电流波形和相位因负载阻抗情况的不同而不同。

（3）当交流侧为阻感负载时需要提供无功功率，直流侧电容起缓冲无功能量的作用；为了给交流侧向直流侧反馈的无功能量提供通道，逆变桥各臂都并联了反馈二极管。

DC—AC 变换由直流电源提供能量，为了保证直流电源为恒压源或恒流源，在直流电源的输出端必须设置储能元件。采用大电容作为储能元件，能够保证电压的稳定；采用大电感作为储能元件，能够保证电流的稳定。

2）按照逆变电路结构分类

按照逆变电路结构的不同，逆变电路可分为半桥式逆变电路、全桥式逆变电路和推挽式逆变电路。

3）按照换流方式分类

按照换流方式的不同，逆变电路可分为自关断（如 GTO、GTR、电力 MOSFET、IGBT 等）逆变电路、强迫换流逆变电路、交流电源电动势换流逆变电路以及负载谐振换流逆变电路等。

4）按照电压和频率控制方法分类

按照电压和频率控制方法的不同，逆变电路可分为脉冲宽度调制（PWM）逆变电路、脉冲幅值调制（PAM）逆变电路、方波或阶梯波逆变电路。

3. 电力电子器件的分类

电力电子器件是电力电子技术赖以应用的基础元器件。常用的分类方法有按照控制特性分类、按照驱动信号性质分类、按照载流子参与导电情况分类等。

1）按照控制特性分类

按照控制特性的不同，电力电子器件可分为不可控型器件、半控型器件、全控型器件。

（1）不可控型器件。

不可控型器件就是指不能用控制信号来控制其通断的电力电子器件，因此该类器件不需要驱动电路。电力二极管就属于不可控型器件，在阳极加正向电压时，二极管导通；反之，二极管关断。器件的导通和关断完全由其在主电路中所承受的电压和电流决定。

（2）半控型器件。

半控型器件就是指通过控制信号可以控制其导通而不能控制其关断的电力电子器件。这类器件主要指晶闸管及其大部分派生器件，器件的关断完全由其在主电路中承受的电压和电流决定。

（3）全控型器件。

全控型器件就是指通过控制信号既可以控制其导通又可以控制其关断的电力电子器件。由于与半控型器件相比，全控型器件可以由控制信号控制其关断，因此又称为自关断器件。全控型器件品种很多，目前比较常用的有门极可关断晶闸管（GTO）、电力晶体管（GTR）、电力场效应晶体管（Power MOSFET，又称电力 MOSFET）、绝缘栅双极型晶体管（IGBT）等。

2）按照驱动信号性质分类

按照驱动电路加在控制端和公共端之间信号性质的不同，可以将电力电子器件（不可控型器件除外）分为电流驱动型和电压驱动型两类。

（1）电流驱动型器件。

通过从控制端注入或抽出电流来实现导通或者关断的电力电子器件称为电流驱动型或者电流控制型电力电子器件。

（2）电压驱动型器件。

仅通过在控制端和公共端之间施加一定的电压信号就可实现导通或者关断的电力电子器件称为电压驱动型或者电压控制型电力电子器件。电压控制型电力电子器件也可以称为场控器件，或者场效应器件。

3）按照载流子参与导电情况分类

按照器件内部电子和空穴两种载流子参与导电情况的不同，电力电子器件可分为单极型器件、双极型器件和复合型器件三类。只有一种载流子参与导电的电力电子器件称为单极型器件；由电子和空穴两种载流子参与导电的电力电子器件称为双极型器件；由单极型和双极型器件集成混合而成的器件称为复合型器件，也称为混合型器件。

2.5.2　常用电力电子器件

电力电子技术中应用较多的主流电力电子器件包括电力二极管、晶闸管、电力场效应晶体管、绝缘栅双极型晶体管等。此外，还包括一些新型的电力电子器件，比如静电感应晶体管、静电感应晶闸管、MOS 控制晶闸管、集成门极换流晶闸管、基于宽禁带半导体材料的电力电子器件、功率集成电路和集成电力电子模块等。

1. 电力二极管

电力二极管属于不可控型器件，其结构和原理简单、工作可靠，现在仍然大量应用于许多电气设备当中。并且，在采用全控型器件的电路中电力二极管也是不可缺少的，特别是开通和关断速度很快的快速恢复二极管、肖特基二极管，在中、高频整流和逆变装置中具有不可替代的地位。

电力二极管可以在 AC—DC 变换电路中作为整流元件，也可以在电感元件的电能需要适当释放的电路中作为续流元件，还可以在各种变流电路中作为电压隔离、钳位或保护元件。常用的电力二极管有整流二极管、快速恢复二极管、肖特基二极管等。

电力二极管的基本结构和原理与普通二极管类似，都是具有一个 PN 结的两端器件，所不同的是电力二极管的 PN 结面积较大。电力二极管可分成管芯和散热器两部分。工作时要通过大电流，而 PN 结有一定的正向电阻，因此，管芯会因电阻压降损耗而发热。为了冷却管芯，还需装配散热器，一般 200 A 以下的电力二极管采用螺栓式，200 A 以上则采用平板式。

1）静态特性

电力二极管的静态特性主要是指其伏安特性，如图 2-80 所示。当电力二极管承受的正向电压大到某一值（门槛电压 U_{TO}）时，正向电流开始明显增大，管子处于稳定导通状态，

此时与正向电流 I_F 对应的管压降 U_F 称为电力二极管的正向电压降。当电力二极管承受反向电压时，只有微小的反向漏电流。

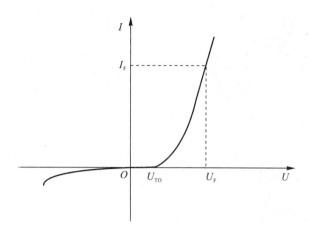

图 2 - 80　电力二极管的伏安特性

2）动态特性

因结电容的存在，电力二极管在零偏置（外加电压为零）、正向偏置和反向偏置这三个状态之间转换时，必然要经过一个过渡过程，在过渡过程中，PN 结的一些区域需要一定时间来调整其带电状态，因而其电压－电流特性不能用前面的伏安特性来描述，而是随时间变化的，此种随时间变化的特性称为电力二极管的动态特性，并且往往专指反映通态和断态之间转换过程的开关特性。这个概念虽然由电力二极管引出，但可以推广至其他各种电力电子器件。

电力二极管的动态特性如图 2 - 81 所示。其中，图（a）给出了电力二极管由正向偏置转为反向偏置的波形。当原处于正向导通的电力二极管的外加电压突然变为反向时，电力二极管不能立即关断，而是需经过一个反向恢复时间才能进入截止状态，并且在关断之前有较大的反向电流和反向电压过冲出现。图中 t_F 为外加电压突变（由正向变为反向）的时刻，正向电流在此反向电压作用下开始下降，下降速率由反向电压大小和电路中的电感决定；而由于电导调制效应的影响，管压降基本变化不大，直至正向电流降为零的时刻 t_0。此时电力二极管由于在 PN 结两侧（特别是多掺杂 N 区）储存有大量少子而并没有恢复反向阻断能力，这些少子在外加反向电压的作用下被抽取出电力二极管，因而流过较大的反向电流。当空间电荷区附近的储存少子即将被抽尽时，管压降变为负极性，于是开始抽取离空间电荷区较远的浓度较低的少子。因而在管压降极性改变后不久的 t_1 时刻，反向电流从其最大值 I_{RP} 开始下降，空间电荷区开始迅速展宽，电力二极管开始重新恢复对反向电压的阻断能力。在 t_1 时刻以后，由于反向电流迅速下降，在外电路电感的作用下会在电力二极管两端产生比外加反向电压大得多的反向电压过冲 U_{RP}。在电流变化率接近于零的 t_2 时刻（有的标准定为电流降至 $25\%I_{RP}$ 的时刻），电力二极管两端承受的反向电压才降至外加电压的大小，电力二极管完全恢复对反向电压的阻断能力。时间 $t_d=t_1-t_0$ 被称为延迟时间，$t_f=t_2-t_1$ 被称为电流下降时间，而时间 $t_{rr}=t_d+t_f$ 则被称为电力二极管的反向恢复时间。

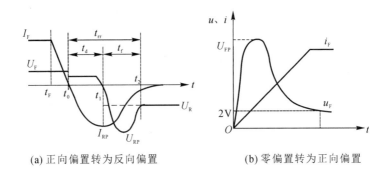

(a) 正向偏置转为反向偏置　　　　　(b) 零偏置转为正向偏置

图 2-81　电力二极管的动态特性

图 2-81(b)给出了电力二极管由零偏置转为正向偏置时的波形。由此波形图可知，在这一动态过程中，电力二极管的正向压降也会出现一个过冲 U_{FP}，然后逐渐趋于稳态压降值。这一动态过程的时间称为正向恢复时间 t_{fr}。

3）主要参数

（1）正向平均电流。

正向平均电流 I_F 指在规定的环境温度和标准散热条件下，电力二极管结温不超过额定温度且稳定时允许长时间连续流过工频正弦半波电流的平均值。在此电流下，管子的正向压降引起的损耗造成的结温升高不会超过所允许的最高工作结温，这也是标称其额定电流的参数。在使用时应按照工作中实际电流波形与电力二极管所允许的最大工频正弦半波电流在流过电力二极管时所造成的发热效应相等（即两个波形的有效值相等）的原则来选取电力二极管的额定电流，并应留有一定的安全裕量。如果某电力二极管正向平均电流为 I_F，则对应额定电流的有效值为 $1.57I_F$。应该注意的是，当工作频率较高时，开关损耗往往不能忽略，在选择电力二极管正向电流额定值时，应加以考虑。

（2）正向压降。

正向压降 U_F 指电力二极管在规定温度和散热条件下，流过某一指定的正向稳态电流时所对应的正向压降。导通状态时，元件发热与损耗和 U_F 有关，一般应选取管压降小的元件，以降低通态损耗。

（3）反向重复峰值电压。

反向重复峰值电压 U_{RRM} 指电力二极管在指定温度下所能重复施加的反向最高峰值电压，通常是反向击穿电压 U_B 的 2/3。使用时，一般按照电路中电力二极管可能承受的反向最高峰值电压的两倍来选择此项参数。

（4）反向平均漏电流。

反向平均漏电流 I_{RR} 是对应于反向重复峰值电压 U_{RRM} 的平均漏电流，也称为反向重复平均电流。

（5）浪涌电流。

浪涌电流 I_{FSM} 指电力二极管所能承受的最大的连续一个或几个工频周期的过电流。

2. 晶闸管

晶闸管（SCR）是晶体闸流管的简称，又称作可控硅整流器，以前被称为可控硅，是最早出现的电力电子器件之一，属于半控型电力电子器件。由于其所能承受的电压和电流容量仍然是目前电力电子器件中最高的，而且价格低、工作可靠，因此在大容量、低频的电力电子装置中仍占主导地位。晶闸管这个名称往往专指晶闸管的一种基本类型——普通晶闸管。但从广义上讲，晶闸管还包括许多类型的派生器件，如快速、双向、逆导、门极可关断及光控等晶闸管。

1）工作原理

为了说明晶闸管的工作原理，可将晶闸管的四层结构等效为由 $P_1N_1P_2$、$N_1P_2N_2$ 两个晶体管 V_{T1} 和 V_{T2} 构成，如图 2-82 所示。

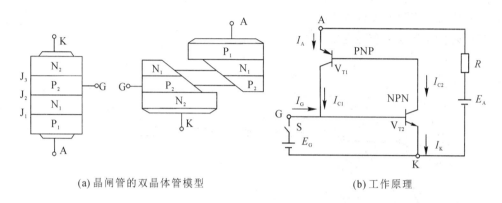

(a) 晶闸管的双晶体管模型　　　　　　　　　　(b) 工作原理

图 2-82　晶闸管的等效电路

可以看出，这两个晶体管的连接特点是：一个晶体管的集电极电流就是另一个晶体管的基极电流。当 G、K 之间加正向电压时，A、K 之间也加正向电压，电流 I_G 流入晶体管 V_{T2} 的基极，产生集电极电流 I_{C2}，它构成晶体管 V_{T1} 的基极电流，放大的集电极电流 I_{C1} 进一步增大了 V_{T2} 的基极电流，如此形成强烈的正反馈，使 V_{T1} 和 V_{T2} 进入饱和导通状态，即晶闸管导通状态。此时，若去掉外加的门极电流，晶闸管因内部的正反馈会仍然维持导通状态，所以晶闸管的关断是不可控制的。若要使晶闸管关断，必须去掉阳极所加的正向电压，或者给阳极施加反压，或者设法使流过晶闸管的电流降低到接近于零的某一数值以下，晶闸管才能关断。所以，对晶闸管的驱动过程可称为触发，产生注入门极的触发电流 I_G 的电路称为门极触发电路。也正是由于通过其门极只能控制其开通，不能控制其关断，晶闸管才被称为半控型器件。

理论分析和实验验证表明：

（1）只有晶闸管阳极和门极同时承受正向电压时，晶闸管才能导通，两者缺一不可。

（2）晶闸管一旦导通后，门极将失去控制作用，门极电压对管子以后的导通与关断均不起作用，故门极控制电压只要是有一定宽度的正向脉冲电流即可，这个脉冲称为触发脉冲。

（3）要使已导通的晶闸管关断，必须使阳极电流降低到某一个数值以下，这可通过增加负载电阻来实现。另外，也可以通过施加反向阳极电压来实现。

晶闸管在以下几种情况下也可能被触发导通：

（1）阳极电压升高至相当高的数值造成雪崩效应。

（2）阳极电压上升率 du/dt 过高。

（3）结温较高。

（4）光直接照射硅片，即光触发（光触发的晶闸管称为光控晶闸管，Light Triggered Thyristor，UT）。

这些情况中除了由于光触发可以保证控制电路与主电路之间的良好绝缘而应用于高压电力设备中外，其他都因不易控制而难以应用于实践。由此可见，只有门极触发是最精确、迅速而可靠的控制手段。

2）静态特性

静态特性即为伏安特性，指的是器件端电压与电流的关系。

（1）晶闸管的阳极伏安特性。

晶闸管的阳极伏安特性曲线如图2-83所示。

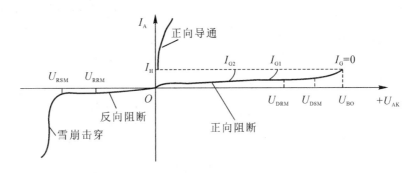

图2-83　晶闸管的阳极伏安特性

晶闸管的阳极伏安特性分为两个区域，第Ⅰ象限为正向特性区，第Ⅲ象限为反向特性区。在正向特性区，当晶闸管两端加正向电压且门极加触发信号时，晶闸管导通。而当 $I_G=0$ 时，晶闸管处于正向阻断状态，只有很小的正向漏电流流过。如果正向电压超过临界极限正向转折电压 U_{BO}，则漏电流将急剧增大，器件由高阻区经负阻区到低阻区而导通，导通后的晶闸管特性与二极管正向特性相仿。随着门极电流的增大，正向转折电压降低。即使通过较大的阳极电流，晶闸管本身的压降也很小，在1V左右。导通期间，如果门极电流为零，并且阳极电流降至接近于零的某一数值 I_H 以下，则晶闸管又回到正向阻断状态，I_H 称为维持电流。

当晶闸管承受反向阳极电压时，由于 J_1 和 J_3 两个PN结处于反向偏置，器件处于反向阻断状态，只流过一个很小的漏电流。随着反向电压的增加，反向漏电流略有增大。一旦阳极反向电压超过一定限度，到反向击穿电压后，外电路如无限制措施，则反向漏电流急剧增大，导致晶闸管发热造成永久性损坏。

（2）晶闸管的门极伏安特性。

晶闸管的门极触发电流是从门极流入晶闸管，从阴极流出的。阴极是晶闸管主电路与控制电路的公共端。门极触发电流也往往是通过触发电路在门极和阴极之间施加触发电压而产生的。

晶闸管的门极伏安特性如图2-84所示。在晶闸管正常使用中，门极PN结不能承受过大的电压、过大的电流及过大的功率，这就是门极伏安特性区的上限，它分别用门极正向峰值电压 U_{FGM}、门极正向峰值电流 I_{FGM}、门极峰值功率 P_{GM} 来表征。

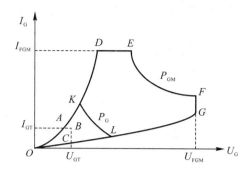

图 2-84　晶闸管的门极伏安特性

注意：门极触发也有一个灵敏度问题，为了保证可靠、安全的触发，门极触发电路所提供的触发电压、触发电流和功率都应限制在晶闸管门极伏安特性曲线中的可靠触发区（即图 2-84 中的 $A—K—D—E—F—G—L—C—B—A$ 区域）内，其中，U_{GT} 为门极触发电压，I_{GT} 为门极触发电流。

3）动态特性

在实际运行时，晶闸管开通及关断过程中，由于器件内部载流子的变化，器件的开与关都不是立即完成的，而是需要一定时间才能实现。器件上电压、电流随时间变化的关系，称为动态特性。

晶闸管突加电压或电流时的工作状态，往往直接影响电路的工作稳定性、可靠性及可运行性，特别是高频电力电子电路更应该注意。晶闸管的动态特性如图 2-85 所示，图中给出了晶闸管开通和关断过程的波形。

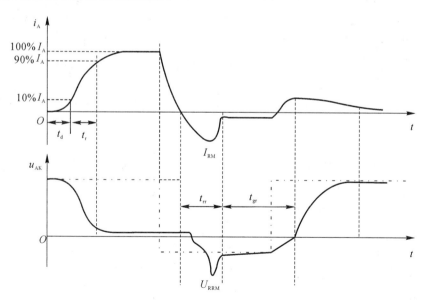

图 2-85　晶闸管的动态特性

（1）晶闸管的开通过程。

晶闸管正常开通是通过门极开通，即在正向阳极电压的条件下，门极施加正向触发信号使晶闸管导通。使晶闸管由截止转变为导通的过程，称为开通过程。

图 2-85 描述的是使门极在坐标原点时刻开始受到理想阶跃电流触发的情况。在晶闸管处于正向阻断状态的情况下，突加门极触发信号，由于晶闸管内部正反馈过程及外电路电感的影响，晶闸管受触发后，阳极电流的增长需要一定的时间。从门极突加控制触发信号时刻开始，到阳极电流上升到稳定值的 10% 所需要的时间，称为延迟时间 t_d；而阳极电流从稳定值的 10% 上升到稳定值的 90% 所需要的时间，称为上升时间 t_r；延迟时间和上升时间之和，称为晶闸管的开通时间 t_{gt}，即 $t_{gt}=t_d+t_r$。普通晶闸管的延迟时间为 0.5～1.5 μs，上升时间为 0.5～3 μs，延迟时间随门极电流的增大而减小。上升时间除反映晶闸管本身特性外，还受到外电路电感的严重影响。延迟时间和上升时间还与阳极电压的大小有关，提高阳极电压可显著缩短延迟时间和上升时间。

（2）晶闸管的关断过程。

晶闸管的关断通常采用外加反电压的方法，反电压可利用电源、负载和辅助换流电路来提供。如图 2-85 所示，对已导通的晶闸管，外电路所加电压在某一时刻突然由正向变为反向（图 2-85 中点画线波形），原处于导通的晶闸管当外加电压突然由正向变为反向时，由于外电路的电感影响，其阳极电流衰减时必然也有一个过渡过程。阳极电流将逐步衰减到零，然后同电力二极管的关断动态过程类似，会流过反向恢复电流，经过最大值 I_{RM} 后，再反向衰减。同样，由于外电路电感的影响，会在晶闸管两端产生反向重复峰值电压 U_{RRM}。最终反向恢复电流减至接近于 0，晶闸管恢复对反向电压的阻断能力。从正向电流降到 0 开始，到晶闸管反向恢复电流减小至接近于 0 的时间，称为晶闸管的反向阻断恢复时间 t_{rr}。反向恢复过程结束后，由于载流子复合过程较慢，晶闸管要恢复到具有正向电压的阻断能力还需要一段时间，这一时间称为正向阻断恢复时间 t_{gr}。在正向阻断恢复时间内，如果重新对晶闸管施加正向电压，晶闸管会重新正向导通，而这种导通不是受门极控制信号控制导通的。所以在实际应用中，晶闸管应当施加足够长时间的反向电压，使晶闸管充分恢复到对正向电压的阻断能力，电路才能可靠工作。晶闸管的电路换向关断时间为 t_q，它是 t_{rr} 与 t_{gr} 之和，即 $t_q=t_{rr}+t_{gr}$。普通晶闸管的关断时间约为几百微秒。

4）主要参数

在晶闸管的参数中，与选型相关的参数是额定电压和通态平均电流，根据这两个参数就能选择一款适用的晶闸管。

（1）额定电压。

通常取晶闸管的断态重复峰值电压 U_{DRM} 和反向重复峰值电压 U_{RRM} 两者中较小的那个值作为器件的额定电压 U_R。由于晶闸管在工作中可能会遇到一些意想不到的瞬时过电压，为了确保管子安全运行，在选用晶闸管时，应该使其额定电压为正常工作电压峰值 U_M 的 2～3 倍，以作为安全裕量，即 $U_R=(2\sim3)U_M$。

（2）通态平均电流。

国标规定通态平均电流 $I_{T(AV)}$ 是指晶闸管在环境温度为 40℃ 和规定的散热冷却条件下，稳定结温不超过额定结温时所允许流过的最大工频正弦半波电流的平均值。将该电流按晶闸管标准电流系列取整数值，称为该晶闸管的通态平均电流，定义为晶闸管的额定电流。

选型时，按照实际波形的电流与晶闸管所允许的最大正弦半波电流的平均值（即通态平均电流 $I_{T(AV)}$）所造成的发热效应相等（即有效值相等）的原则来选取晶闸管的电流定额，并应留有一定的安全裕量（安全系数）。一般取其通态平均电流为按有效值相等原则所得计算结果的 1.5～2 倍。

晶闸管电流有效值与通态平均电流的比值 $I/I_{T(AV)}=\pi/2=1.57$，额定电流为 100 A 的晶闸管，其允许通过的电流有效值为 157 A。在实际电路中，由于晶闸管的热容量小，过载能力低，因此在实际选择时，一般取 1.5～2 倍的安全裕量。故已知电路中某晶闸管实际承担的电流有效值为 I，则按下式选择晶闸管的额定电流（通态平均电流）：

$$I_{T(AV)} \geqslant \frac{(1.5～2.0)I}{1.57} \qquad (2-50)$$

【例】 在半波整流电路中晶闸管从 $\pi/3$ 时刻开始导通。负载电流平均值为 40 A，若取安全裕量为 2，试选取晶闸管的额定电流。

解 设负载电流峰值为 I_m，则负载电流平均值 I_d 与电流峰值 I_m 的关系为

$$I_d = \frac{1}{2\pi} \int_{\pi/3}^{\pi} I_m \sin\omega t \, \mathrm{d}\omega t = \frac{3I_m}{4\pi} \approx 0.24I_m \qquad (2-51)$$

因此，负载电流峰值 $I_m = \dfrac{I_d}{0.24} = \dfrac{40}{0.24} \approx 167\mathrm{A}$。故流经晶闸管的电流有效值为

$$I = \sqrt{\frac{1}{2\pi} \int_{\pi/3}^{\pi} I_m^2 \sin^2 \omega t \, \mathrm{d}\omega t} = 0.46I_m = 76.8 \text{ A} \qquad (2-52)$$

根据有效值相等原则，并考虑安全裕量取 2.0，有 $2.0 \times I \leqslant 1.57 I_{T(AV)}$。故晶闸管的额定电流为

$$I_{T(AV)} \geqslant \frac{2.0I}{1.57} = 2.0 \times \frac{76.8}{1.57} \approx 97.9 \text{ A} \qquad (2-53)$$

因此，可选取额定电流为 150 A 或 100 A 的晶闸管。

3. 电力场效应晶体管

电力场效应晶体管也有结型和绝缘栅型这两种类型，但通常主要指绝缘栅型中的 MOS 型，简称电力 MOSFET(Power MOSFET)，或者称为 MOS 管或 MOS。而结型电力场效应晶体管一般称作静电感应晶体管(Static Induction Transistor，SIT)。

电力 MOSFET 是用栅极电压来控制漏极电流的，因此它的第一个显著特点是驱动电路简单，需要的驱动功率小；第二个显著特点是开关速度快，工作频率高。另外，电力 MOSFET 的热稳定性优于 GTR，但是电力 MOSFET 的电流容量小，耐压低，一般适用于小功率电力电子装置。

1) 外形及结构

电力场效应晶体管的种类和结构有许多种，按导电沟道可分为 P 沟道和 N 沟道，按导电沟道的产生过程又有耗尽型和增强型之分。当栅极电压为零时漏源极之间就存在导电沟道的称为耗尽型；对于 N(P)沟道器件，栅极电压大于(小于)零时才存在导电沟道的称为增强型。

在电力电子装置中，主要是应用 N 沟道增强型。电力场效应晶体管的导电机理与小功率绝缘栅 MOS 管相同，但结构有很大区别。小功率绝缘栅 MOS 管是一次扩散形成的器件，导电沟道平行于芯片表面，横向导电。电力场效应晶体管大多采用垂直导电结构，提高了器件的耐电压和耐电流的能力。按垂直导电结构的不同，电力 MOSFET 又可分为 V 形槽型的 VVMOSFET 和双扩散型的 VDMOSFET。

电力场效应晶体管采用的是多单元集成结构，一个器件由成千上万个小的 MOSFET 组成。N 沟道增强型双扩散电力场效应晶体管一个单元的剖面图如图 2-86(a)所示，电力 MOSFET 的电气符号如图 2-86(b)所示。

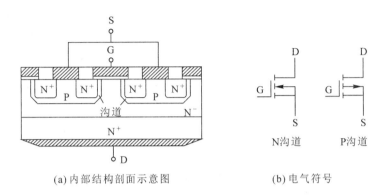

(a) 内部结构剖面示意图　　　　　　(b) 电气符号

图 2-86　电力 MOSFET 的结构和电气符号

电力场效应晶体管有三个端子，即漏极 D、源极 S 和栅极 G。当漏极接电源正端，源极接电源负端时，栅极和源极之间电压为 0，沟道不导电，管子处于截止状态。如果在栅极和源极之间加一正向电压 U_{GS}，并且使 U_{GS} 大于或等于管子的开启电压 U_T，则管子开通，在漏、源极间流过电流 I_D。U_{GS} 超过 U_T 越大，管子导电能力越强，漏极电流越大。

电力 MOSFET 有一个 N^- 漂移区(低掺杂 N 区)，这是用来承受高电压的。虽然可以通过增加 N^- 漂移区的厚度来提高承受电压的能力，但是由此带来的通态电阻增大和损耗增加也是非常明显的，所以目前一般电力 MOSFET 产品设计的耐压能力都在 1000 V 以下。

2) 静态特性

电力 MOSFET 的静态特性主要指转移特性和输出特性。

(1) 转移特性。

电力 MOSFET 的转移特性表示漏极电流 I_D 与栅源之间电压 U_{GS} 的关系，它反映了输出电流与输入电压的关系，如图 2-87(a)所示。图中，U_T 为开启电压，只有当 U_{GS} 大于 U_T 时才会出现导电沟道，产生漏极电流 I_D。I_D 较大时，I_D 与 U_{GS} 的关系近似为线性。转移特性可表示出器件的放大能力。由于电力 MOSFET 是压控器件，因此用跨导这一参数来表示栅极控制能力。

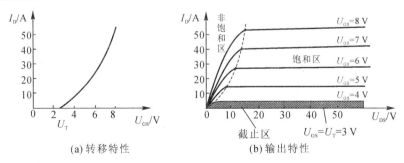

(a) 转移特性　　　　　　　　　　(b) 输出特性

图 2-87　电力 MOSFET 的静态特性

（2）输出特性。

电力 MOSFET 的输出特性是指漏极的伏安特性，其特性曲线如图 2 - 87（b）所示。由图可见，输出特性分为截止区、饱和区与非饱和区三个区域。

饱和是指漏极电流 I_D 不随漏源电压 U_{DS} 的增加而增加，即 I_D 基本保持不变；非饱和是指在 U_{GS} 一定的条件下，当漏源电压 U_{DS} 增加时，漏极电流 I_D 随 U_{DS} 也相应增加。电力 MOSFET 工作在开关状态，即在截止区和非饱和区之间来回转换。

3）动态特性

动态特性主要描述输入量与输出量之间的时间关系，它影响器件的开关过程。电力 MOSFET 的动态特性如图 2 - 88 所示，其中图（a）为测试电路，图中 u_P 为矩形脉冲电压信号源，R_S 为信号源内阻，R_G 为栅极电阻，R_L 为漏极负载电阻，R_F 用以检测漏极电流；图（b）为开关过程波形。

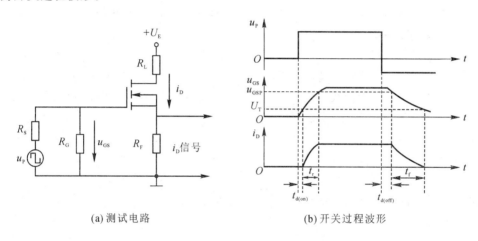

(a) 测试电路　　　　　　　　　　　(b) 开关过程波形

图 2 - 88　电力 MOSFET 的动态特性

4）工作原理

（1）电力 MOSFET 的开通过程。

由于电力 MOSFET 有输入电容，因此当脉冲电压 u_P 的上升沿到来时，输入电容有一个充电过程，栅极电压 u_{GS} 按指数曲线上升。当 u_{GS} 上升到开启电压 U_T 时，开始形成导电沟道并出现漏极电流 i_D。从 u_P 前沿时刻到 $u_{GS}=U_T$ 且开始出现 i_D 的时刻，这段时间称为开通延迟时间 $t_{d(on)}$。此后，i_D 随 u_{GS} 的上升而上升，u_{GS} 从开启电压 U_T 上升到电力 MOSFET 临近饱和区的栅极电压 u_{GSP}，这段时间称为上升时间 t_r。可见，电力 MOSFET 的开通时间 $t_{on}=t_{d(on)}+t_r$。

（2）电力 MOSFET 的关断过程。

当 u_P 信号电压下降到 0 时，栅极输入电容上储存的电荷通过电阻 R_S 和 R_G 放电，使栅极电压按指数曲线下降，当下降到 u_{GSP} 时，i_D 才开始减小，这段时间称为关断延迟时间 $t_{d(off)}$。此后，输入电容继续放电，u_{GS} 继续下降，i_D 也继续下降，到 $u_{GS}<U_T$ 时导电沟道消失，$i_D=0$，这段时间称为下降时间 t_f。可见，电力 MOSFET 的关断时间 $t_{off}=t_{d(off)}+t_f$。

从上述分析可知，要提高器件的开关速度，必须减小开关时间。在输入电容一定的情况下，可以通过降低驱动电路的内阻 R_S 来加快开关速度。由于 MOSFET 只靠多子导电，不存在少子储存效应，因而其关断过程是非常迅速的。MOSFET 的开关时间在 10～100 ns 之间，其工作频率可达 100 kHz 以上，在主要电力电子器件中是最高的。电力 MOSFET 是压控器件，在静态时几乎不输入电流。但在开关过程中，需要对输入电容进行充放电，故仍需要一定的驱动功率。工作速度越快，需要的驱动功率越大。

5）主要参数

（1）漏极击穿电压。

漏极击穿电压是使器件不击穿的极限参数，它大于漏极额定电压。漏极击穿电压随结温的升高而升高，这点正好与 GTR 和 GTO 相反。

（2）漏极额定电压。

漏极额定电压 U_D 是器件的标称额定值。

（3）漏极电流。

漏极电流包括漏极直流电流 I_D 和漏极脉冲电流 I_{DM}。漏极直流电流 I_D 是电力 MOSFET 的额定电流参数。

（4）栅极开启电压。

栅极开启电压 U_T 又称为阈值电压，是开通电力 MOSFET 的栅源电压。在 MOSFET 的静态特性中，转移特性曲线与横轴交点的电压值即为 U_T。在应用中，常将漏极、栅极短接条件下 I_D 等于 1 mA 时的栅极电压定义为开启电压。

（5）栅源电压。

栅源极之间的绝缘层很薄，栅源电压 $|U_{GS}|>20$ V 将导致绝缘层击穿。

（6）跨导。

跨导 g_m 是表征电力 MOSFET 栅极控制能力的参数。

（7）极间电容。

电力 MOSFET 的三个极之间分别存在极间电容 C_{GS}、C_{GD} 和 C_{DS}。通常生产厂家提供的是漏源极断路时的输入电容 C_{iss}、共源极输出电容 C_{oss} 和反向转移电容 C_{rss}。它们之间的关系为

$$C_{iss}=C_{GS}+C_{DS} \tag{2-54}$$
$$C_{oss}=C_{GD}+C_{DS} \tag{2-55}$$
$$C_{rss}=C_{GD} \tag{2-56}$$

电力 MOSFET 的输入电容可近似地用 C_{iss} 来代替。

（8）漏源电压上升率。

器件的动态特性还受漏源电压上升率的限制，过高的 du/dt 可能导致电路性能变差，甚至引起器件损坏。

6）安全工作区

电力 MOSFET 正向偏置安全工作区如图 2-89 所示。它是由最大漏源电压极限线Ⅰ、最大漏极电流极限线Ⅱ、漏源通态电阻线Ⅲ和最大功耗限制线Ⅳ四条边界极限所包围的区域。

图 2-89 中示出了四种情况：直流 DC、脉宽 10 ms、脉宽 1 ms、脉宽 10 μs。因通态电阻较大，导通功耗也较大，所以安全工作区不仅受最大漏极电流的限制，而且还受通态电阻的限制。不存在二次击穿问题，这是电力 MOSFET 的一大优点。在实际使用中，仍应注意留适当的裕量。

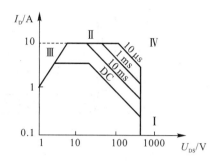

图 2 - 89　电力 MOSFET 正向偏置安全工作区

4. 绝缘栅双极型晶体管

GTR 和 GTO 是双极型电流驱动器件，由于具有电导调制效应，故通流能力很强、通态压降低，但开关速度慢、所需驱动功率大、驱动电路复杂。而电力 MOSFET 是单极型电压控制器件，其开关速度快、输入阻抗高、热稳定性好、所需驱动功率小、驱动电路简单，但是通流能力低，并且通态压降大。将上述两类器件相互取长补短适当结合，可构成一种新型复合器件，即绝缘栅双极型晶体管（Insulated-Gate Bipolar Transistor，IGBT 或 IGT），它综合了 GTR 和 MOSFET 的优点，具有良好的特性，已成为中、大功率电力电子设备的主导器件，并在继续努力提高电压和电流容量。

1）结构及等效电路

IGBT 也是一种三端器件，它们分别是栅极 G、集电极 C 和发射极 E。其内部结构剖面和简化等效电路分别如图 2 - 90(a)、(b)所示。

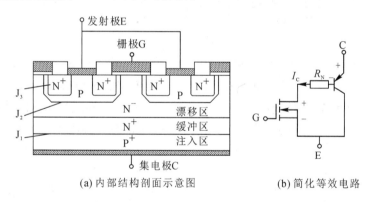

(a) 内部结构剖面示意图　　　　　(b) 简化等效电路

图 2 - 90　IGBT 的结构和简化等效电路

由图 2 - 90(a)可知，IGBT 相当于用一个 MOSFET 驱动的厚基区 PNP 晶体管，从图(b)可以看出，IGBT 可等效为一个 N 沟道 MOSFET 和一个 PNP 型晶体三极管构成的复合管，导电以 GTR 为主，R_N 是 GTR 厚基区内的调制电阻。

2）工作原理

IGBT 的开通和关断均由栅极电压控制。当栅极加正向电压时，N 沟道场效应管导通，并为晶体三极管提供基极电流，使得 IGBT 开通。当栅极加反向电压时，场效应管导电沟道消失，PNP 型晶体管基极电流被切断，IGBT 关断。

3）静态特性

IGBT 的静态特性主要包括转移特性和输出特性，如图 2 - 91 所示。

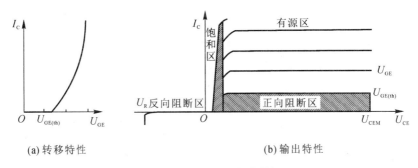

(a) 转移特性　　　　　　　　　　　(b) 输出特性

图 2-91　IGBT 的静态特性

图 2-91(a) 所示为 IGBT 的转移特性，它描述的是集电极电流 I_C (输出电流) 与栅射极间电压 U_{GE} (输入电压) 之间的关系，可见其与电力 MOSFET 的转移特性类似。开启电压 $U_{GE(th)}$ 是 IGBT 能实现电导调制而导通的最低栅射极间电压。栅射极间电压 U_{GE} 小于开启电压 $U_{GE(th)}$ 时，IGBT 处于关断状态；当 U_{GE} 接近 $U_{GE(th)}$ 时，集电极开始出现电流 I_C，但很小；当 U_{GE} 大于 $U_{GE(th)}$ 时，在大部分范围内，I_C 与 U_{GE} 呈线性关系变化。由于 U_{GE} 对 I_C 有控制作用，因此最大栅极电压受最大集电极电流 I_{CM} 的限制，其典型值一般为 15 V。

图 2-91(b) 所示为 IGBT 的输出特性，也称伏安特性，它描述的是以栅射极间电压 U_{GE} 为参考变量时，集电极电流 I_C (输出电流) 与集射极间电压 U_{CE} (输出电压) 之间的关系。此特性与 GTR 的输出特性相似，不同之处是参变量，GTR 为基极电流 I_B，而 IGBT 为栅射极间电压 U_{GE}。IGBT 的输出特性可分为三个区域，即正向阻断区、有源区和饱和区，这分别与 GTR 的截止区、放大区和饱和区相对应。当 $U_{CE} < 0$ 时，器件呈现反向阻断特性，一般只流过微小的反向电流。在电力电子电路中，IGBT 工作在开关状态，因此是在正向阻断区和饱和区之间交替转换。

4）动态特性

IGBT 的动态特性如图 2-92 所示。IGBT 的开通过程与电力 MOSFET 相似，因为 IGBT 在开通过程中，大部分时间作为 MOSFET 来运行。其开通过程从驱动电压 u_{GE} 的前沿上升至其幅值 10% 的时刻开始，到集电极电流 i_C 上升至其幅值 10% 的时刻止，这段时间称为开通延时时间 $t_{d(on)}$。此后，从 10% I_{CM} 开始到 90% I_{CM} 这段时间，称为电流的上升时间 t_{ri}。

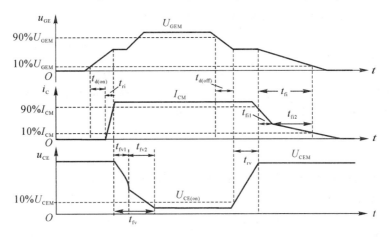

图 2-92　IGBT 的动态特性

在 IGBT 开通时，集射电压下降的过程如下：首先，IGBT 中 MOSFET 单独工作的电压下降，在这段时间内栅极电压 u_{GE} 维持不变，这段时间称为电压下降第一段时间 t_{fv1}；然后，在 MOSFET 电压下降时，致使 IGBT 中的 PNP 晶体管也有一个电压下降过程，此段时间称为电压下降第二段时间 t_{fv2}，由于 u_{CE} 下降时 IGBT 中 MOSFET 的栅漏极电容增大，并且 IGBT 中的 PNP 晶体管需由放大状态转移到饱和状态，因此 t_{fv2} 时间较长；最后，在 t_{fv2} 段结束时，IGBT 才完全进入饱和状态。开通时间 t_{on} 可以定义为开通延迟时间与电流上升时间及电压下降时间之和。

IGBT 的关断过程与电力 MOSFET 的关断过程也相似。从驱动电压 u_{GE} 的脉冲后沿下降到 U_{GEM} 的 90% 的时刻起，到集射电压 u_{CE} 上升至 U_{CEM} 的 10%，这段时间为关断延迟时间 $t_{d(off)}$；随后是集射电压 u_{CE} 上升时间 t_{rv}，在这段时间内栅极电压 u_{GE} 维持不变。集电极电流从 90%I_{CM} 下降至 10%I_{CM} 的这段时间为电流下降时间 t_{fi}，电流下降时间可以分为 t_{fi1} 和 t_{fi2} 两段。其中，t_{fi1} 对应 IGBT 内部 MOSFET 的关断过程，这段时间集电极电流 i_{C} 下降较快；t_{fi2} 对应 IGBT 内部 PNP 晶体管的关断过程，这段时间内 MOSFET 已经关断，IGBT 又无反向电压，所以 N 基区内的少子复合缓慢，造成 i_{C} 下降较慢。关断延迟时间、电压上升时间和电流下降时间之和可以定义为关断时间 t_{off}。

可以看出，由于 IGBT 中双极型 PNP 晶体管的存在，虽然带来了电导调制效应的好处，但也引入了少子储存现象，因而 IGBT 的开关速度要低于电力 MOSFET。此外，IGBT 的击穿电压、通态压降和关断时间也是需要折中的参数。高压器件的 N 基区必须有足够宽度和较高电阻率，这会引起通态压降增大和关断时间延长。还应该指出的是，同电力 MOSFET 一样，IGBT 的开关速度受其栅极驱动电路内阻的影响，其开关过程波形和时序的许多重要细节（如 IGBT 所承受的最大电压、电流和器件能量损耗等）也受到主电路结构、控制方式、缓冲电路以及主电路寄生参数等条件的影响，这些都应该在设计实际电路时加以注意。

5）主要参数

IGBT 的主要参数除了前面提到的各参数之外，还包括以下参数：

（1）最大集射极间电压 U_{CEO}，它是由器件内部的 PNP 晶体管所能承受的击穿电压所确定的。

（2）最大集电极电流，它包括额定直流电流 I_{C} 和 1 ms 脉宽最大电流 I_{CP}。

（3）最大集电极功耗 P_{CM}，它是指 IGBT 在正常工作温度下允许的最大耗散功率。

6）擎住效应

从图 2 - 90 所示的 IGBT 结构图中可以发现，在 IGBT 内部寄生着一个 $N^{-}PN^{+}$ 晶体管和作为主开关器件的 $P^{+}N^{-}P$ 晶体管组成的寄生晶闸管，其中 $N^{-}PN^{+}$ 晶体管的基极与发射极之间存在体区域短路电阻，P 型体区域的横向空穴电流会在该电阻上产生压降，相当于对 J_{3} 结施加一个正向偏压。在额定集电极电流范围内，这个偏压很小，不足以使 J_{3} 开通，然而一旦 J_{3} 开通，栅极就会失去对集电极电流的控制作用，导致集电极电流增大，造成器件功耗过高而损坏。这种电流失控的现象，就像普通晶闸管被触发以后，即使撤销触发信号，晶闸管仍然因进入正反馈过程而维持导通的机理一样，因此被称为擎住效应或自锁效应。引发擎住效应的原因，可能是集电极电流过大（产生的擎住效应称为静态擎住效应），也可能是关断过程中 du_{CE}/dt 过大（产生的擎住效应称为动态擎住效应），温度升高也会加重发生擎住效应的危险。由于动态擎住时所允许的集电极电流比静态擎住时小，因此所允许的最大集电极电流 I_{CM} 实际上是根据动态擎住效应而确定的。为避免发生擎住现象，应用时应保证集电极电流不超过 I_{CM}，或增大栅极电阻，减缓 IGBT 的关断速度。总之，使用 IGBT 时必须避免引起擎住效应，以确保器件的安全。擎住效应曾经是限制 IGBT 电流容量进一步提高的主要因素之一，但经过多年的努力，自 20 世纪 90 年代中后期开始，这个问题已得到了很好的解决。

7）安全工作区

IGBT 开通和关断时，均具有较宽的安全工作区。根据最大集电极电流 I_{CM}、最大集射极间电压 U_{CEO} 和最大集电极功耗可以确定 IGBT 在导通工作状态的参数极限范围，即正向偏置安全工作区（Forward Biased Safe Operating Area，FBSOA），如图 2-93（a）所示。正向偏置安全工作区与 IGBT 的导通时间密切相关，它随导通时间的增加而逐渐减小，直流工作时安全工作区最小。

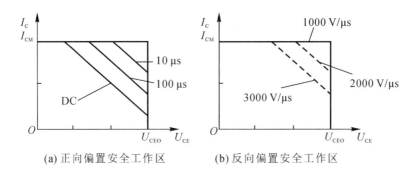

(a) 正向偏置安全工作区　　　　(b) 反向偏置安全工作区

图 2-93　IGBT 安全工作区

根据最大集电极电流 I_{CM}、最大集射极间电压 U_{CEO} 和最大允许电压上升率 du_{CE}/dt，可以确定 IGBT 在关断工作状态下的参数极限范围，即反向偏置安全工作区（Reverse Biased Safe Operating Area，RBSOA），如图 2-93（b）所示。RBSOA 与 FBSOA 稍有不同，RBSOA 随 IGBT 关断时 du_{CE}/dt 的变化而变化，电压上升率 du_{CE}/dt 越大，安全工作区越小。一般可以通过适当选择栅射极间电压 U_{GE} 和栅极驱动电阻来控制 du_{CE}/dt，避免擎住效应，扩大安全工作区。

2.5.3　典型变换电路

1. AC—DC 变换电路

交流电（AC）转换为直流电（DC）是电力电子技术最早应用的领域之一，在电力电子学中，将交流电转变为直流电的过程称为整流，完成整流过程的电力电子变换电路称为整流电路。整流电路的作用就是将交流电能变为直流电能以供给直流用电设备。

整流电路的应用十分广泛，例如用于直流电动机、电镀或电解电源、同步发电机励磁、通信系统电源等。

关于整流电路，前面已介绍过通过整流二极管整流的结构、原理及选型设计方法。其他整流方式略有不同，读者可参考相关资料自行了解。

2. DC—DC 变换电路

将一个固定的直流电压变换成另一个固定或可调的直流电压称为直流—直流（DC—DC）变换技术，与之对应的电路称为直流—直流（DC—DC）变换电路。按照输入与输出间是否有电气隔离，DC—DC 变换电路可分为不带隔离变压器的非隔离 DC—DC 变换电路和带隔离变压器的隔离 DC—DC 变换电路两类。

1）非隔离 DC—DC 变换电路

非隔离 DC—DC 变换电路也称为直流斩波电路。根据电路结构的不同，可分为降压（Buck）型电路、升压（Boost）型电路、升降压（Buck—Boost）型电路、库克（Cuk）型电路、Zeta 型电路和 Spice 型电路。其中降压（Buck）型电路和升压（Boost）型电路是最基本的非隔离 DC—DC 变换电路，其余四种是由这两种基本电路派生而来的。

各种不同的非隔离 DC—DC 变换电路有着各自不同的特点，应用场合也各不相同，表2-2 给出了它们的比较。

2）隔离 DC—DC 变换电路

隔离 DC—DC 变换电路是指电路输入与输出之间通过隔离变压器实现电气隔离的DC—DC变换电路。同直流斩波电路相比，隔离 DC—DC 变换电路中增加了交流环节，因此也称为直—交—直电路。采用这种结构较为复杂的电路来完成 DC—DC 的变换有以下原因：

（1）输出端与输入端需要隔离。

（2）某些应用中有需要相互隔离的多路输出。

（3）输出电压与输入电压的比例远小于 1 或远大于 1。

（4）交流环节采用较高的工作频率，可以减小变压器和滤波电感、滤波电容的体积和重量。

通常，工作频率应高于 20 kHz 这一人耳的听觉极限，以免变压器和电感产生刺耳的噪声。随着电力半导体器件和磁性材料的技术进步，电路的最高工作频率已达几兆赫兹，进一步缩小了体积和重量。由于工作频率较高，逆变电路通常使用全控型器件，如 GTR、MOSFET、IGBT 等。整流电路中通常采用快恢复二极管或通态压降较低的肖特基二极管，在低电压输出的电路中，还可采用低导通电阻的 MOSFET 构成同步整流电路，以进一步降低损耗。

根据电路中主功率开关器件的个数不同，隔离 DC—DC 变换电路分可为单管、双管和四管三类。单管隔离 DC—DC 变换电路有正激和反激两种；双管隔离 DC—DC 变换电路有推挽和半桥两种；四管隔离 DC—DC 变换电路只有全桥一种。

各种不同的隔离 DC—DC 变换电路有着各自不同的特点，应用场合也各不相同，表2-3 给出了它们的比较。

表 2 - 2　各种不同类型的非隔离 DC—DC 变换电路的比较

电路类型	主要特点	输入、输出电压关系	S、V_D 承受的最高电压	应用场合
降压型	只降压，输入、输出电压极性相同，输入电流脉动大、输出电流脉动小、结构简单	$U_o = DU_i$（其中，D 为占空比，表示在一个脉冲循环中通电时间相对于总时间所占的比例）	$U_{S,\,max}=U_i$ $U_{v_D,\,max}=U_i$	降压型开关稳压器
升压型	只升压，输入、输出电压极性相同，输入电流脉动小、输出电流脉动大，结构简单	$U_o = \dfrac{1}{1-D}U_i$	$U_{S,\,max}=U_o$ $U_{v_D,\,max}=U_o$	升压型开关稳压器，功率因数校正电路
升降压型	升降压均可，输入、输出电压极性相反，不能空载工作，结构简单	$U_o = -\dfrac{D}{1-D}U_i$	$U_{S,\,max}=U_i+U_o$ $U_{v_D,\,max}=U_i+U_o$	升降压开关稳压器
Cuk 型	升降压均可，输入、输出电压极性相反，输入电流脉动小、输出电流脉动小、不能空载工作，结构复杂	$U_o = -\dfrac{D}{1-D}U_i$	$U_{S,\,max}=U_{C_1}$ $U_{v_D,\,max}=U_{C_2}$	对输入、输出脉动要求较高的升降压型开关稳压器
Zeta 型	升降压均可，输入、输出电压极性相同，输入电流脉动大、输出电流脉动大、不能空载工作，结构复杂	$U_o = \dfrac{D}{1-D}U_i$	$U_{S,\,max}=U_i+U_{C_1}$ $U_{v_D,\,max}=U_i+U_{C_1}$	升压型功率因数校正电路
Spice 型	升降压均可，输入、输出电压极性相同，输入电流脉动小、输出电流脉动大，不能空载工作，结构复杂	$U_o = \dfrac{D}{1-D}U_i$	$U_{S,\,max}=U_o+U_{C_1}$ $U_{v_D,\,max}=U_o+U_{C_1}$	对输出脉动要求较高的升降压型开关稳压器

表 2 - 3　各种不同类型的隔离 DC—DC 变换电路的比较

电路类型	主要特点	输入、输出电压关系	S 承受的最高电压	应用场合
正激电路	优点：结构较简单，成本低，可靠性高，驱动电路简单。缺点：变压器单相励磁，利用率低	$U_o = \dfrac{N_2}{N_1}DU_i$（其中，$N_1$ 表示变压器原边匝数，N_2 表示变压器副边匝数）	$U_{S,\,max} = \left(1+\dfrac{N_1}{N_3}\right)U_i$	中小功率开关电源
反激电路	优点：结构非常简单，成本低，可靠性高，驱动电路简单。缺点：难以达到较大的功率，变压器单相励磁，利用率低	$U_o = \dfrac{N_2}{N_1}\dfrac{D}{1-D}U_i$	$U_{S,\,max} = U_i + \dfrac{N_1}{N_2}U_o$	小功率开关电源
推挽电路	优点：变压器双向励磁；变压器一次电流回路只有一个开关，通态损耗小，驱动简单。缺点：有偏磁问题	$U_o = \dfrac{N_2}{N_1}DU_i$	$U_{S,\,max} = 2U_i$	低输入电压开关电源
半桥电路	优点：变压器双向励磁，无变压器偏磁问题，开关较少，成本低。缺点：有直通问题，可靠性低，需要复杂的隔离驱动电路	$U_o = \dfrac{N_2}{N_1}DU_i$	$U_{S,\,max} = U_i$	工业用开关电源，计算机备用电源
全桥电路	优点：变压器双向励磁，容易达到大功率。缺点：结构复杂，成本高，可靠性低，需要复杂的多组隔离驱动电路，有直通和偏磁问题	$U_o = \dfrac{N_2}{N_1}DU_i$	$U_{S,\,max} = U_i$	大功率工业用电源，焊接电源、电解电源

3．DC—AC 变换电路

1）基本结构和原理

（1）基本结构。

一个完整的逆变系统通常由逆变电路、输入电路、输出电路、驱动与控制电路、辅助电路以及保护电路等构成，其基本结构如图 2-94 所示。

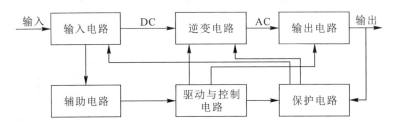

图 2-94　逆变系统的基本结构框图

输入电路：由于逆变电路的输入为直流电，如直流电源或蓄电池等，因此当逆变系统的输入为交流电时，首先要经过输入电路转换为直流电。

输出电路：主要是滤波电路。对于隔离式逆变电路，在输出电路的前面还有逆变变压器；对于开环控制的逆变系统，输出量不用反馈到控制电路；而对于闭环控制的逆变系统，输出量还要反馈到控制电路。

驱动与控制电路：按要求产生一系列的控制脉冲来控制逆变开关管的导通和关断，并能调节其频率，控制逆变电路完成逆变功能。在逆变系统中，驱动与控制电路和逆变电路具有同样的重要性。

辅助电路：将逆变器的输入电压变换成适合驱动与控制电路工作的直流电压。

保护电路：完成输入的过电压保护、欠电压保护，输出的过电压保护、欠电压保护，以及过载保护、过电流保护和短路保护。

（2）基本工作原理。

下面以图 2-95(a)所示的单相桥式逆变电路为例说明其最基本的工作原理。图中 S_1、S_2、S_3、S_4 是桥式电路的四个桥臂，它们由电力电子器件及其辅助电路组成。

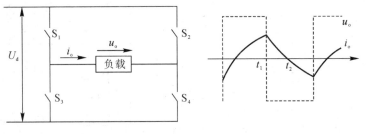

(a)单相桥式逆变电路　　　　(b)负载(阻感性)电压与电流波形

图 2-95　逆变电路及负载波形

当开关 S_1、S_4 闭合，S_2、S_3 断开时，负载电压 u_o 为正；当开关 S_1、S_4 断开，S_2、S_3 闭合时，负载电压 u_o 为负，其波形如图 2-95(b)所示。这样，就把直流电变成了交流电，改变两组开关的切换频率，即可改变输出交流电的频率，这就是逆变电路最基本的工作原理。

当负载为纯阻性负载时，负载电流 i_o 和电压 u_o 的波形形状相同，相位也相同。

当负载为阻感性负载时，i_o 的基波相位滞后于 u_o 的基波，两者波形的形状也不同，如图 2-95(b)所示。设 t_1 时刻以前，S_1、S_4 导通，u_o 和 i_o 均为正。在 t_1 时刻，断开 S_1、S_4，同时合上 S_2、S_3，则 u_o 的极性立刻变为负，但是，因为负载中有电感，其电流极性不能立刻改变而仍维持原方向。这时，负载电流从直流电源负极流出，经 S_3、负载和 S_2 流回直流电源正极，负载电感中储存的能量向直流电源反馈，负载电流逐渐减小，到 t_2 时刻降为零，之后 i_o 才改变方向并逐渐增大。S_2、███████ S_4 闭合时的情况与其类似。以上分析是假定 S_1、S_2、S_3、S_4 均为理想开关时的██████的工作过程要复杂一些。

2）逆变电路的换流方██

逆变电路工作时，电流██████另一个支路转移的过程称为换流，也称为换相。换流方式在逆变电路中占有重██

在换流过程中，有的支路要██通态转为断态，有的支路要从断态转为通态。从断态到通态时，无论全控型器件还是半控型器件，只要门极给以适当的驱动控制信号，就可以使其开通。但从通态到断态的情况就大不相同，全控型器件通过对门极的控制可使其关断，而对于半控型器件的晶闸管来说，就不能通过对门极的控制使其关断，必须利用外部条件或采取相应措施才能使其关断。由于半控型器件的关断要比开通复杂得多，因此，研究换流方式主要是研究如何使器件关断。

换流并不是只在逆变电路中才有的概念，在 AC—DC 变换电路、DC—DC 变换电路和 AC—AC 变换电路中都涉及换流问题。在逆变电路中，换流方式可分为以下几种。

（1）器件换流。

利用全控型器件自身的关断能力进行换流，称为器件换流。在采用 IGBT、功率 MOSFET、GTO、GTR 等全控型器件的电路中，其换流方式均为器件换流。

（2）电网换流。

由电网提供换流电压，称为电网换流，也称为自然换流。在可控整流电路中，无论其工作在整流状态，还是工作在有源逆变状态，都是利用电网电压来实现换流的，均属于电网换流。在换流过程中，只要把负的电网电压加在欲关断的晶闸管上，即可使其关断。这种换流方式不要求器件具有门极关断能力，也不需要为换流附加任何器件。但是，这种换流方式不适用于无源逆变电路。

（3）负载换流。

由负载提供换流电压，称为负载换流。凡是负载电流的相位超前于负载电压的场合，都可以实现负载换流。当负载为电容性负载时，即可实现负载换流。此外，当负载为同步电动机时，由于可以控制励磁电流使负载呈现为容性，因而也可以实现负载换流。

（4）强迫换流。

通过附加的换流装置，给欲关断的晶闸管强迫施加反向电压或反向电流的换流方式，称为强迫换流。强迫换流通常由电感、电容以及小容量晶闸管等组成。

上述四种换流方式中，器件换流只适用于全控型器件，其余三种方式主要是针对晶闸管而言的。器件换流和强迫换流都是因为器件或变流器自身的原因而实现换流的，二者都属于自换流；电网换流和负载换流不是依靠变流器内部的原因，而是借助于外部手段（电网电压或负载电压）来实现换流的，它们属于外部换流。采用自换流方式的逆变电路称为自换流逆变电路，采用外部换流方式的逆变电路称为外部换流逆变电路。若电流不是从一个支路向另一个支路转移，而是在支路内部终止流通而变为零，则称为熄灭。

3）单相电压型逆变电路

（1）单相半桥逆变电路。

单相半桥逆变电路是结构最简单的逆变电路，其原理如图 2-96 所示，它有两个桥臂，上、下桥臂均由一个可控器件和一个反并联二极管组成■■■■直流侧接有两个相互串联的足够大的电容 C_1 和 C_2，两个电容的连接点便成为直流电源■■■■载连接在直流电源中点和两个桥臂连接点之间，负载电压、电流分别用 u_o 和■■■■■V_2 是全控型开关器件，它们交替地处于通、断状态。

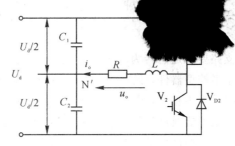

图 2-96　单相半桥逆变电路原理图

如果在 $0 < t < T_0/2$ 期间，给 V_1 加栅极信号，即 V_1 导通，V_2 截止，则输出电压 $u_o = +U_d/2$；在 $T_0/2 < t < T_0$ 期间，给 V_2 加栅极信号，即 V_2 导通，V_1 截止，则输出电压 $u_o = -U_d/2$。因此 u_o 为矩形波，其幅值为 $U_m = U_d/2$，如图 2-97（a）所示。输出电流 i_o 的波形随负载情况而异，当负载为阻性负载时，其电流波形与电压波形相同；当负载为感性负载时，其电流波形如图 2-97（b）所示。

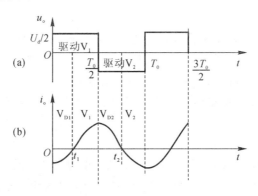

图 2-97　单相半桥逆变电路工作波形

设 $T_0/2$ 时刻以前 V_1 为通态，V_2 为断态。$T_0/2$ 时刻给 V_1 关断信号，给 V_2 开通信号，则 V_1 关断，但感性负载中的电流 i_o 不能立即改变方向，于是 V_{D2} 导通续流。当 t_2 时刻 i_o 降为零时，V_{D2} 截止，V_2 开通，i_o 开始反向。同样，在 T_0 时刻给 V_2 关断信号，给 V_1 开通信号后，V_2 关断，V_{D1} 先导通续流，$i_o = 0$ 时 V_1 才开通。各段时间内导通器件的名称已标于图 2-97（b）中。

当 V_1 或 V_2 为导通状态时，负载电流和电压同方向，直流侧向负载提供能量；而当 V_{D1} 或 V_{D2} 为导通状态时，负载电流和电压反方向，负载电感中储存的能量向直流侧反馈，即负载电感将其吸收的无功能量反馈回直流侧。反馈回的能量暂存在直流侧电容器中，直流侧电容器起着缓冲无功能量的作用。

二极管 V_{D1}、V_{D2} 起着使负载电流连续的作用，也是负载向直流侧反馈能量的通道，故称为续流二极管或反馈二极管。

半桥逆变电路中，基波电压的幅值 U_{o1m} 和基波电压的有效值 U_{o1} 分别为

$$U_{o1m}=\frac{2U_d}{\pi}=0.64U_d \qquad (2-57)$$

$$U_{o1}=\frac{\sqrt{2}}{\pi}U_d=0.45U_d \qquad (2-58)$$

半桥逆变电路的优点是结构简单、使用器件少；其缺点是输出交流电压的幅值仅为 $U_d/2$，且直流侧需要两个电容器串联，工作时还要控制两个电容器电压的均衡。因此，半桥电路常用于几千瓦以下的小功率逆变电源。

（2）单相全桥逆变电路。

单相全桥逆变电路的原理如图 2-98 所示，它共有四个桥臂，可以看成由两个半桥电路组合而成的。

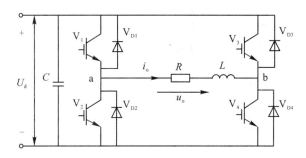

图 2-98 单相全桥逆变电路

把桥臂 1（V_1、V_{D1}）和 4（V_4、V_{D4}）作为一对，桥臂 2（V_2、V_{D2}）和 3（V_3、V_{D3}）作为另一对，成对的两个桥臂同时导通，两对交替各导通 180°。其输出电压 u_o 的波形与图 2-97(a) 所示的半桥电路的波形形状相同，也是矩形波，但其幅值比半桥电路高一倍，即 $U_m=U_d$。在负载及直流电压都相同的情况下，其输出电流 i_o 的波形与图 2-97(b) 中 i_o 的形状相同，仅幅值增加一倍。

图 2-97 中 V_{D1}、V_1、V_{D2}、V_2 相继导通的区间，分别对应于图 2-98 中 V_{D1} 和 V_{D4}、V_1 和 V_4、V_{D2} 和 V_{D3}、V_2 和 V_3 相继导通的区间。关于无功能量的交换，对于半桥逆变电路的分析，也完全适用于全桥逆变电路。

全桥逆变电路是单相逆变电路中应用最多的。把幅值为 U_d 的矩形波 u_o 展开成傅里叶级数，其基波的幅值 U_{o1m} 和基波的有效值 U_{o1} 分别为

$$U_{o1m}=\frac{4U_d}{\pi}=1.27U_d \qquad (2-59)$$

$$U_{o1}=\frac{2\sqrt{2}}{\pi}U_d=0.9U_d \qquad (2-60)$$

4）三相电压型逆变电路

在三相电压型逆变电路中，应用最广的还是三相电压型桥式逆变电路。采用 IGBT 作为开关器件的三相电压型桥式逆变电路如图 2-99 所示，它可以看成由三个半桥逆变电路

组成。图 2‑99 电路的直流侧通常只有一个电容器就可以了，但为了分析方便，图中画成了两个串联的电容器，并标出了假想中点 N'，在大部分应用中并不需要该中性点。

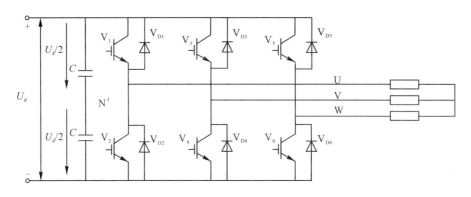

图 2‑99　三相电压型桥式逆变电路

和单相半桥、全桥逆变电路相同，三相电压型桥式逆变电路的基本工作方式也是 180° 导电方式，即每个桥臂的导电角度都为 180°，同一相（即同一半桥）上、下两个臂交替导电，各相开始导电的角度依次相差 120°。这样，在任一瞬间，将有三个桥臂同时导通，可能是上面一个臂下面两个臂，也可能是上面两个臂下面一个臂同时导通。由于每次换流都是在同一相上、下两个桥臂之间进行的，因此也被称为纵向换流。

$V_1 \sim V_6$ 的驱动脉冲波形如图 2‑100 所示。

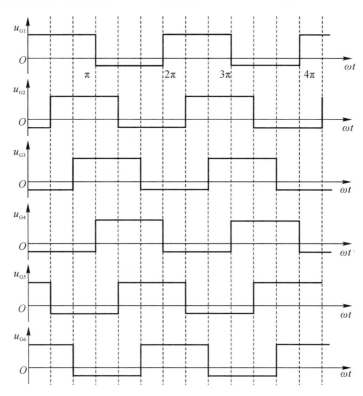

图 2‑100　驱动脉冲波形

由图 2‑100 可见，在 $0 < \omega t < \pi/3$ 期间，V_1、V_5、V_6 被施加正向驱动脉冲而导通，负

载电流经 V_1 和 V_5 被送到 U 和 W 相负载上，然后经 V 相负载和 V_6 流回电源。

在 $\omega t = \pi/3$ 时刻，V_5 的驱动脉冲下降到零电平，V_5 迅速关断，由于感性负载电流不能突变，W 相电流将由与 V_2 反并联的二极管 V_{D2} 提供，W 相负载电压被钳位到零电平，其他两相电流通路不变。当 V_5 被关断时，不能立即导通 V_2，以防止 V_5 没有完全关断而出现同一桥臂的两个元件 V_5 和 V_2 同时导通造成短路的情况发生，故必须保证有一段时间，在该时间段内同一桥臂的两个元件都不导通，这段时间称为死区时间或互锁延迟时间。经互锁延迟时间后，与 V_5 同一桥臂的下部元件 V_2 被施加正向驱动脉冲而导通。当 V_{D2} 中续流结束时（续流时间取决于负载电感和电阻值），W 相电流反向经 V_2 流回电源。此时负载电流由电源送出，经 V_1 和 U 相负载，然后分流到 V 和 W 相负载，分别经 V_6 和 V_2 流回电源。

在 $\omega t = 2\pi/3$ 时刻，V_6 的驱动脉冲由高电平下降到零，使 V_6 关断，V 相电流由 V_{D3} 续流。V_6 经互锁延迟时间后，同一桥臂的上部元件 V_3 被施加驱动脉冲而导通。当续流结束时，V 相电流反向经 V_3 流入 V 相负载。此时电流由电源送出，经 V_1 和 V_3 及 U 和 V 相负载回流到 W 相。

依此规律，可以分析整个周期中各管的运行情况。

4. AC—AC 变换电路

在这里，AC—AC 变换电路指的是 AC—AC(交流—交流)变流电路，即把一种形式的交流变成另一种形式的交流。在进行 AC—AC 变流时，可以改变相关的电压(电流)、频率和相数等。AC—AC 变流电路可以分为直接方式(无中间直流环节)和间接方式(有中间直流环节)两种。间接方式可以看作 AC—DC 变换电路和 DC—AC 变换电路的组合。

在 AC—AC 变流电路中，只改变电压、电流或对电路的通断进行控制，而不改变频率的电路称为交流电力控制电路，改变频率的电路称为变频电路。

1) 交流调压电路

在每半个周波内通过对交流开关开通相位的控制，就可以方便地调节输出电压的有效值，这种电路称为交流调压电路。交流调压电路广泛用于灯光控制(如调光台灯和舞台灯光控制)及异步电动机的软起动，也用于异步电动机的调速。在电力系统中，这种电路还常用于对无功功率的连续调节。图 2-101 所示的交流调压电路把交流开关串联在交流电路中，通过对交流开关的控制实现对交流正、负半周的对称控制，可达到方便调整输出电压的目的，图中的交流开关 S 一般为两个反并联的晶闸管或双向晶闸管。

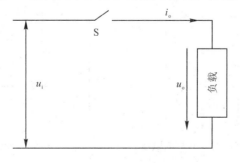

图 2-101　交流调压电路

交流调压电路的控制方式有三种：相位控制、斩波控制和通断控制。下面对相位控制和斩波控制进行简要介绍。

（1）相位控制交流调压电路。

相位控制与可控整流电路的移相触发控制相同，分别在交流电源正、负半周，且在相同的移相角下，开通交流开关 S，以保证向负载提供正、负半周对称的交流电压波形，如图 2-102 所示。相位控制方式简单，能连续调节输出电压的大小；但输出电压波形为非正弦，低次谐波含量大。相位控制交流调压电路是交流调压电路中应用最广的。

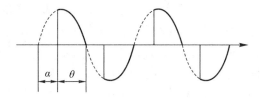

图 2-102　相位控制波形

（2）斩波控制交流调压电路。

斩波控制是利用脉宽调制（PWM）技术，将交流电压波形斩控成脉冲列，改变脉冲的占空比即可调节输出电压的大小，如图 2-103 所示。斩波控制方式能连续调节输出电压的大小，波形中只含有高次谐波含量，基本克服了通断控制、相位控制的缺点。由于斩波频率比较高，故交流开关 S 一般要采用高频自关断器件。

将 PWM 技术应用于交流调压，就出现了交流斩波器。交流斩波调压电路的基本原理和直流斩波电路相同，它是将交流开关分别同负载串联和并联，如图 2-104 所示。假定电路中各部分都是理想状态，开关 S_1 为斩波开关，S_2 为考虑负载电感续流的开关。S_1 及 S_2 不允许同时导通，通常二者在开关时序上互补。工作时，输出波形如图 2-105 所示。

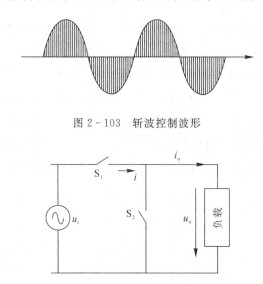

图 2-103　斩波控制波形

图 2-104　交流斩波调压电路的基本原理

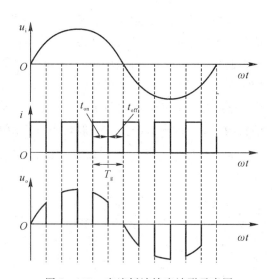

图 2-105　交流斩波输出波形示意图

交流斩波调压电路使用的交流开关，一般采用全控型器件，如 GTO、GTR、IGBT 等。

这类器件的静特性均为非对称，反向阻断能力很低，甚至不具备反向阻断能力。为此，常与二极管配合组成复合器件，即利用二极管来提供开关的反向阻断能力。

一般来说，交流斩波调压电路的控制方式与交流主电路开关结构、主电路结构及相数有关。按照对斩波开关和续流开关的控制时序不同，交流斩波调压电路可分为互补控制和非互补控制两大类。所谓互补控制，就是指在一个开关周期中，斩波开关和续流开关只能有一个导通。

2）交流调功电路

以交流电的周期为单位控制交流开关的通断，改变通态周期数和断态周期数的比，可以方便地调节输出功率的平均值，这种电路称为交流调功电路。

交流调功电路和交流调压电路的电路形式完全相同，只是控制方式不同。

交流调功电路不是在每个交流电源周期都通过触发延迟角 α 对输出电压波形进行控制，而是将负载与交流电源接通几个整周波，再断开几个整周波，通过改变接通周波数与断开周波数的比值来调节负载所消耗的平均功率，波形图 2-106 所示。这种电路常用于电炉的温度控制，因其直接调节对象是电路的平均输出功率，所以被称为交流调功电路。交流调功电路的特点是负载电压电流都是正弦波，电磁干扰较小，不对电网电压电流造成通常意义上的谐波污染。

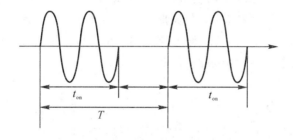

图 2-106　整周波通断控制波形

3）交—交变频电路

交—交变频电路是把电网频率的交流电直接变换成可调频率的交流电的变流电路。因为没有中间直流环节，所以属于直接变频电路。交—交变频电路采用晶闸管作为主功率器件，广泛用于大功率交流电动机调速传动系统，实际使用的主要是三相输出交—交变频电路。单相输出交—交变频电路是三相输出交—交变频电路的基础。

单相输出交—交变频电路的原理示意图如图 2-107 所示，电路由相同的两组晶闸管整流电路反并联构成，将其中一组整流器称为正组整流器 P，另外一组称为反组整流器 N。如果正组整流器工作在整流状态，反组整流器被封锁，则负载端得到的输出电压为上正下负；如果反组整流器工作在整流状态，正组整流器被封锁，则负载端得到的输出电压为上负下正。这样，只要交替地以低于电源的频率切换正、反组整流器的工作状态，在负载端就可以获得交变的输出电压。如果在一个周期内控制角 α 是固定不变的，则输出电压波形为矩形波，如图 2-108 所示。此种方式控制简单，但矩形波中含有大量的谐波，对电机负载的工作很不利。

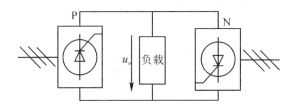

图 2-107　单相输出交—交变频电路原理示意图

图 2-108　单相输出交—交变频输出波形（控制角 α 固定）

　　如果控制角 α 不固定，在正组整流工作的半个周期内，使控制角按正弦规律从 90° 逐渐减小到 0°，然后再由 0° 逐渐增加到 90°，那么正组整流器的输出电压的平均值就按正弦规律变化，从零增大到最大，然后从最大减小到零，如图 2-109 中虚线所示。可以看出，输出电压 u_o 并不是平滑的正弦波，而是由若干段电源电压拼接而成的。在输出电压的一个周期内，所包含的电源电压段数越多，其波形就越接近正弦波。因此，交—交变频电路通常采用 6 脉波的三相桥式电路或 12 脉波变流电路。在反组工作的半个周期内采用同样的控制方法，就可以得到接近正弦波的输出电压。

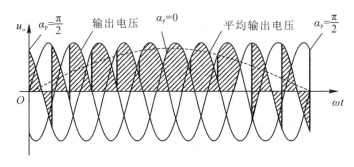

图 2-109　单相输出交—交变频输出波形（控制角不固定）

　　正反两组整流器切换时，不能简单地将原来工作的整流器封锁，同时将原来封锁的整流器立即开通，这是因为已开通的晶闸管并不能在触发脉冲取消的那一瞬间立即被关断，必须待晶闸管承受反压时才能关断。如果两组整流器切换时触发脉冲的封锁和开放同时进行，原先导通的整流器不能立即关断，而原来封锁的整流器已经开通，那么就会出现两组整流器同时导通的现象，将会产生很大的短路电流，使晶闸管损坏。为了防止此现象发生，在将原来工作的整流器封锁后，必须留有一定的死区时间，再开通另一组整流器。这种两组整流器在任何时刻只有一组工作，在两组之间不存在环流的控制方式，称为无环流控制方式。三相半波整流电路构成的输出单相的交—交变频电路如图 2-110 所示，三相桥式整流电路构成的输出单相的交—交变频电路如图 2-111 所示。

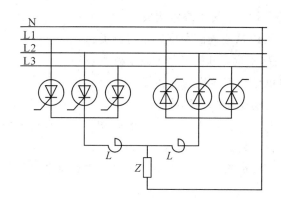

图 2 - 110　三相半波整流电路构成的输出单相的交—交变频电路(带环流电抗器)

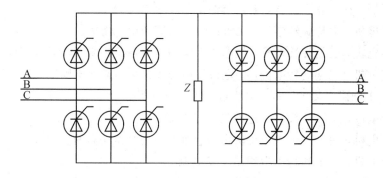

图 2 - 111　三相桥式整流电路构成的输出单相的交—交变频电路

　　和可控整流电路输入电流的谐波相比,交—交变频电路输入电流的频谱要复杂得多,但各次谐波的幅值要比可控整流电路的谐波幅值小。前面的分析都是基于无环流方式进行的。在无环流方式下,由于负载电流反向时为保证无环流而必须留一定的死区时间,就使得输出电压的波形畸变增大。另外,在负载电流断续时,输出电压被负载电动机反电动势抬高,这也造成输出波形畸变。电流死区和电流断续的影响也限制了输出频率的提高。采用有环流方式可以避免电流断续并消除电流死区,改善输出波形,还可提高交—交变频电路的输出上限频率。但是有环流方式需要设置环流电抗器,使设备成本增加,运行效率也因环流而有所降低。因此,目前应用较多的还是无环流方式。

2.6　电机技术

2.6.1　电机技术简介

1. 电机概述

　　电机是依靠通电导体和电磁场之间产生的洛伦兹力驱动的机械装置,它可以把电能转换为旋转运动或者直线运动。电机有电动和发电两种工作状态,工作于电动状态时,称为电动机;工作于发电状态时,称为发电机。

　　常用的旋转电机主要由定子、转子以及轴承、底座、端盖等组成。定子由定子铁芯、定子绕组构成，转子由转子铁芯、转子绕组构成。

电机的种类很多，可以从不同的角度来进行分类。

根据能量转换的功能不同，电机可分为以下四类：

（1）发电机，它将机械功率转换为电功率。

（2）电动机，它将电功率转换为机械功率。

（3）变压器，它将电功率转换成电压不同的电功率，没有机电能量转换，类似的装置还有变流机、变频机、移相机。

（4）控制电机，它在机电系统中不以功率传递为主，而是对信号进行调节、放大和控制等。

根据理论原理的不同，电机可分为以下四类：

（1）变压器，它是静止设备，输入与输出为交流电。

（2）异步电机，它是旋转电机，供电或发电为交流电，受负载影响，速度不固定。

（3）同步电机，它是旋转电机，供电或发电为交流电，速度等于同步速度，固定不变。

（4）直流电机，它是旋转电机，供电或发电为直流电，速度不固定。

根据绕组中励磁电流的不同，电机可分为以下三类：

（1）直流电机，电机接线端流过的是直流电流。

（2）同步电机，一个绕组中是交流电流，而另一个绕组中是直流电流。

（3）感应电机，定子和转子中均是交流电流。

交流感应电机，因其结构简单可靠，在工业生产中被广泛使用，但其分析计算相对复杂。直流电机结构复杂，但分析计算相对简单。

2. 电机原理

电机虽然有两种工作状态，但在野外应急供电设备中，主要用电机作为发电设备。

1）电动状态工作原理

这里简单介绍旋转电机的基本工作原理。如图 2-112 所示，单匝导线上受到的电磁力 F 为

$$F = Bli \tag{2-61}$$

式中，i 为流过导线的电流，l 为通电导线的长度，B 为定子磁场的磁感应强度。则单根通电导体产生的电磁转矩 T_{av} 为

$$T_{av} = F\frac{D}{2} \tag{2-62}$$

式中，D 为导线所在位置处的直径。则多匝线圈的力矩 T_{em} 为

$$T_{em} = \frac{pN}{2\pi a}\phi I_a = C_T \phi I_a \tag{2-63}$$

式中，$C_T = \frac{pN}{2\pi a}$ 为转矩常数，仅与电机结构有关；I_a 为电枢电流；a 为支路对数；N 为电枢导体总数；p 为极对数；ϕ 为每极磁通。

在图 2-112 所示的虚拟电机中，存在定子产生的磁场和转子绕组产生的磁场。这两个磁场中的任一个既可由电流产生，也可由永磁体产生。

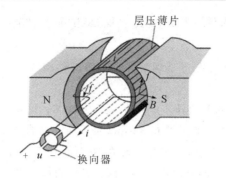

图 2-112　定转子磁场和作用在旋转电机上的力

2）发电状态工作原理

发动机拖动电机转子旋转，由于转子导体不断切割 N、S 两个固定不变的磁极，根据电磁感应定律，单个导体切割磁力线时将在导体两端产生一定的感应电动势 e，且

$$e = Blv \tag{2-64}$$

式中，v 为导体切割磁力线的速度，也就是转子相对于定子导体的线速度，可用下式表示：

$$v = \frac{\pi D}{60} n = 2p\tau \frac{n}{60} \tag{2-65}$$

式中，n 为电机转速，D 为电枢内径，p 为极对数，τ 为极距。

每相绕组切割磁力线产生的感应电动势 E 为

$$E = 2Ne = 2NBl \frac{2p\tau}{60} n = \frac{4p\tau BlN}{60} n = \frac{p\tau BlN}{15} n \tag{2-66}$$

式中，N 为定子每相绕组串联匝数。

产生的感应电动势类似没有接上灯泡的干电池两端的电压，其方向可用右手定则确定。直流电机的换向装置类似整流装置，将绕组两端产生的感应电动势整流输出为直流电动势。这就是直流发电机的工作原理。其他类型的电机发电基本原理与之类似。

2.6.2　典型电机

1. 电励磁同步发电机

同步电机和异步电机一样，都是常用的交流电机。同步电机的主要运行方式有三种，即作为发电机运行、作为电动机运行和作为补偿机运行。作为发电机运行是同步电机最主要的运行方式和最主要的用途。

同步电机是一种集旋转与静止、电磁变化与机械运动于一体，实现电能与机械能变换的装置，其动态性能十分复杂，而且其动态性能又对全电力系统的动态性能有极大影响。

稳态运行时，同步电机转子的转速 n 和电网频率 f 之间有不变的关系，即

$$n = n_1 = \frac{60f}{p} \tag{2-67}$$

式中，p 为极对数，n_1 为同步转速。若电网的频率不变，则稳态时同步电机的转速恒为常数，而与负载的大小无关。

根据励磁方式不同，同步电机可以分为电励磁同步电机和永磁同步电机。本书主要介绍发电机。同步发电机可分为电励磁同步发电机和永磁同步发电机。在没有特别说明的情况下，

所说的同步发电机就是电励磁同步发电机。下面提到的同步发电机就是指电励磁同步发电机。

1）基本组成

同步发电机主要由定子、转子、端盖和轴承等部件构成。

（1）定子。

同步发电机的定子大体上和异步电机相同，由铁芯、机座、绕组以及固定这些部件的其他结构件组成。定子铁芯一般用厚 0.35 mm 或 0.5 mm 含硅量较高的无取向冷轧硅钢片叠压而成。中、小型发电机的定子铁芯一般由冲制成整圆的定子冲片经扣片铆紧叠压而成；大型发电机定子铁芯的外径较大，受限于硅钢片的尺寸及冲压工艺，为了合理利用材料，每层定子冲片常由若干块扇形冲片交错叠压而成。大型发电机定子铁芯常沿着轴长分为许多叠片段，每段长度约 5~6 cm，每组叠片段间留有长度约 1 cm 的径向通风沟，叠片由拉紧螺杆和非导磁端压板压紧并锁成整体。

（2）转子。

同步发电机有旋转磁极式(电枢固定)和旋转电枢式(磁极固定)两种结构形式。

旋转磁极式同步发电机的磁极装在转子上，电枢绕组放在定子上。转子磁极上装有磁极铁芯和励磁绕组，当励磁绕组通以直流电流后，电机内将产生转子磁场。旋转磁极式同步发电机根据转子磁极的形状不同，又可分为隐极式和凸极式两种结构形式，如图 2-113 所示。隐极式同步发电机的转子呈圆柱形，气隙均匀，励磁绕组分布于转子表面槽内，转子机械强度高，适合于高速旋转场合。凸极式同步发电机的励磁绕组集中安放，气隙不均匀，极弧下较小而极间较大，适合于中速或低速旋转场合。

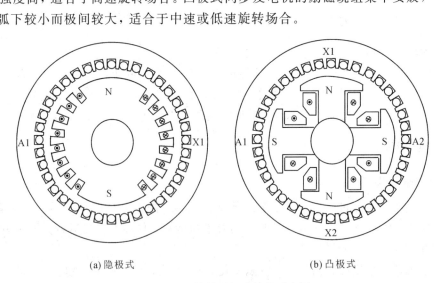

(a) 隐极式　　　　　　　　　　　　(b) 凸极式

图 2-113　旋转磁极式结构示意图

因为同步发电机的电枢绕组往往是高电压、大电流的绕组，故电枢绕组装在定子上以便于直接向外引出；而产生磁极磁场的励磁电流较小，故励磁绕组放在转子上，通过装在转轴上的集电环与外电刷接触引入比较方便。为了易于引出电枢电流，同步发电机一般都采用旋转磁极式结构。

旋转电枢式同步发电机的磁极放在定子上，电枢绕组放在转子上，如图 2-114 所示。一般只有小容量或特殊用途的同步发电机才用旋转电枢式结构。如大型同步发电机的交流励磁机，其电枢绕组放在转子上，电枢电流经过装在转轴上的旋转整流器整流后，直接为大型同步发电机转子上的励磁绕组提供直流励磁电流，构成无刷励磁系统。

图 2 - 114 旋转电枢式结构示意图

制造及运行的经验表明，凸极结构转子的优点是制造方便，但机械强度较差，因此多用在转速较低、离心力较小的中小型电机中；或用在受原动机(如水轮机)、机械负载(如大型水泵)低转速的限制，具有较多极数的大功率电机中。隐极转子的优点是机械强度好，但制造工艺较复杂，因此多用于转速较高、离心力较大的电机中。例如汽轮机(或燃气轮机)是高速原动机，所以火电厂中的汽轮发电机一般都采用隐极式转子。由内燃机拖动的同步发电机一般做成凸极式，少数高速($p \leq 2$)的同步电动机也做成隐极式。

2) 工作原理

同步发电机定子铁芯上有齿和槽，槽内设置三相对称绕组，转子上装有直流励磁的磁极，励磁绕组通入直流励磁电流 I_f 时，磁极将产生直流励磁磁动势 F_f。当转子以同步速旋转时，直流励磁磁场随之旋转，在气隙中形成一个旋转磁场。因为这个旋转磁场是直流励磁产生且由外力驱动旋转的，故称为直流励磁的旋转磁场或机械旋转磁场。

当定子三相对称绕组流过对称的三相交流电流时，将在气隙中产生一个由旋转磁动势建立的旋转磁场。因为这个磁场是由交流励磁电流产生的，故称为交流励磁的旋转磁场。

两种不同方式产生的旋转磁场只要空间有位移，便会产生电磁力，它们间作用力的方向就决定了同步发电机的运行方式，同步发电机工作原理示意图如图 2 - 115 所示。

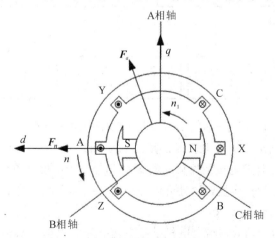

图 2 - 115 同步发电机工作原理示意图

作发电机运行时，原动机驱动同步发电机的励磁转子以同步速旋转，即 $n=n_1$，在气隙中形成旋转磁场，其气隙磁通密度基波对应的正弦波励磁磁动势用空间矢量 $\boldsymbol{F}_{f_1}$ 表示，定子三相绕组切割该旋转磁场，在定子三相绕组中感应产生空载电动势 $\boldsymbol{E}_0$。同步发电机负载后，定子三相绕组(亦称电枢绕组)流过称三相交流电流 $\boldsymbol{I}$，产生电枢旋转磁场，其磁动势为 $\boldsymbol{F}_a$。这时，空间矢量 $\boldsymbol{F}_{f_1}$ 在前，$\boldsymbol{F}_a$ 在后。

作电动机运行时，定子三相绕组(即电枢绕组)接三相电源，定子三相对称绕组流过对称三相交流电流 $\boldsymbol{I}$，产生合成旋转磁场 $\boldsymbol{F}_a$，依靠电磁拉力，定子磁场拖动直流励磁的转子以同步速同向旋转。这时，空间矢量 $\boldsymbol{F}_a$ 在前，$\boldsymbol{F}_{f_1}$ 在后。

由于无论何种运行状态，$\boldsymbol{F}_a$ 与 $\boldsymbol{F}_{f_1}$ 始终是同速同向旋转，空间磁动势 $\boldsymbol{F}_a$ 与 $\boldsymbol{F}_{f_1}$ 相对静止，故 $\boldsymbol{F}_a$ 与 $\boldsymbol{F}_{f_1}$ 可合成形成气隙磁动势 $\boldsymbol{F}_\delta$。可见，同步发电机空载时气隙磁场为 $\boldsymbol{F}_\delta=\boldsymbol{F}_{f_1}$，负载后气隙磁场为 $\boldsymbol{F}_\delta=\boldsymbol{F}_a+\boldsymbol{F}_{f_1}$，电枢磁动势 $\boldsymbol{F}_a$ 的存在使气隙磁动势发生变化，此时 $\boldsymbol{F}_\delta\neq\boldsymbol{F}_{f_1}$。由于转子励磁绕组不切割磁场，故在同步发电机转子励磁绕组内不产生感应电动势。

3) 同步发电机的励磁系统

同步发电机正常运行时，必须在其励磁绕组中通入直流电流，以便建立磁场，这个电流称为励磁电流，而供给励磁电流的整个系统称为励磁系统。励磁系统是同步发电机的重要组成部分，励磁系统种类繁多，但从供电方式上分类，基本上分为两类，即励磁电源取自发电机轴端的交流励磁机励磁系统和励磁电源取自发电机输出端的纯静止式整流器励磁系统。

励磁系统详细分类如图 2-116 所示。

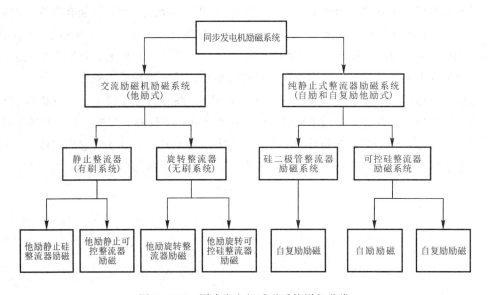

图 2-116　同步发电机励磁系统详细分类

励磁系统不仅仅满足于向发电机提供励磁电源。随着对发电系统安全性要求的逐渐提高，现代励磁系统还可对发电机的励磁进行调节和控制，不仅可以保证发电机及电力系统运行的可靠性、安全性和稳定性，而且可以提高发电机及电力系统的技术经济指标。因此，设计时主要应满足如下性能要求：

(1) 发电机正常运行时，供给发电机励磁电流，并能根据负载情况做相应的励磁调整以保证发电机端电压值。

（2）励磁系统应有较快的反应速度，运行可靠。当电力系统发生故障使系统电压严重下降时，励磁系统应能对发电机进行强励以提高电力系统的稳定性；当发电机突然甩负荷时，励磁系统应能强行减磁以限制发电机端电压过度增高；当发电机内部发生短路故障时，励磁系统应能快速减磁以减少故障的损坏程度。

（3）发电机并联运行时，励磁系统应合理调节无功功率，使之得到合理的分配。

2. 永磁同步发电机

永磁同步发电机是一种结构特殊的同步发电机，它与普通同步发电机的主要不同之处在于：其主磁场由永磁体产生，而不是由励磁绕组产生。与普通同步发电机相比，永磁同步发电机具有以下特点：

（1）省去了励磁绕组、磁极铁芯和电刷—集电环结构，整体结构简单紧凑，可靠性高，免维护。

（2）不需要励磁电源，没有励磁绕组损耗，取消了电刷—滑环结构，减小了机械摩擦损耗，效率高。

（3）采用稀土永磁时，气隙磁密高，功率密度高，体积小，质量轻。

（4）直轴电枢反应电抗小，因而固有电压调整率比电励磁同步发电机小。

（5）普通同步发电机可以通过调节励磁电流方便地调节输出电压和无功功率；永磁磁场难以调节，因此永磁同步发电机制成之后，难以通过调节励磁的方法调节输出电压和无功功率。

（6）永磁同步发电机通常采用钕铁硼或铁氧体永磁，永磁体的温度系数较高，输出电压随环境温度的变化而变化，导致输出电压偏离额定电压，且难以调节。

1）结构形式

与普通交流电机一样，永磁同步发电机也由定子和转子两部分组成，定转子之间有空气隙。图 2 - 117 所示为典型永磁同步发电机的结构示意图。永磁同步发电机的定子铁芯通常由 0.5 mm 厚的硅钢片制成以减小铁耗，上面冲有均匀分布的槽，槽内放置三相对称绕组。定子槽形通常采用与永磁同步电动机相同的半闭口槽。

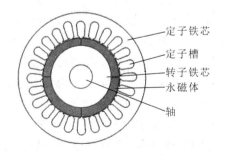

定子铁芯
定子槽
转子铁芯
永磁体
轴

图 2 - 117　典型永磁同步发电机结构示意图

为有效地削弱齿谐波电动势和齿槽转矩，通常采用定子斜槽。定子绕组通常由圆铜线绕制而成，为减少输出电压中的谐波含量，大多采用双层短距和星形接法，小功率电机中也有采用单层绕组的，特殊场合也有采用正弦绕组的。由于永磁同步发电机不需要启动绕组，故转子结构比异步启动永磁同步电动机简单，有较充足的空间放置永磁体。转子通常由转子铁芯和永磁体组成。转子铁芯既可以由硅钢片叠压而成，也可是整块钢加工而成。

根据永磁体放置位置的不同，可将转子磁极结构分为表面式和内置式两种。表面式转子结构的永磁体固定在转子铁芯的表面，结构简单，易于制造。内置式转子结构的永磁体位于转子铁芯内部，不直接面对空气隙，转子铁芯对永磁体有一定的保护作用，且转子磁路的不对称会产生磁阻转矩，相对于表面式结构可以产生更强的气隙磁场，有助于提高电机的过载能力和功率密度，但转子内部漏磁较大，需要采取一定的隔磁措施，转子结构和加工工艺复杂，且永磁体用量多。

（1）表面式转子结构。

根据定转子相对位置的不同，表面式转子结构又可分为内转子结构和外转子结构两种。内转子结构的转子在内，定子在外，如图 2 - 118(a)、(b)所示；外转子结构的转子在外，定子在内，如图 2 - 118(c)所示。

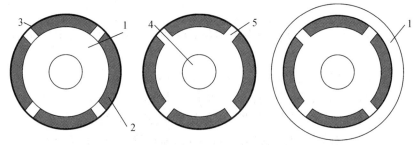

(a) 表面凸出式内转子结构　(b) 表面插入式内转子结构　　　(c) 外转子结构

1—转子铁芯；2—永磁体；3—套环；4—轴；5—非磁性材料。

图 2 - 118　表面式转子结构

表面式内转子结构又分为表面凸出式结构和表面插入式结构。表面凸出式结构如图 2 - 118(a)所示，具有结构简单、易于制造等优点，在永磁同步发电机、无刷直流电动机、调速永磁同步电动机中应用广泛。由于铁氧体永磁和稀土永磁的相对回复磁导率都接近于 1，可以近似认为与空气的相同，因此表面凸出式结构的交直轴磁阻基本相等，在电磁性能上属于隐极转子结构。此外，还可通过改变永磁体形状使气隙磁密波形接近正弦，削弱输出电压中的谐波含量。表面插入式结构如图 2 - 118(b)所示，相邻永磁磁极之间为铁芯，永磁体安装时易于定位，制造简单，但漏磁较大。此外，直轴磁阻大于交轴磁阻，在电磁上属于凸极转子结构，因转子磁路不对称而产生的磁阻转矩可以提高发电机的过载能力。在表面式结构中，永磁体通常为瓦片形，贴在转子铁芯表面。永磁体的抗拉强度远远低于抗压强度，在内转子结构中，高速运行时产生的离心力会接近甚至超过永磁材料的抗拉强度，容易损坏永磁体，此外离心力和电磁力的作用可能会导致永磁体脱落，因此高速运行时需要在转子外加套环。套环是一个用高强度材料制成的圆筒，可以把转子各部件紧紧包住，使其处于压缩状态，保证转子的机械强度。套环分为非金属套环、单金属套环和双金属套环三种。非金属套环是用碳纤维等材料绑扎转子，然后经加热固化形成的高强度套环。单金属套环由一种非导磁金属材料制成。非金属套环和单金属套环结构简单，易于制造，但都增大了气隙有效长度，为保证一定的气隙磁密，必须增加永磁体用量。双金属套环由一种导磁金属材料和一种非导磁金属材料制成，与永磁体对应的位置采用导磁金属材料，与极间区域对应的位置采用非导磁金属材料，其优点是不增加气隙长度，但结构复杂，制造困难。图 2 - 118(c)所示为外转子结构，可以产生较大的每极磁通，离心力不会损坏永磁体，除非特殊需要，无需外加套环，转子结构简单，但整个电机的结构复杂。

图 2-119 所示为一台表面凸出式结构的 8 极永磁同步发电机采用不同磁极形状时的气隙磁密分布对比，可以看出，采用等半径形状的磁极后，气隙磁密分布的正弦性大大改善。

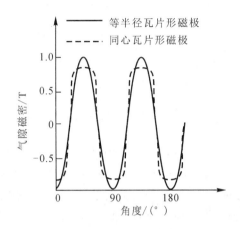

图 2-119　8 极永磁同步发电机在不同磁极形状下的气隙磁密分布

（2）内置式转子结构。

在内置式转子结构中，主要采用切向式转子结构，如图 2-120 所示。一个极矩下的磁通由相邻两个磁极共同提供，是一种聚磁结构，可以产生较高的气隙磁密，特别适合于极数较多的永磁同步发电机。由于永磁体在铁芯内，故需要采取隔磁措施，在转轴和铁芯之间加非磁性金属衬套。图 2-120（a）用套环将转子各部件紧固在一起，机械强度好；图 2-120（b）用槽楔固定永磁体，工艺简单，适合于中、低速或小功率的永磁同步发电机。

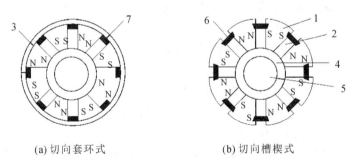

(a) 切向套环式　　　　　　　(b) 切向槽楔式

1—转子铁芯；2—永磁体；3—套环；4—非磁性材料；5—轴；6—非磁性槽楔；7—非磁性垫片。

图 2-120　内置式转子结构

2）工作原理

图 2-121（a）所示为一台两极永磁同步发电机，定子三相绕组用三个线圈 AX、BY、CZ 表示，转子由原动机拖动以转速 n_1 旋转，永磁磁极产生旋转的气隙磁场，其基波为正弦分布，即

$$B = B_m \sin\theta \tag{2-68}$$

式中，B_m 为气隙磁密的幅值；θ 为计算点距离坐标原点的电角度，坐标原点取为转子两个磁极之间中心线的位置。

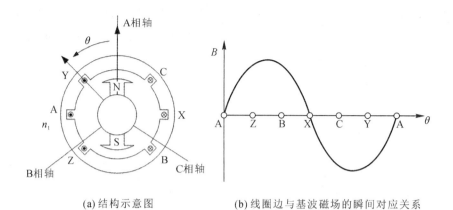

(a) 结构示意图　　　　　　　　(b) 线圈边与基波磁场的瞬间对应关系

图 2 - 121　两极永磁同步发电机

在图 2 - 121(a)瞬间，基波磁场与各线圈的相对位置如图 2 - 121(b)所示。定子导体切割该旋转磁场产生感应电动势，根据感应电动势公式 $e=Blv$ 可知，导体中的感应电动势 e 将正比于气隙磁密 B，其中 l 为导体在磁场中的有效长度。基波磁场旋转时，磁场与导体间产生相对运动且在不同瞬间磁场以不同的气隙磁密 B 切割导体，在导体中感应出与磁密呈正比的感应电动势。设导体切割 N 极磁场时感应电动势为正，切割 S 极磁场时感应电动势为负，则导体内感应电动势是一个交流电动势。对于 A 相绕组，线圈的两个导体边相互串联，其中的感应电动势大小相等，方向相反，为一个线圈边内感应电动势的 2 倍。将转子的转速用每秒钟内转过的电弧度 ω 表示，ω 称为角频率。在时间 $0\sim t$ 内，主极磁场转过的电角度 $\theta=\omega t$，则 A 相绕组的感应电动势瞬时值为

$$e_A = B_m lv\sin\theta = 2E_1\sin\omega t \qquad (2-69)$$

式中，E_1 为感应电动势的有效值。B、C 相绕组的感应电动势分别滞后于 A 相绕组的感应电动势 120°和 240°电角度，即

$$e_B = 2E_1\sin(\omega t - 120°) \qquad (2-70)$$

$$e_C = 2E_1\sin(\omega t - 240°) \qquad (2-71)$$

可以看出，永磁磁场在三相对称绕组中产生三相对称感应电动势。导体中感应电动势的频率与转子的转速和极对数有关。若电机为两极电机，则转子转一周时感应电动势交变一次，设转子每分钟转 n_1 周（即每秒 $n_1/60$ 周），则导体中电动势交变的频率应为 $f=n_1/60$。若电机有 p 对极，则转子每旋转一周，感应电动势将交变 p 次，感应电动势的频率为

$$f = \frac{pn_1}{60} \qquad (2-72)$$

在我国，工业用电的标准频率为 50 Hz，所以

$$n_1 = \frac{3000}{p}(\text{r/min}) \qquad (2-73)$$

若给发电机接上三相对称负载，则在定子三相对称绕组中产生三相对称电流，进而产生三相基波合成磁场。该三相基波合成磁场以转速 $n_1=60f/p$ 旋转，旋转方向取决于三相电流的相序，由电流超前的相绕组轴线向电流滞后的相绕组轴线转动。可以看出，三相基波合成磁场与永磁磁极产生的基波磁场转速相等、转向相同、相对静止，产生恒定的电磁转矩。电磁转矩与转子上的驱动转矩方向相反，为制动性质。

3）永磁同步发电机的运行特性

永磁同步发电机的运行特性包括外特性和效率特性。根据这些特性可以确定发电机的电压调整率和额定效率，这些都是表示永磁同步发电机性能的基本数据。

永磁同步发电机的外特性是指当 $n = n_1$、$\cos\varphi =$ 常数（其中，φ 称为功率因数角，$\cos\varphi$ 则称为功率因数）时，端电压与负载电流之间的关系曲线 $U = f(I)$。

图 2-122 表示带有不同功率因数负载时永磁同步发电机的外特性。带感性负载和纯电阻负载时，外特性是下降的，这是由电枢反应的去磁作用和漏阻抗压降引起的。带容性负载且功率因数角为超前时，由于电枢反应的助磁作用和容性电流的漏阻抗压降上升，外特性可能是上升的。

与普通同步发电机相比，永磁同步发电机的电枢反应去磁作用较小，外特性下降得小，电压调整率较小。从外特性可以求出发电机的电压调整率，如图 2-123 所示。调节负载使发电机工作在额定工况，卸去负载，读取空载电动势 E_0，则发电机的电压调整率 ΔU 为

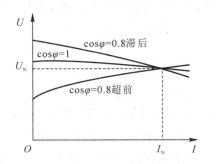

图 2-122　同步发电机的外特性

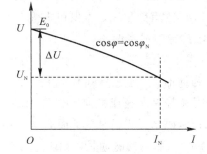

图 2-123　由外特性求电压调整率

$$\Delta U = \frac{E_0 - U_N}{U_N} \times 100\% \qquad (2-74)$$

电压调整率是同步发电机的重要性能指标之一，过高的电压调整率将对用电设备的运行产生较大影响。永磁同步发电机的励磁难以调节，如何减小电压调整率是永磁同步发电机设计的重要问题之一。影响电压调整率的因素既有外部负载，也有电机内部参数。当发电机带感性负载且功率因数一定时，减小直轴电枢反应电抗和电枢绕组电阻、增大交轴电枢反应电抗，都可以降低电压调整率。电压调整率主要取决于电机的内部参数，其中以电枢反应电抗的影响为最大。因此，在进行永磁同步发电机设计时，应从以下两方面入手：

（1）削弱电枢反应的去磁作用。这就需要增大永磁体充磁方向的长度。

（2）减少绕组匝数以减小电阻和电抗。这就需要增加永磁体产生的磁通量，从而导致了永磁体面积增大。

4）典型应用

目前，永磁同步发电机的应用领域非常广阔，如航空航天用主发电机、大型火电站用副励磁机、风力发电机、余热发电机、移动式电源、备用电源、车用发电机等都广泛使用着各种类型的永磁同步发电机，永磁同步发电机在许多应用场合有逐步代替电励磁同步发电机的趋势。目前，关于永磁同步发电机的许多研究集中在输出电压调节方面，主要有两大类方法：一是采用电励磁和永磁励磁并存的混合励磁方式，通过调节电励磁绕组中的电流对气隙磁场进行调节；二是采用电力电子技术对输出电压进行调节。这两种方法都会使发

电机的结构趋于复杂、成本增加、可靠性降低，目前还没有理想的输出电压调节方法。无论如何，输出电压调节问题的解决，必将使永磁同步发电机的应用范围更加广阔。

3. 永磁无刷直流电机

交流永磁电动机主要包括永磁同步电动机（Permanent Magnet Synchronous Motor，PMSM）和永磁无刷直流电动机（Permanent Magnet Brushless DC Motor，PMBLDCM，简称 BLDCM）两大类，两者最主要的区别在于输入电动机接线端的电压波形和在定子绕组中感应出的电动势波形有所不同。交流永磁电动机采用稀土永磁体励磁，与感应电动机相比不需要励磁电路，具有效率高、功率密度大等特点，在中、小功率的驱动系统中有优势。

PMSM 的特点是：永磁体在气隙中产生的磁场在空间上按照正弦分布，定子三相绕组为正弦分布绕组，电动机的反电动势及电动机定子电流均为正弦波，采用转子连续位置反馈信号来控制调速或换向。PMSM 通常采用矢量控制策略，其定子电流的直轴分量为零，其交轴电流在磁场的作用下产生电磁转矩，利用矢量控制算法可以实现宽范围的恒功率弱磁调速。PMSM 有效率高、体积和质量小、控制精度高及转矩脉动小等优点，但是控制器较复杂，因此导致成本偏高。

BLDCM 的特点是：定子三相绕组为集中转矩绕组，定子电流为方波电流，电动机的反电动势为梯形波，永磁体在气隙中产生的磁场在空间上按照矩形分布，采用转子离散位置反馈信号来控制调速或换向。由于 BLDCM 存在永久磁场，故不能采用其他电动机的控制方式来控制磁通量进行调速，而通常采用弱磁调速的技术，在不改变永磁场强度的条件下，通过减小永磁场的磁通量，实现对无刷直流电动机高速运行时的转速和转矩的控制。

BLDCM 的外特性曲线类似于永磁直流电动机，特性较硬，但是由于没有电刷和换向器，故可以在高速下运行，同时，电动机的体积和质量可以减小，提高了可靠性，而且其控制相对简单。所以，BLDCM 既具有交流电动机结构简单、运行可靠、维护方便的优点，又具有直流电动机启动转矩大、调速性能好的优点。

1）工作原理

永磁无刷直流电动机的控制器和电机本体紧密结合，是典型的机电一体化器件，由电动机本体、控制驱动电路和转子位置传感器三部分组成，如图 2-124 所示。

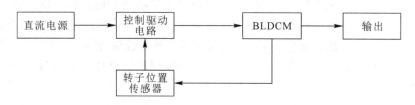

图 2-124　永磁无刷直流电动机的结构

在永磁无刷直流电动机中，电枢绕组安放于定子铁芯中，永磁体固定在转子上，利用转子位置传感器检测永磁磁极的位置，据此确定定子绕组的导通状态，使电动机产生稳定持续的电磁转矩。

当永磁无刷直流电机作为发电机时，不需要位置传感器和驱动电路。发电时，原动机拖动带永磁体的转子旋转，将在定子绕组感应出感应电动势。该感应电动势为交流电动势，通过整流或逆变，转换为所需的直流电或者交流电。

2）结构形式

（1）定子结构。

永磁无刷直流电动机的结构与调速永磁同步电动机相似，定子铁芯中放置绕组，转子上有永磁磁极。由于永磁无刷直流电动机的应用场合多种多样，故其定子和转子的结构形式比永磁同步电动机更加多样化，图 2 - 125 所示为其常用的定子结构形式。

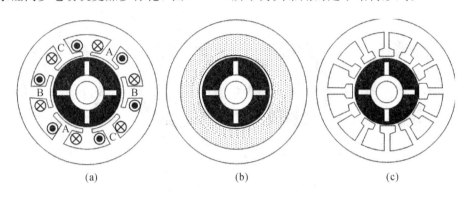

图 2 - 125　定子结构形式

分数槽定子结构应用较多，特别是图 2 - 125（a）所示转子极数和定子槽数之比为 2/3 的结构，相绕组线圈绕在一个定子齿上，每对磁极下有三个定子齿。此结构的优点是：绕组端部尺寸小，绕组利用率高，一个线圈可以形成一个独立的磁极，相绕组之间互感小；缺点是：相绕组不能与全部转子磁场耦合，永磁体利用率低。

图 2 - 125（b）所示为无齿槽结构，定子绕组均匀分布于定子铁芯内表面的气隙中。由于无定子齿，不产生齿槽转矩，故非常适合于对转速稳定性和振动、噪声要求较高的场合。但此结构也会带来一些不利影响：① 绕组的分布区域大，由于绕组导热能力远远低于铁芯，故绕组内部散热能力差，温升高；② 电机内的有效气隙为转子表面到定子铁芯内圆的距离，远大于普通电机的有效气隙，气隙磁密低，为获得较高的气隙磁密，需增大永磁体厚度，从而使电机的成本增加。

图 2 - 125（c）所示为整数槽结构，每极每相槽数为整数，定子绕组多为双层叠绕组或单层同心式绕组。该定子结构形式在永磁无刷直流电动机中应用广泛。

（2）转子结构。

在永磁无刷直流电动机中，主磁场由转子上的永磁体产生，常见的转子结构如图 2 - 126 所示。

图 2 - 126（a）中，两片永磁体形成两个转子 N 极，通过转子铁芯的凸极形成两个 S 极。该结构可使永磁转子所需的永磁体片数降低一半，但凸极结构会使定子绕组电感随转子位置而变化，产生附加的磁阻转矩。

图 2 - 126（b）中的永磁体切向充磁，可获得较大的气隙磁密，使用铁氧体永磁时多采用此结构，既能降低成本又能获得较高的气隙磁密。但此结构的电枢反应磁场较强，会引起气隙磁场畸变。

图 2 - 126（c）中，转子永磁磁极之间为铁芯，运行时会产生一附加磁阻转矩，通过合理

设计可以使该磁阻转矩为有用的驱动转矩，提高电机的功率密度。

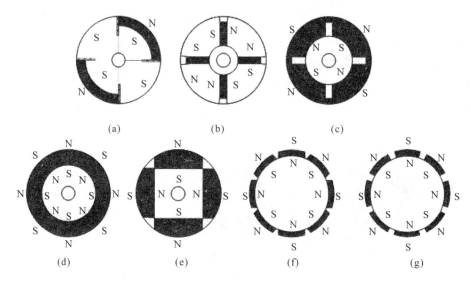

图 2 - 126　转子结构形式

对于多极永磁无刷直流电动机，转子多采用图 2 - 126(d)所示的结构，虽然其磁性能较低，但结构简单、工艺性好、成本低，故应用较多。

图 2 - 126(e)、(f)、(g)所示转子结构中的永磁体均为表面安装，且一般为平行充磁，永磁体直接面对气隙，气隙磁场较强。由于永磁材料磁导率低，因此定子绕组电感较小，电枢反应磁场较弱，对永磁无刷直流电动机的运行有利。对永磁体的外圆、厚度和极弧宽度进行优化，可以有效抑制齿槽转矩。

2.7　发动机技术

2.7.1　发动机简介

发动机是一种能够把其他形式的能转化为机械能的装置，例如内燃机(往复活塞式发动机)、外燃机(斯特林发动机、蒸汽机等)、喷气发动机等。

1. 发动机的分类

1) 按使用燃料分类

按照使用燃料的不同，发动机可分为汽油发动机、柴油发动机、CNG 发动机、LPG 发动机、双燃料发动机。使用汽油为燃料的内燃机称为汽油机；使用柴油为燃料的内燃机称为柴油机；另外，还有以液化石油气或天然气为燃料的其他代用燃料发动机。汽油机与柴油机相比较各有特点，汽油机转速高，质量小，噪声小，启动容易，制造成本低；柴油机压缩比大，热效率高，动力强，经济性能和排放性能都比汽油机好，但噪声大。

2) 按点火方式分类

按照点火方式的不同，发动机可分为点燃式和压燃式两种。点燃式发动机是利用高压电火花点燃汽缸内的可燃混合气来完成做功的，如汽油机；压燃式发动机是利用高温、高压使汽缸内的可燃混合气自行着火燃烧来完成做功的,如柴油机。

3）按行程分类

发动机按照其完成一个工作循环所需的行程数不同可分为四冲程发动机和二冲程发动机。把曲轴转两圈,活塞在汽缸内上下往复运动四个行程,从而完成一个工作循环的发动机称为四冲程发动机;而把曲轴转一圈,活塞在汽缸内上下往复运动两个行程,从而完成一个工作循环的发动机称为二冲程发动机。

4）按冷却方式分类

发动机按照冷却方式不同可分为水冷发动机和风冷发动机。水冷发动机是利用在汽缸体和汽缸盖冷却水套中进行循环的冷却液作为冷却介质进行冷却的,而风冷发动机是利用流动于汽缸体与汽缸盖外表面散热片之间的空气作为冷却介质进行冷却的。水冷发动机冷却均匀,工作可靠,冷却效果好,被广泛地应用于现代车用发动机中。

5）按汽缸数目分类

发动机按照汽缸数目不同可分为单缸发动机和多缸发动机。仅有一个汽缸的发动机称为单缸发动机;有两个或两个以上汽缸的发动机称为多缸发动机,如双缸、三缸、四缸、五缸、六缸、八缸、十二缸等都是多缸发动机。

6）按汽缸排列方式分类

发动机按照汽缸排列方式不同可分为直列式发动机、V 形发动机、对置式(卧式)发动机和 E 形发动机。

7）按进气系统是否采用增压方式分类

发动机按照进气系统是否采用增压方式可分为自然吸气式(非增压式)发动机和强制进气式(增压式)发动机。

2. 柴油发动机的类型

1）电控直列泵式柴油发动机

电控直列泵是在原来的直列式高压柴油泵的基础上嫁接了一整套电子控制系统。原来的直列式柴油泵的机械调速器是依靠飞锤的离心力,根据发动机的转速移动齿条的位置来调整喷油量,以维持发动机在相应的油门开度时的稳定转速;而电控直列泵,则是通过电控单元根据发动机的转速信号和油门位置信号,控制喷油器的喷油量,利用电子调速器调整喷油量来稳定发动机的转速。

直列泵原来的喷油正时调整,是用纯液压或机械离心泵飞锤根据发动机的转速改变直列泵的凸轮轴与驱动轴之间的相对位置的转角来实现的,而电子控制直列泵的喷油正时可用电控液压或高压电磁阀控制。

综上可知,电子控制喷油正时和喷油量比传统的机械控制式响应快、精度高。

2）泵喷嘴式柴油发动机

泵喷嘴式柴油发动机是把产生高压的棱塞和套筒藏在一个小壳体中,即把高压形成部分和喷油器集成为一个个小的单元体,每个单元体自成体系地向各自的汽缸内喷入高压雾化的燃油。由此可知,这种发动机没有单独的高压油泵。燃油由低压输油泵送入低压共轨中,然后将低压燃油送入泵喷嘴的泵腔内,再由装在缸盖上的泵喷嘴的凸轮轴驱动棱塞运动,最后将柱塞形成的高压送入喷油器喷入气缸。

综上可见,泵喷嘴式柴油发动机取消了整体式高压油泵,减少了泵喷嘴与气缸之间的高压油管,且与下面将要介绍的单体泵相比,还减少了单体泵与喷油器的分状。

3) 单体泵式柴油发动机

单体泵是把每一个汽缸的高压燃油形成与供给的柱塞和套筒从总体直列式高压油泵中分离出来,使每一对柱塞和套筒自成一体地组装在一个小的泵体内,称之为单体泵。它与泵喷嘴的最大区别仅是柱塞套筒与喷油嘴分别组装在各自的壳体内。因此,单体泵与喷油嘴之间需要有高压油管连接。几个单体泵的驱动,也是由一根整体式凸轮轴完成。

4) 分配泵式柴油发动机

分配泵式柴油发动机使用的是高压燃油分配泵,这种高压油泵与直列式高压油泵在结构上有很大不同。在分配泵的泵体内,其高压燃油的形成是由一个转子平面凸轮驱动转子柱塞或用转子内凸轮驱动一对或者两对对置的柱塞,使其在套筒内形成高压,然后将高压燃油送入一个柱塞内,通过转子柱塞的旋转,把高压燃油分配给各缸。因此,分配泵与直列泵相比,体积小,结构简单。

5) 高压共轨式柴油发动机

高压共轨式柴油发动机是用一个燃油泵将燃油压力提高至 150 MPa 以上,然后将高压燃油送入一个储油的高压油管或者汽缸盖上的油道内,这个储油管或者油道称之为共轨。共轨内的油压由调压阀稳定,然后通过高压油管送入各喷油嘴上,在每个喷油嘴上均有高压电磁阀,通过电控单元控制电磁阀的开闭时刻及开闭时间间隔,既可控制喷油正时又可控制喷油量。可见这种类型的喷油系统结构简单,喷油压力大,雾化和燃烧良好,动力性、经济性以及排放均有理想效果,但因燃烧的超高压,使得制造精度要求高,成本高。

2.7.2　发动机结构与原理

1. 发动机结构

汽油机通常由两大机构、五大系统组成,柴油机通常由两大机构、四大系统组成。这里主要介绍柴油机的结构。

1) 两大机构

"两大机构"是指曲柄连杆机构和配气机构。

曲柄连杆机构是发动机实现工作循环,完成能量转换的主要运动零件。它由机体组、活塞连杆组和曲轴飞轮组等组成。在做功行程中,活塞承受燃气压力在汽缸内做直线运动,通过连杆转换成曲轴的旋转运动,并通过曲轴对外输出动力,而在进气、压缩和排气行程中,飞轮释放能量又把曲轴的旋转运动转化成活塞的直线运动。

配气机构一般由气门组和气门传动组组成。配气机构的作用是根据发动机的工作顺序和工作过程,适时地打开和关闭气门,使可燃混合气或新鲜空气进入汽缸,并使废气从汽缸内排出。

2) 四大系统

"四大系统"是指燃料供给系统、润滑系统、冷却系统和启动系统。

燃料供给系统的作用是把柴油和空气分别供入汽缸，在燃烧室内形成混合气并燃烧，最后将燃烧后的废气排出。柴油机燃料供给系统可分为传统机械式柴油喷射系统和电控柴油喷射系统。

润滑系统的作用是向做相对运动的零件表面输送定量的清洁润滑油，以实现液体摩擦，减小摩擦阻力，减轻机件的磨损，并对零件表面进行清洗和冷却。润滑系统通常由润滑油道、机油集滤器、机油泵和机油滤清器等组成。

冷却系统的作用是将受热零件吸收的部分热量及时散发出去，以保证发动机在最适宜的温度状态下工作。冷却系统有水冷式和风冷式两种，水冷发动机的冷却系统通常由冷却水套、水泵、风扇、散热器和节温器等组成。

要使发动机由静止状态过渡到工作状态，必须先用外力转动发动机的曲轴，使活塞做往复运动，汽缸内的可燃混合气燃烧膨胀做功，推动活塞向下运动使曲轴旋转，发动机才能自行运转，工作循环才能自动进行。因此，曲轴在外力作用下开始转动到发动机开始自动地怠速运转的全过程，称为发动机的启动。完成启动过程所需的装置，称为发动机的启动系统。启动系统主要包括启动机和其他附属装置。

2. 发动机原理

1）四冲程汽油发动机工作原理

四冲程汽油发动机的工作原理如图 2 - 127 所示，每一个工作循环包括四个活塞行程，即进气行程、压缩行程、做功行程和排气行程。

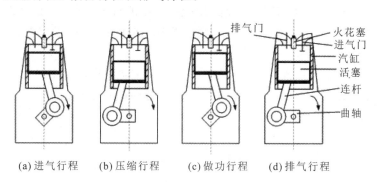

　　(a)进气行程　　(b)压缩行程　　(c)做功行程　　(d)排气行程

图 2 - 127　四冲程汽油发动机工作原理示意图

（1）进气行程。

在进气行程中，活塞在曲轴和连杆的带动下由上止点向下止点运行，这时进气门开启、排气门关闭。在活塞由上止点向下止点运动过程中，由于活塞上方汽缸容积逐渐增大，故形成一定的真空度。这样，可燃混合气通过进气歧管、进气门被吸入汽缸。当活塞到达下止点时，进气门关闭，停止进气。由于进气系统有阻力，进气终了时，汽缸内的气体压力略低于大气压力，为 0.074～0.093 MPa。由于汽缸壁、活塞等高温机件及上一循环残留的高温残余废气的加热，使气体的温度上升到 80～130 ℃。

（2）压缩行程。

活塞在曲轴和连杆的带动下由下止点向上止点运动，此时进气门、排气门处于关闭状态。由于活塞上方汽缸容积逐渐减小，使进入汽缸内的可燃混合气被压缩，温度和压力不断升高,直到活塞到达上止点为止。此时,可燃混合气被压缩到活塞上方的很小空间,即燃烧室中。压缩终了时,可燃混合气压力为 0.6～1.5 MPa,温度为 330～430 ℃。

压缩终了时,可燃混合气的压力和温度取决于压缩比。压缩比越大,燃烧速度越快,因而发动机输出的功率便越大,经济性越好。但压缩比过大,不仅不能进一步改善燃烧,反而会出现爆震和表面点火等不正常燃烧现象。

(3) 做功行程。

做功行程也称为燃烧膨胀过程。在这个过程中,进气门、排气门仍旧关闭。当活塞进行压缩过程接近上止点时,装在汽缸盖上的火花塞发出电火花,点燃被压缩的可燃混合气。可燃混合气燃烧后,放出大量热能。燃气在缸内的压力和温度迅速增高,最高压力约为 3.0～5.0 MPa,温度可达 1927～2527 ℃。高温高压的燃气作用在活塞顶上,推动活塞从上止点向下止点运动,通过活塞销、连杆带动曲轴旋转,变为机械能,除用于维持发动机本身继续运转进行周而复始地工作循环外,其余的即可用于对外做功。

随着汽缸内容积的增加,气压和温度都下降。在做功行程终结时,缸压降至 0.3～0.5 MPa,温度则降至 1027～1327 ℃。

(4) 排气行程。

做功行程终结(活塞被高压燃气推到下止点)时,排气门打开,靠废气的压力(0.3～0.5 MPa)先进行自由排气,当活塞由下止点向上止点运动时,则进行强制排气,将燃烧废气排至大气中。活塞到上止点附近时排气行程结束,进气门开启,曲轴相应转角 180°。

在排气过程中汽缸内压力稍高于大气压力,约为 0.105～0.115 MPa。排气终结时,废气温度约为 627～927 ℃。由于燃烧室容积的存在,活塞行至上止点,排气终结时,也不可能将废气排尽,这一部分留下的废气称为残余废气。它将和吸入的新鲜可燃混合气混合,提高燃气温度,降低可燃混合气纯度。

综上所述,四冲程汽油发动机经过进气、压缩、做功和排气四个行程后,即完成一个工作循环。活塞要自上而下或自下而上地往复四个行程,曲轴要相应地旋转两周(720°)。

2) 四冲程柴油发动机工作原理

四冲程柴油发动机的工作原理如图 2-128 所示。四冲程柴油发动机每个工作循环也是由进气、压缩、做功和排气四个活塞行程组成的。但由于柴油和汽油使用性能不同,柴油机在可燃混合气的形成方式、着火方式等方面与汽油机有着较大的区别。

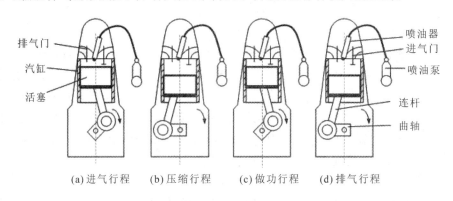

(a)进气行程　　(b)压缩行程　　(c)做功行程　　(d)排气行程

图 2-128　四冲程柴油发动机工作原理示意图

（1）进气行程。

活塞下行，吸入汽缸内的不是可燃混合气，而是空气。由于柴油机没有化油器，故空气阻力比汽油机小。在进气行程终结时，进入汽缸内的空气的压力也略高于汽油机，约为 0.08～0.095 MPa；温度则略低于汽油机的进气终结温度，约为 27～97 ℃。

（2）压缩行程。

柴油机压缩行程被压缩的不是可燃混合气，而是空气，压缩比也大于汽油机，因此压缩终结时的压力和温度都比汽油机高，压力可达 3.0～5.0 MPa，温度可达 477～727 ℃，大大超过了柴油的自燃温度。

（3）做功行程。

当活塞进行压缩行程，由下止点向上滑动至上止点附近，压缩行程接近终结时，柴油以 10.0 MPa 的高压，通过喷油器以雾状喷入汽缸燃烧室中，与压缩了的高温空气迅速混合成可燃混合气。因此，柴油发动机的可燃混合气是在燃烧室内形成的。压缩行程结束，缸内温度高于柴油自燃温度，柴油便自行燃烧，缸内的压力和温度急剧升高，瞬时压力可达 5.0～10.0 MPa，瞬时温度可达 1527～1927 ℃，高温高压的燃气作用在活塞顶面，推动活塞迅速下行，通过连杆使曲轴旋转变为机械能对外做功。做功行程终结时，余压约为 0.2～0.4 MPa，温度约为 727～927 ℃。

（4）排气行程。

柴油机与汽油机的排气行程基本相同。排气终结时的压力约为 0.105～0.125 MPa，温度约为 227～527 ℃，由于废气流经排气门和排气管道时有阻力及燃烧室容积的存在等原因，废气同样不能排尽。

柴油机与汽油机相比，柴油机压缩比高，燃油消耗率低，故燃油经济性较好，环保性也较好，且柴油机没有电气点火系统的故障。但柴油机转速低、质量大、制造和维修费用高。随着科学技术的进步，柴油机的这些缺点正逐渐得到克服，其应用越来越广，目前部分轿车也采用柴油机。

3）二冲程汽油发动机工作原理

二冲程发动机的活塞在气缸内往复运动两个行程（相当于曲轴旋转一周）完成一个工作循环。二冲程汽油发动机完成一个工作循环也需向缸内引入可燃混合气，然后将其压缩，点火做功后再将燃烧后的废气排到大气中去。单缸二冲程汽油发动机的工作原理如图 2-129 所示。在气缸上开有三个口，排气口 2 位于做功时活塞全行程的 2/3 处，它稍高于换气口 3，进气口 1 在气缸的下部。

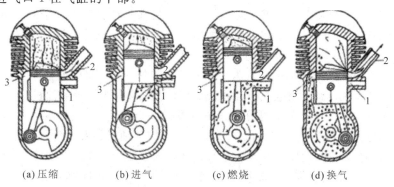

(a) 压缩　　　　(b) 进气　　　　(c) 燃烧　　　　(d) 换气

图 2-129　单缸二冲程汽油发动机工作原理示意图

单缸二冲程汽油发动机的工作原理如下：

（1）第一行程。

活塞在曲轴的带动下，由下止点向上止点运动，当活塞上行到换气口，排气口关闭时，已进入气缸的混合气被压缩，直到活塞运动到上止点，压缩行程结束，如图 2 - 129(a)所示。

与此同时，随着活塞上行，曲轴箱容积增大，形成一定的真空度。当活塞上行到进气口露出时，新鲜混合气被吸入曲轴箱内，如图 2 - 129(b)所示。

（2）第二行程。

当活塞上行到接近上止点时，火花塞产生电火花，点燃缸内的可燃混合气，混合气着火燃烧形成高温、高压，在气压的作用下，活塞由上止点向下止点运动，带动曲轴旋转向外输出功率，如图 2 - 129(c)所示。

当活塞下移到将进气口堵死时，随着活塞继续下移，曲轴箱内的新鲜混合气被预压。

如图 2 - 129(d)所示，当活塞下行到排气口露出时，燃烧后的废气在自身压力下经排气口排出气缸，紧接着换气口开启，曲轴箱内被预压的混合气经换气口进入气缸。这一过程称为换气过程，它一直延续到下一个行程活塞上行到将换气口、排气口关闭为止。

由上述可知，第一行程：活塞上方进行换气、压缩，活塞下方进气；第二行程：活塞上方进行做功、换气，活塞下方混合气被预压。换气过程纵跨两个行程。

4）多缸四冲程发动机工作原理

在单缸四冲程发动机每个工作循环所经历的四个活塞行程中，只有做功行程为有效行程，其他三个行程为消耗机械能的辅助行程。这样，发动机曲轴在做功行程中的转速快，在其他行程中的转速慢。所以在一个工作循环中，曲轴的转速是不均匀的。为了保证发动机运转平稳，现代汽车发动机都采用多缸四冲程发动机，应用最多的是四缸、六缸和八缸发动机。多缸四冲程发动机每个汽缸所经历的工作循环与单缸四冲程发动机相同，但各缸的做功行程并非同时进行，而是按一定顺序进行。因此，对于多缸四冲程发动机来说，曲轴每转两周，各缸分别做功一次，且各缸做功间隔角（以曲轴转角表示）保持一致。对于缸数为 i 的四冲程直列式发动机而言，做功间隔角为 $720°/i$。汽缸数越多，发动机工作越平稳，但结构也越复杂。

2.7.3　发动机控制

1. 发动机控制方式

通过控制喷油量和喷油提前角，可以控制发动机在各种工况下处于最佳状态，达到最佳性能和最低排放。执行喷油量和喷油提前角控制的是发动机的喷油泵（也叫分配泵）。喷油泵分为机械控制式和电控单元控制式两种。

采用机械式分配泵的喷油系统称为机械式喷油控制系统，采用电控单元控制的喷油系统称为电控喷油系统。而采用电控喷油系统的柴油机，又称为电控柴油机。

电控柴油机的研究从整体上可分成三个阶段：20 世纪 70 年代为电控柴油机的开发阶段，80 年代为电控柴油机的实用阶段，90 年代为电控柴油机的发展阶段。电控柴油机的核心是电控喷油系统，为此世界上各大公司都在开发喷射压力大于 100 MPa 的高压电控喷油系统。进入 90 年代末期电控喷油系统的发展更快、更完善，而且使用范围更加扩大。

在研制电控柴油机喷射系统过程中，采取了两个途径：缸径较小的柴油机一般保留了原有的机械式喷油泵；而缸径较大的柴油机则采用全新设计的电子液压控制的喷油系统。

在野外应急供电设备中，电控柴油机是一种常用的原动机，需要对其电控喷油系统做更深入的了解。

2. 柴油机电控喷油系统

1）电控喷油系统的作用

柴油机电子控制的喷油系统，是根据柴油机原理，应用现代电子技术及控制理论，对燃油喷射参数（如喷射始点、喷射持续时间和喷射压力等）进行自动控制，以达到降低油耗、减少排气污染、改善噪声和动力性能、提高可靠性等目的，从而实现柴油机性能的全面优化。

电控喷油系统的主要任务是：

（1）控制喷射压力。

理想的喷射压力是根据特性曲线并按理想转速计算出来的。所谓特性曲线，是指理想喷射压力与理想转速的关系曲线，该曲线已存储在计算机里。特性曲线上的数据是通过早期试验测定的。理想的与实际的燃油压力都输入到压力控制器中，经处理后通过功率放大器控制喷油泵。这样就能使喷油器按照柴油机运转条件的要求，以最佳的燃油压力喷射。

（2）控制喷射定时和喷油量。

最大喷油量和预先设定的喷油始点都是根据相应的实际转速确定的。通过各气缸的外部调节装置，可将各缸的最大喷油量都控制在一条公用的极限曲线以下。而喷射始点同时还受相应的喷射持续时间的影响，即喷射始点是实际转速与喷射持续时间的函数。各缸的喷射始点是根据存储在计算机里的特性曲线并通过电子控制装置算出的，像理想喷射压力特性曲线一样，喷射始点特性曲线也是根据柴油机经济运行观点得出的。程序控制能保证按照发火顺序，对要发火的气缸选择恰当的曲轴转角，并且使燃油在准确的定时下开始喷射，并保证一定的喷油量。

（3）控制喷油率。

喷油率是柴油机燃烧的最主要的参数之一。利用预喷油和靴型喷射来获得在初始期间较低的喷油率和平缓的喷油起始段是降低 NO_x 所必需的，而喷射结束时的快速断油是降低烟度所必需的。

2）电控喷油系统的组成

燃油喷射的电子控制系统主要由传感器、电子控制器（ECU）和执行器三大部分组成。图 2-130 所示是电控直列泵喷油系统示意图。其工作原理如下：传感器将各种测得的信号（数据）输入到电子控制器中，电子控制器将输入数据与原来储存在存储器中的数据进行比较、处理，再将应该动作的指令送到执行器，由执行器具体实现对喷油量、喷油定时、喷油压力和进排气的控制。这中间根据有无反馈信号，又有开环和闭环控制的区别。例如，对于喷油定时装置，喷油定时通常由一台微处理机根据转速、总供油量和柴油机温度等来确定，理想的喷油定时是在柴油机研制阶段确定的，然后存储到微机内。闭环控制是利用测定的实际喷油定时及修正控制器指令的方法对柴油机工况进行内部补偿，使实际喷油定时和指令值一致。一旦在指令值与实测值之间出现误差，控制系统就会获得应调整的数值，然后进行调整，补偿误差。

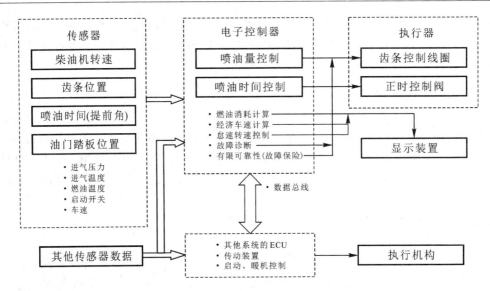

图 2-130　电控直列泵喷油系统示意图

　　为了实现排气净化、降低油耗,现代喷油系统不仅要实现高压喷射、喷油量和喷油定时的自动控制,还必须实施喷油率的控制。一般来说,喷油率控制有两种情况:一是喷油量不变,改变喷油持续时间;二是改变喷油速率图线的形状。喷油控制的方法可归纳为三大类:① 改变喷油泵参数;② 改变喷油器参数;③ 电子控制。

2.8　噪声控制技术

2.8.1　噪声与振动控制简介

1. 声音与噪声

1) 声音

　　声音是由振动物体产生的,发生振动的物体就是声源。声源可以是固体、气体或者液体。频率是描述声音的一个重要参数。人们能否听到声音受声音频率的影响。正常人耳能听到的频率范围是 20~20 000 Hz,叫作声频振动(或简称声频)。低于 20 Hz 的,叫作次声;高于 20 000 Hz 的,叫作超声。人耳是听不见超声和次声的。

　　声音的传播依靠介质,如果仅有声源,而没有介质,则声音无法传播。把能够传播声音的介质称为传声介质。

　　声音必须有声源、传声介质、接受者三个要素。

2) 噪声及其危害

　　噪声是指人们不需要的声音,或者是指那些让人感到厌烦,对正常工作、休息和学习有干扰,对身体健康有危害的声音。

　　要控制噪声,首先就需要搞清噪声的基本性质。噪声也是一种声音,因此,声音所具有的一些属性,声波所应遵循的规律,对噪声同样也是适用的。

　　不同的应用场景,对噪声危害的定义有所不同。一般认为噪声危害主要体现在两个方面：人体危害和环境危害。除此之外，对于野外应急供电设备来说，尤其是特殊环境，比如作战环境下，还包括对作战装备、作战人员的隐蔽性的危害。同时，根据噪声的来源进行分析，噪声也从侧面反映了设备的振动问题，振动可能导致设备寿命大打折扣。

3) 噪声的度量

表示噪声强弱的物理量主要有声压、声强、声功率以及它们的"级"；表示噪声高低的物理量主要有频率、频程。

引入"级"表示声音强弱，就需要规定一个基准值作比较标准。国际上统一规定，把正常人耳刚刚能听到的声压(2×10^{-5} Pa)作为基准声压 P_0，定为 0 dB。

声压级的表达式为

$$L_P = 20 \lg \frac{P}{P_0} \qquad (2-75)$$

式中，L_P 表示声压级，单位为 dB；P 表示声压，单位为 Pa；P_0 为基准声压，即 2×10^{-5} Pa。

声强级的表达式为

$$L_I = 10 \lg \frac{I}{I_0} \qquad (2-76)$$

式中，L_I 表示声强级，单位为 dB；I 表示声强，单位为 W/m^2；I_0 为基准声强，即 10^{-12} W/m^2。

声功率级的表达式为

$$L_W = 10 \lg \frac{W}{W_0} \qquad (2-77)$$

式中，L_W 表示声功率级，单位为 dB；L_W 表示声源的声功率，单位为 W；W_0 为基准声功率，即 10^{-12} W。

4) 噪声的频谱

人耳可以听到的频率范围是 20～20 000 Hz。为便于分析噪声，通常把声频分成若干个小的频段，就是频带或者频程。在噪声控制中，常用倍频程和 1/3 倍频程。国际上，通用的倍频程中心频率为 31.5 Hz、63 Hz、125 Hz、250 Hz、500 Hz、1000 Hz、2000 Hz、4000 Hz、8000 Hz、16 000 Hz。

对噪声进行频谱分析，可以帮助我们了解噪声源的特性，为噪声控制提供依据。针对最高声级的频带进行处理，可以收到积极的效果。例如，图 2-131 中虚线为一需要控制的

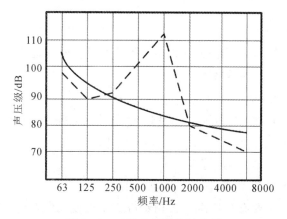

图 2-131　噪声频谱分析示例

噪声频谱，而控制标准如图中实线所示。从图中可以看出，超出控制标准的噪声只有 1000 Hz 和 500 Hz 两个频程，显然需要降低的只是 1000 Hz 与 500 Hz 这两个频带，其降低值分别是 28 dB 与 15 dB，而对其他频率的噪声可以不进行处理。

2. 噪声控制方法

噪声的产生和传播存在三个基本环节：声源、传播途径和接受者。因此，噪声控制方法也是从这三个环节着手。

1）声源控制措施

对于控制噪声来说，从噪声源本身降低噪声，是最根本的措施。

通过对噪声源的运行工况和发声特性（如声功率、频谱、指向性等）进行测定，可以区分机械振动发声（如机械部件的撞击、摩擦等）和流体脉动发声（如气流的周期性压力波动、喷注湍流等）、连续声（如电机、风机的运转噪声）和脉冲声（如金属的铆接、冲压噪声）。针对风机、柴油发动机等高噪声设备的声源特性，制定出噪声控制指标，从材料、设计、制造、管理等方面采取相应的措施，可以降低声源本身噪声。

2）传播途径控制措施

通过对噪声传播途径上的设备、材料、建筑物等环境情况进行了解，可以测定和估计从声源发出的直达声和经过附近表面的反射声的强弱，可以分析传声媒质的耦合情况，区别经由空气直接传声（空气声）和经由固体结构物振动而间接传声（固体声）的不同过程，以便灵活地运用隔声、声屏障、隔振与阻尼等技术措施，在不同程度上、不同范围内解决降噪问题。

3）接受者控制措施

除了上述两方面从声源和传播途径上采取措施外，对于一些因技术上或经济上的种种原因，目前还难以有效地实现控制的强噪声场所，作为暴露对象的有关操作人员，还可以从受声器官方面采取个人防护措施，使得双耳听力免受损伤。接受者防护通常就是指对人耳的听力进行保护，一般可使用耳塞、佩戴耳罩或头盔以及使用更先进的降噪耳机等。

2.8.2　噪声评价及其标准

1. 噪声评价

对于不同的测试对象，有不同的评价量。测量前必须明确选择哪种评价量，然后按照欲求的评价量，确定需要测量的测试量。

常用的评价量可分为如下几类：

（1）计权声级：A 声级、B 声级、C 声级、D 声级、E 声级。

（2）响度与响度级。

（3）统计声级：L_{10}、L_{50}、L_{90} 等。

（4）声功率级和比声功率级（风机、电机等用）。

（5）噪声暴露量：主要有等效连续 A 声级（L_{eq}）、日夜等效声级（L_{dn}）、加权有效连续感觉噪声级（WECPNL）等。等效连续 A 声级（L_{eq}）简称等效声级，其定义是：将一段时间内间歇暴露的几个不同的 A 声级按能量平均，以一个等效的 A 声级表示该段时间内噪声的大小，这一声级即为等效声级。日夜等效声级(L_{dn})的含义是白天等效声级 L_d 与夜间等效声级 L_n 的能量平均值。考虑到噪声在夜间要比白天更吵人，故在计算 L_{dn} 时对夜间的 L_n 加上 10 dB 后再计算。

（6）环境评价量：主要有噪声污染级(L_{np})、交通噪声指数（TNI）。噪声污染级(L_{np})是综合声能量平均值和变动特性两者影响而给出的噪声评价数值，其中的变动特性多用标准偏差 σ 表示。交通噪声指数（TNI）是综合声级变动特性而给出的对交通噪声的评价方法。

（7）噪声评价曲线：主要有 NR 曲线、NC 曲线、PNC 曲线等。为了既考虑不同声级，又考虑不同频率的噪声对听力、语言等方面的影响，国际标准化组织（ISO）于 1961 年公布了一簇噪声评价曲线，即 NR 曲线，也称为噪声评价数。这些曲线都用一个数字代号来表示，通常取曲线通过 1000 Hz 的声压级值。NC 曲线是美国白瑞奈克（Beranek）提出的适用于评价室内噪声影响的一组曲线，其性质类似于上述 NR 曲线。NC 曲线对低频声或突出的高噪声评价不太令人满意，于是修改成了 PNC 曲线。

（8）语言干扰级（SIL）：为了评价噪声对语言（包括电话）清晰度和可懂度的影响，ISO 规定用 500 Hz、1000 Hz、2000 Hz、4000 Hz 为中心频率的四个频带的声压级算术平均值作为语言干扰级（过去不考虑 4000 Hz 而只用三个倍频带）。

2. 噪声容许标准

噪声评价标准的制定较为复杂，国内外学者进行了系统深入研究，提出了许多评价方法和容许标准。

1）听力和健康保护噪声标准

以保护听力和健康为依据制定的标准称为听力和健康保护噪声标准。在世界上的大多数国家，该标准的起点大体相同，即 8 h 的工作日允许暴露噪声级为 90 dB（也有的国家定为 85 dB）。

我们国家已制定出有科学根据和适合我国国情的标准。这个标准规定：工业企业生产车间和作业场所的工作地点的噪声标准为 85 dB。执行这个标准，可以保护 95％以上的工人长期工作不致耳聋，绝大多数的工人不会因噪声而引起心血管疾病和神经系统的疾病。

2）环境噪声标准

为了保证人们的正常工作、休息、睡眠和语言、通信等不受噪声干扰，除需要上述的听力和健康保护噪声标准以外，还应制定各种环境噪声标准。具有代表性的有 ISO 组织和美国、日本等环境噪声标准及我国颁布的城市区域环境噪声标准。

我国于 1982 年 8 月 1 日颁布实行了"城市区域环境噪声标准"，适用于城市区域环境。该标准共分六类区域，其噪声允许值如表 2-4 所示。表中环境噪声标准值指的是户外允许噪声级，测点选在居住或工作建筑物外 1 m，传声器高于地面 1.2 m。如果必须在室内测量，那么室内标准值低于所在区域 10 dB。对于夜间频繁突发出现的噪声（如风机、排气噪声），其峰值不准超过标准值 10 dB；对于夜间偶然突发出现的噪声（如短促鸣笛声），其峰值不准超过标准值 15 dB。

表 2-4　我国城市各类区域环境噪声标准值

单位：等效等级 L_{eq}/dB

适用区域	昼间	夜间
特殊住宅区	45	35
居民、文教区	50	40
一类混合区	55	45
二类混合区、商业中心区	60	50
工业集中区	65	55
交通干线道路两侧	70	55

3）用噪声评价数 NR 表示的噪声标准

上述介绍的均是以 A 声级作为噪声评价标准的。A 声级是单一的数值，是噪声的所有频率成分的综合反映。在声压级较低的情况下，它基本符合人耳听觉特性，又容易直接测定，故目前国内外广泛使用 A 声级作为噪声的评价标准。但 A 声级不能代表用频带声压级来评价噪声的方式，这是因为不同的频谱形状的噪声可以对应同一 A 声级值。可见，若要细致地确定各频带的噪声标准，还需用"噪声评价数 NR"来评价噪声。

图 2-132 是 ISO 推荐的一簇噪声评价数曲线（简称 NR 曲线）。噪声级范围是 0～130 dB，曲线的 NR 数即等于 1000 Hz 倍频程声压级的分贝数。

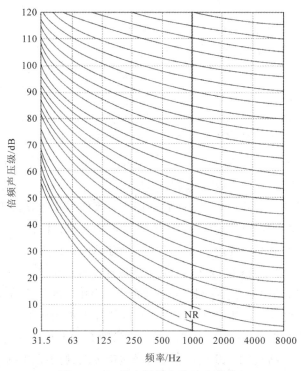

图 2-132　噪声评价曲线（NR 曲线）

各倍频带声压级与 NR 数的关系如下：

$$L_P = a + b\text{NR} \quad (\text{dB}) \tag{2-78}$$

式中，L_P 为各倍频程声压级，单位为 dB；a、b 是与各倍频程声压级有关的常数，如表 2-5 所示。

表 2-5　各倍频程的 a、b 系数

倍频程中心频率/Hz	a	b
63	35.5	0.790
125	22.0	0.870
250	12.0	0.930
500	4.8	0.974
1000	0	1.000
2000	−3.5	1.015
4000	−6.1	1.025
8000	−8.0	1.030

求某噪声的评价数，只要把该噪声频谱与图 2-132 中曲线簇放在一起，找到噪声各频带声压级中最大的噪声评价曲线，则这条曲线就是该噪声的噪声评价数。

噪声评价数 NR 与 A 声级可以相互换算。

2.8.3　噪声测量分析技术

为了解噪声的污染情况并采取有针对性的噪声控制措施，对噪声进行测试分析是必不可少的。噪声测量的数据是否准确可靠，主要取决于两个方面：一是测量仪器的选择和使用是否合理；二是测量方法是否正确。

1. 测量仪器

工业噪声测量常用的仪器有声级计、频率分析仪和自动记录仪等。

2. 噪声测量技术

在噪声测量过程中，要考虑的因素包括测点的选择、读数记录方法和外界因素对测量的影响等。

1）测点的选择

根据噪声测量的目的不同，应考虑选择不同的测点。这里主要介绍机器设备的噪声测试方法。

为了评价或检验机器设备的噪声水平，测点应在机器近旁分布。我国已颁布了一些机器设备噪声测量标准，见表 2-6。

表 2-6　我国已颁布的机器设备噪声测量标准

备注　标准代号	标　准　内　容
GB/T 1495—2002	汽车加速行驶车外噪声限值及测量方法
GB/T 1859.1—2015	往复式内燃机声压法声功率级的测定 第1部分：工程法
GB/T 1859.2—2015	往复式内燃机声压法声功率级的测定 第2部分：简易法
GB/T 10069.1—2006	旋转电机噪声测定方法及限值 第1部分：旋转电机测定方法
GB/T 10069.2—2006	旋转电机噪声测定方法及限值 第2部分：噪声简易测定方法
GB/T 2888—2008	风机和罗茨鼓风机噪声测量方法
GB/T 3449—2011	声学轨道车辆内部噪声测量
JB/T 9953—1999	木工机床噪声声（压）级测量方法
GB/T 7725—2004	房间空气调节器
GB/T 18837—2015	多联式空调（热泵）机组
GB/T 18836—2017	风管送风式空调（热泵）机组
JB/T 1534—2006	组合机床通用技术条件
GB/T 16769—2008	金属切削机床噪声声压级测量方法
GB/T 4980—2003	容积式压缩机噪声的测定

对已有专门噪声测试规范的机器，噪声测点应按测试规范选取。对于目前尚未做规定的机器噪声，可按如下情况选取测点位置：

（1）对于空气动力性设备，进气噪声测点选在进口轴线上距进口1 m处或一个叶轮直径处（在二者中取较大者）；排气噪声测点选在排气口轴线45°方向距排气口1 m处或一个叶轮直径处（在二者中取较大者）。对于压力气体排空噪声，测点可选在与气流排放呈90°方位，距管口0.5～1 m处。

（2）对于一般设备，可根据尺寸大小作不同处理。小型机械如砂轮、风铆枪等，若其最大尺寸不超过30 cm，则测点取在距表面30 cm处，周围布置4个测点。中型机械如马达等，若其最大尺寸在30～50 cm之间，则测点取在距表面50 cm处，周围布置4个测点。大型机械如机床、发电机、球磨机等，若其尺寸超过0.5 m，则测点取在距表面1 m处，周围布置数个测点，测试结果以最大值（或多个测量值的算术平均值）表示。频谱分析一般在最大声级测点处进行，其他测点原则上也最好测量频谱，同时，要测定停机时的本底噪声（包括频谱）。

（3）对于特大型或者危险性的设备，可取相比（1）和（2）中测点较远的测点。测点高度以机器半高度为准，但距离地面不得低于0.5 m。

声功率级的测量可用自由场法、半自由场法、混响室法、半扩散场法及标准声源法进行。

无论进行何种目的的测量，都应在测量数据上标明测点位置，注明所用仪器型号及被测噪声源的有关情况（如被测设备的性能参数及工作状况等），以供使用测量数据时参考。

2）读数记录方法

噪声有不同的类型，例如有稳态噪声和非稳态噪声，而非稳态噪声又可分为脉冲噪声、间歇噪声、无规则变动噪声等。

对于不同类型的噪声，可用声级计进行测量，但在读数与记录方法上是不同的，一般可作如下处理：

（1）对于稳态噪声与似稳态噪声，可用慢挡直接读取表针指示值。当指针有摆动时，读取平均指示值。若摆动超过 5 dB 的范围，则不能认为噪声是稳态的。若有突出单音调成分者要同时记录。

（2）对于脉冲噪声或离散的冲击噪声，可用脉冲声级计读取"脉冲或脉冲保持"数值。测量枪、炮声时读取"峰值保持"数值。

（3）对于间歇噪声，如飞机、火车、汽车等通过时的噪声，可用快挡读取每次出现的最大值，以数次测量的平均值表示，必要时可记录其持续时间及出现频率。

（4）对于无规变动噪声，可用慢挡每隔 5 秒读取一次瞬时值。测工业环境时连续读 100（或 50）个数据，测交通噪声时连续读 200 个数据，然后对数据进行处理，给出噪声测量结果。

3）外界因素的影响

测量噪声时，测试结果经常受环境因素和气象条件的影响。有经验的测试工作者应设法避免外界因素的影响，以求得可靠的结果。外界因素较多，这里择其主要的列述如下：

（1）反射的影响。如果传声器附近有反射物体存在，则测量的噪声会比实际的机器噪声要高。为了避免反射对测量准确性的影响，一方面要注意操作人员和围观者对测量的干扰；另一方面要使测点离开反射物 3.5 m，或在反射体上放置吸声材料。

（2）风的影响。当空气吹向传声器时，在顺流的一面将产生湍流，使膜片上的压力涨落而产生噪声。这种影响的大小与风速呈正比。为此，在有风的环境下测量，应在传声器上安装防风罩，在气流管道中测试要戴防风鼻锥。

（3）本底噪声的影响。本底噪声是指被测机器停止发声时周围的环境噪声。测量时，应设法降低本底噪声，或将传声器移近噪声源，以提高被测噪声与本底噪声的差值。

2.8.4　吸声技术及其应用

吸声降噪是噪声控制中的重要手段之一。吸声体是吸声降噪措施中常用的一种降噪设备，应用日渐广泛。

1. 吸声系数与吸声量

1）吸声系数 α

声波在传播中，当遇到某些材料时，会有一部分声能被反射，一部分声能向材料内部传播并被吸收，一部分声能透过材料继续向前传播，如图 2 - 133 所示。入射的声能被反射

得越少,表明材料的吸声能力越好。材料的这种吸声能力通常用吸声系数 α 表示,其定义为

$$\alpha = \frac{E_i - E_r}{E_i} \qquad (2-79)$$

式中,E_i 为入射到材料的声波总声能,E_r 为反射声波的总声能。

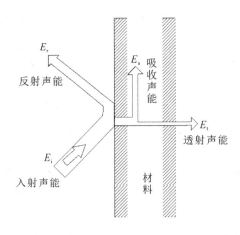

图 2-133　吸声材料吸声示意图

由式(2-79)可以看出,当入射声能完全被反射时,$E_i = E_r$,则 $\alpha = 0$,表示不吸声;当入射到材料表面的声能没有被反射时,$E_r = 0$,则 $\alpha = 1$,即表示完全被吸收。从理论上来说,一般材料的吸声系数在 $0 \sim 1$ 之间。工程上认为只有 125 Hz、250 Hz、500 Hz、1000 Hz、2000 Hz、4000 Hz 这六个频率的吸声系数之算术平均值大于 0.2 的材料,才称作吸声材料。

2) 吸声量 A

吸声系数只表明材料所具有的吸声能力,而实际吸声量的大小不仅与材料的吸声系数有关,而且还与使用材料的面积有关。对于吸声系数为 α、面积为 S 的一块材料,其吸声量为

$$A = S\alpha \qquad (2-80)$$

式中,α 为吸声系数;S 为板材面积,单位为 m²;A 为板材的吸声量,单位为 m²。按照定义,向着自由空间开着的 1 m² 的窗户所引起的吸声量(声波传至窗口处会全部透出去,完全没有反射)就为 1 m²。

如果一个房间的墙面上布置有几种不同材料,它们对应的吸声系数和面积分别为 α_1、α_2、α_3、$\cdots$ 和 S_1、S_2、S_3、$\cdots$,则该房间的总吸声量可用下式表示:

$$A = \sum S_i \alpha_i \qquad (2-81)$$

房间的平均吸声系数为

$$\bar{\alpha} = \frac{\sum S_i \alpha_i}{\sum S_i} \qquad (2-82)$$

2. 吸声材料和吸声结构

吸声材料和吸声结构的品种繁多，如多孔吸声材料和共振吸声结构等。多孔吸声材料对中、高频噪声有较高的吸声性能，而共振吸声结构（如共振腔吸声结构和薄板共振吸声结构）对低频某频段的声音才有好的吸声效果。

1）多孔吸声材料

多孔吸声材料是取材方便、应用最普遍的吸声材料，它包括纤维类（如玻璃棉、矿渣棉、毛毡等）、泡沫类以及建筑材料类（如微孔吸声砖、膨胀珍珠岩、加气混凝土等）。

多孔材料的吸声主要靠其多孔性，当声波入射到多孔材料时，会引起小孔或间隙的空气运动，而紧靠孔壁或纤维表面的空气因受孔壁的影响便不易运动，空气的这种黏滞性会使一部分声能变成热能；小孔中的空气和孔壁与纤维之间的热传导，也会引起热损失。这两个原因是吸声机理所在。由此可见，一种性能良好的多孔吸声材料需满足以下条件：① 其内部一定要多孔；② 孔与孔之间要互相贯通；③ 这些贯通的孔要与外界连通。

2）共振吸声结构

多孔吸声材料对高频噪声有较好的吸声性能，但对低频噪声则往往效果很差。为了加强对低频噪声的吸收，常利用共振吸声结构。共振吸声结构的吸声原理是：当声波的频率与共振吸声结构的自振频率一致时，发生共振，声波激发共振吸声结构产生振动，并使其振幅达到最大，从而消耗声能，达到吸声的目的。

3. 吸声降噪设计的基本步骤

吸声降噪设计的基本步骤如下：

（1）求出待处理空间的噪声级和频谱。

（2）根据噪声允许标准，求出各倍频程需要的噪声降低量。

（3）测量吸声处理前空间各倍频程的混响时间，计算出吸声处理前各倍频程的平均吸声系数。

（4）根据各倍频程需要的吸声降噪量，计算出吸声处理后各倍频程应达到的平均吸声系数。

（5）确定吸声面的吸声系数，选择合适的吸声材料或吸声结构，确定材料或结构的有关参数，如厚度、密度、面积、穿孔率以及安装方式等。

4. 吸声降噪设计时的注意事项

吸声降噪设计时需注意以下问题：

（1）优先对声源采取措施，如改进设备、采取消声措施等，从而减弱声源噪声的辐射。

（2）只有当壁面平均吸声系数较小时，采取吸声处理才能收到预期效果。对于壁面坚硬而光滑、混响声很大的空间采取吸声处理能收到比较理想的效果。对于那些已经被吸声处理过的壁面，或壁面是一些多孔材料，或具有一定吸声能力的结构，进一步采取吸声处理的方法是很难取得满意的降噪效果的。

（3）在靠近声源、直达声占支配地位的场所采取吸声措施，不会取得理想的降噪效果。

（4）在选择吸声材料时，必须同时考虑防火、防潮、防腐蚀和防尘等工艺要求。

2.8.5 隔声技术及其应用

应用隔声构件将噪声源和接受者分开,在噪声的传播途径中降低噪声污染的技术称为隔声。通过合理地选择隔声处理的方式和结构,采取声屏障、隔声屏、隔声间等隔声措施,能降低噪声 20~50 dB。

1. 透声系数与隔声量

声波入射到隔声结构上,其中一部分声能被反射,一部分声能被吸收,只有一小部分声能透射出去。令入射声波的声强为 W_i,透射到结构另一侧的声强为 W_t,被结构反射和吸收掉的声强分别为 W_r 和 W_a。根据能量守恒原理,则有如下的关系:

$$W_i = W_r + W_a + W_t \tag{2-83}$$

衡量材料或物体的隔声能力,一个直观的方法是透声系数 τ,它表示声能经过结构之后被衰减的倍数,即

$$\tau = \frac{W_t}{W_i} \tag{2-84}$$

从式(2-84)可以看出,τ 是小于 1 的数。τ 越小,表示声能衰减越大。

表示隔声能力的另外一个常用量是传递损失 TL,也被称为隔声量,定义为

$$TL = 10\lg \frac{1}{\tau} = 10\lg \frac{W_i}{W_t} \tag{2-85}$$

式(2-85)表明,TL 越大,结构的隔声量越大,即声能经过隔声结构后损失越大。

2. 隔声构件的隔声量

1) 单层隔声构件的隔声量

隔声量反映了构件的隔声能力。实际上,单层隔声构件的隔声性能不仅与材料的面密度和声波频率有关,还与材料的刚度、阻尼声波的入射角有关。

在实际应用中,为简便起见,通常取 50~5000 Hz 的频率集合中平均值为 500 Hz 的隔声量代表 TL 的平均值,记作 L_{TL500}。按照不同的面密度 M(单位为 kg/m²),材料隔声量可简化为

$$L_{TL500} = \begin{cases} 13.5\lg M + 13, & M \leqslant 100 \\ 18\lg M + 8, & 100 < M \leqslant 200 \\ 15\lg 4M, & M > 200 \end{cases} \tag{2-86}$$

近年来的研究证实,对于沿着隔声构件向外的传声,构件的隔声效果有所下降,建议采用下式计算隔声量:

$$L_{TL} = 20\lg f + 20\lg M - 60 \tag{2-87}$$

式中,f 为声波频率。

2) 单层隔声构件的频率特性

由于构件本身具有弹性,同时入射声波来自各个方向,因此实际情况要复杂得多。按频率不同可将隔声构件分为三个区域,即刚度和阻尼控制区、质量控制区、吻合效应区。

(1) 刚度和阻尼控制区。

刚度和阻尼控制区包含刚度控制区和阻尼控制区。隔声构件有一个固有频率，当入射声波的频率与隔声构件本身的固有频率一致时，构件发生共振，此时入射声波的频率称为共振频率，用 f_0 表示。在共振区，隔声量达到最小。

对轻质板材构成的隔声结构，其共振频率在听阈频率范围内必须考虑共振的影响。当声波频率低于构件的共振频率时，构件对声波的反应就像弹簧，其隔声量与 K/f 的比值呈正比，K 表示构件的刚度，f 表示声波频率。由于构件的隔声量与刚度呈正比，因此称此区域为刚度控制。在此区域内，构件的隔声量随频率的增加而减少，以每倍频程 6 dB 的斜率下降。

随着频率的增加，隔声构件进入共振区，共振区的隔声量最小。共振区有一系列共振频率，对隔声量影响最大的是频率最低的两个频率，一个是基频，一个是谐波频率。作为隔声构件，共振区越小越好。共振区的大小与构件的原料、形状、安装方式和阻尼大小有关。对于同一种构件，阻尼越大，对共振的抑制越强，故称阻尼控制区。

由上述分析可知，共振频率是很重要的量。对重质板材构成的隔声结构，其共振频率很低，一般不予考虑。对轻质板材构成的隔声结构，其共振频率为

$$f_{mn}=0.45C_pD\left[\left(\frac{m}{a}\right)^2+\left(\frac{n}{b}\right)^2\right] \qquad (2-88)$$

式中，C_p 为构件中的纵波速度，单位为 m/s；D 为构件厚度，单位为 m；a、b 为构件的长和宽，单位为 m；f_{mn} 为板材构件的 m、n 阶固有频率，单位为 Hz。

板材构件的纵波速度 C_p 的表达式为

$$C_p=\sqrt{\frac{E}{\rho(1-V^2)}} \qquad (2-89)$$

式中，E 为板材的弹性模量，单位为 kg/m^2；ρ 为材料的密度，单位为 kg/m^3；V 为板材的纵横比。

（2）质量控制区。

随着声波频率提高，共振影响逐渐消失，这时在声波作用下，构件的隔声量受构件惯性质量影响，对同一频率的声音，面密度增加 1 倍，隔声量增加 6 dB。对同一构件，频率每升高 1 倍频程，隔声量也增加 6 dB。通常采用隔声结构控制噪声的传播，就是利用了构件的质量控制特性，即隔声技术中常用的"质量定律"。

（3）吻合效应区。

声波频率继续提高，就进入吻合效应区。吻合效应是指当某一频率的声波以一定的角度投射到构件上时，入射声波的波长在板材上的投影刚好等于板材的固有弯曲波波长，即空气中声波在板材上的投影与板材的弯曲波相吻合，从而激发构件的固有振动，向构件另一侧辐射与入射波相同强度的透射声波，这时构件的隔声量明显下降。

3）双层隔声结构

单层隔声结构要提高隔声量，唯一的办法是增加材料的面密度或厚度，即遵循"质量定律"。但实际上，结构质量增加 1 倍，隔声量仅提高几分贝。单纯依靠增加结构质量提高隔声效果，既浪费材料，隔声效果也并不理想。因此，常将夹有一定厚度空气层的两个单层隔声构件组合成双层隔声结构，实践证明其隔声效果优于单层隔声结构，突破了"质量

定律"的限制。

（1）隔声量的计算。

双层隔声结构隔声量的理论推导比较复杂，与实际情况相差较大。在实践中常用经验公式估算：

① 主要声频范围为 100～3150 Hz 的平均隔声量 $\overline{L}_{TL}$ 如下：

$$\overline{L}_{TL}=20\lg(DM)-26 \tag{2-90}$$

式中，M 表示双层构件的总面密度，单位为 kg/m^2；D 表示空气层厚度，单位为 mm。

② 双层隔声结构中，两个构件的总面密度 $M>200\ kg/m^2$ 时，有

$$\overline{L}_{TL}=15\lg4M+\Delta R \tag{2-91}$$

当 $M\leqslant200\ kg/m^2$ 时，有

$$\overline{L}_{TL}=13.3\lg4M+\Delta R \tag{2-92}$$

式中，ΔR 是空气层附加的隔声量，可由图 2-134 查得。图中有两条曲线，实线表示两层之间完全隔离时的附加隔声量，虚线表示两层之间有部分刚性连接时的附加隔声量。

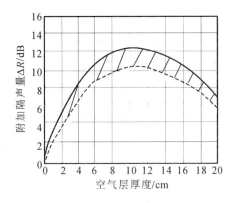

图 2-134　空气层隔声量

（2）固有频率。

双层隔声结构有固有频率 f_0，当入射声波的频率与结构的固有频率相等时，发生共振而导致隔声量下降。若两层结构的厚度、质量一样，即面密度相等，则其固有频率为

$$f_0=\frac{123}{\sqrt{MD}} \tag{2-93}$$

式中，M 表示总面密度，单位为 kg/m^2；D 表示空气层厚度，单位为 cm。

若双层隔声结构中两构件的面密度不同，则固有频率为

$$f_0=\frac{61.5}{\sqrt{D}}\sqrt{\frac{M_1+M_2}{M_1M_2}} \tag{2-94}$$

式中，M_1、M_2 表示两构件各自的面密度，单位为 kg/m^2；D 表示空气层厚度，单位为 cm。

对于厚重构件，如砖墙组成的双层隔声结构，其固有频率很低，接近人的听阈下限，甚至在听阈之外，一般不考虑共振问题。

对于轻质构件，如木板墙等组成的双层隔声结构，其固有频率在人的听觉范围内，必

须考虑共振问题。一般在空气层中敷设多孔吸声材料可以消除共振。敷设的多孔材料不是松散地填入空气层中，而是贴附在构件面上，如将棉毡做成厚度与空气层相等的毡条，沿水平或垂直方向每隔 1 m 左右贴附在构件面上。

双层隔声结构的隔声效果较好，因为在声波作用下，一层的振动不是直接传递给另一层，而是通过空气隔层后再传播到另一层，所以振动是在减弱状态下传递的。由此可知，空气层对双层隔声结构的隔声性能具有重要意义。一般空气层的厚度以 80~140 mm 为佳。如果空气层较薄，在 10~15 mm 以下时，一层的振动在很大程度上传递到了另一层，其隔声效果与单层隔声结构差不多。由于空气层的作用，双层隔声结构的隔声量比同样重的单层隔声结构增加很多，最高可达 12 dB。如果要求两种结构的隔声量一样，则双层隔声结构的总重量可比单层少 1/2~2/3。

3. 隔声技术的应用

隔声技术广泛应用于人们生活、工作和生产的各个领域。隔声技术的应用已从被动利用墙体、屏障隔声向主动根据声波产生的机理和特性、声波传播的方向和途径以及被保护的对象，有目的地选用不同隔声材料、制造不同隔声结构的方向发展。

较高的建筑物，可采用各种结构的双层玻璃窗和隔声门提高隔声效果。在道路交通领域，随着高速公路、城市立交桥和高架路的兴建，以及车流量的增加，交通噪声污染严重，因此隔声屏得到广泛应用。隔声屏一般以混凝土为主，朝质轻、多孔、预制的方向发展。国外有些地方采用具有透光性的隔声板，国内也已研制并生产出达到国际先进水平的透明微穿孔吸声隔声屏障，这种屏障结构新颖，景观效果好，声学性能优良，平均隔声量约 23 dB，在实际应用中效果良好。国外高速公路隔声屏有的采用带有吸声层的隔声板，如一种由新型多孔材料泡沫铝制成的吸声板，当其孔径为 1 mm，孔隙率为 65％时，总体隔声效果最好，平均隔声量约 19 dB。

在交通运输领域，如汽车、船舶、飞机上，隔声原理的"质量定律"与运载工具的轻型化相矛盾，为此必须采用轻型隔声墙板，一般多为双层或多层的夹层结构，层间填充多孔吸声材料。如在船舶上，常采用双层结构，双层间距以 8~15 cm 为宜，中间填充多孔吸声材料。又如 20 世纪 90 年代，俄罗斯为适应飞行器需要而研制的褶皱芯材结构，由于其面板和柔性的褶皱芯材胶接在一起，其阻尼作用使板面的振动受到抑制，特别是对共振区和吻合效应区的吸声低谷有明显的改善作用，因此具有宽带隔声的特点。

在工业生产领域，对声源采用隔声罩、隔声屏是阻碍噪声传播的有效措施。目前有一种以丁基橡胶为基质的防振隔声自粘胶带，可方便地黏附于各种板壁、罩壳表面，或卷粘于管道上，能有效地隔振隔声。

在电子仪器设备和家用电器产品上，采用将上述的防振隔声胶带黏附在设备内壳上的方式，隔振隔声效果很好。

2.8.6　消声技术及其应用

1. 消声器的定义及分类

空气动力性噪声是一种常见的噪声污染，从喷气式飞机、火箭、宇宙飞船，直到各种动力机械、通风空调设备、气动工具、内燃发动机、压力容器及管道阀门等的进排气，都会产生声级很高的空气动力性噪声。对于这种空气动力性噪声，需要用消声技术加以控制，最常用的消声设备就是消声器。

消声器是一种在允许气流通过的同时又能有效地阻止或减弱声能向外传播的装置。它是降低空气动力性噪声的主要技术措施，主要安装在进、排气口或气流通过的管道中。一个性能好的消声器，可使气流噪声降低 20～40 dB，因此在噪声控制中得到了广泛的应用。

消声器的种类和结构形式很多，根据消声机理不同，消声器可分为阻性消声器、抗性消声器、扩散性消声器等。不同类型的消声器，其适用范围也不同。

阻性消声器是一种吸收型消声器，它是把吸声材料固定在气流通过的通道内，利用声波在多孔吸声材料中传播时，因摩擦阻力和黏滞阻力将声能转化为热能，达到消声的目的。其特点是对中、高频有良好的消声性能，对低频消声性能较差，主要用于控制风机的进排气噪声、燃气轮机进气噪声等。

抗性消声器适用于消除低、中频的窄带噪声，主要用于消除脉动性气流噪声，如空压机的进气噪声、内燃机的排气噪声等。

扩散性消声器也具有宽频带的消声特性，主要用于消除高压气体的排放噪声，如锅炉排气、高炉放风等。

在实际应用中，往往采用两种或两种以上的原理制成复合型的消声器。另外，还有一些特殊形式的消声器，例如喷雾消声器、引射掺冷消声器、电子消声器（又称有源消声器）等。

2. 对消声器的基本要求

一个好的消声器应综合考虑声学、空气动力学等方面的要求，具有良好的消声性能，应满足以下四项基本要求：

（1）在使用现场的正常工作状况下，对所要求的频带范围有足够大的消声量。

（2）要有良好的空气动力性能，对气流的阻力要小，阻力损失和功率损失要控制在实际允许的范围内，不影响动力设备的正常工作。

（3）空间位置要合理，体积小、重量轻、结构简单，便于制作安装和维修。

（4）要价格便宜，经久耐用。

以上四项即相互联系又相互制约，应根据实际情况有所侧重。

3. 消声量的表示方法

消声量是评价消声器声学性能好坏的重要指标，常用以下四个量来表征。

1）插入损失 L_{IL}

插入损失 L_{IL} 是指在声源与测点之间插入消声器前后，在某一固定测点所测得的声压级差，可表示为

$$L_{IL}=L_{p1}-L_{p2} \tag{2-95}$$

式中，L_{p1} 表示安装消声器前测点的声压级，单位为 dB；L_{p2} 表示安装消声器后测点的声压级，单位为 dB。

用插入损失作为评价量的优点是比较直观实用,测量也简单,这是现场测量消声器消声量最常用的方法。但插入损失不仅取决于消声器本身的性能,而且与声源、末端负载以及系统总体装置的情况紧密相关,因此适于在现场测量中评价消声器安装前后的综合效果。

2) 传递损失 L_R

传递损失 L_R 是指消声器进口端入射声的声功率级与消声器出口端透射声的声功率级之差,可表示为

$$L_R = 10\lg\frac{W_1}{W_2} = L_{W1} - L_{W2} \tag{2-96}$$

式中, L_{W1} 表示消声器进口端的声功率级,单位为 dB; L_{W2} 表示消声器出口端的声功率级,单位为 dB。

由于声功率级不能直接测得,故一般是通过测量声压级值来计算声功率级和传递损失。传递损失反映的是消声器自身的特性,与声源、末端负载等因素无关,因此适宜于理论分析计算和在实验室中检验消声器自身的消声特性。

3) 减噪量 L_{NR}

减噪量 L_{NR} 是指消声器进口端和出口端的平均声压级差,即

$$L_{NR} = \bar{L}_{p1} - \bar{L}_{p2} \tag{2-97}$$

式中, $\bar{L}_{p1}$ 表示消声器进口端的平均声压级,单位为 dB; $\bar{L}_{p2}$ 表示消声器出口端的平均声压级,单位为 dB。

这种测量方法是在严格地按传递损失测量有困难时而采用的一种简单测量方法,易受环境噪声影响,测量误差较大。现场测量用得较少,有时用于消声器台架测量分析。

4) 衰减量 L_A

衰减量 L_A 是指消声器通道内沿轴向的声级变化,通常以消声器单位长度上的声衰减量(dB/m)来表征。这一方法只适用于声学材料在较长管道内连续且均匀分布的直通管道消声器。

4. 消声器的设计步骤

消声器的设计主要包括以下五个步骤:

(1) 对噪声源作频谱分析。

通常可测定 63~8000 Hz 频段范围内 1 倍频程的 8 个频带声压级和 A 声级。如果噪声环境中有明显的尖叫声,则需作 1/3 倍频程或更窄的频带分析。将噪声的强度(声压级)按频带顺序展开,使噪声的强度成为频率的函数,并考查其波形,了解噪声声源的特征,为噪声控制提供依据。

(2) 确定控制噪声的标准。

应根据对噪声源的调查及使用上的要求,决定控制噪声的标准。标准过高,则增加成本,使消声器体积增大或使所采取的措施复杂;标准过低,则达不到保护环境的目的。另外,环境噪声和其他不利条件的影响(如控制范围内有多个噪声源的干扰等),也是必须要

考虑的。

（3）计算消声器所需的消声量。

在计算消声器所需的消声量 ΔL 时，对不同的频带，要求也不同，应分别进行计算：

$$\Delta L = L_p - \Delta L_d - L_A \tag{2-98}$$

式中，L_p 表示声源每一频带的声压级，单位为 dB；ΔL_d 表示无消声措施时，从声源至控制点经自然衰减所降低的声压级，单位为 dB；L_A 表示控制点允许声压级，单位为 dB。

（4）选择消声器。

应根据各频带所需的消声量 ΔL 选择不同类型的消声器，如阻性消声器、抗性消声器、阻抗复合式消声器或其他类型。在选取消声器类型时，要做方案比较并做综合平衡。

（5）检验实际消声效果。

根据设计方案，检验实际消声效果是否达到预期要求，否则需改原设计，做出补救措施。

第 3 章　野外应急供电设备实例及设计原则

在掌握相关的野外应急供电理论的基础上，将相应理论应用于设备的工程设计和使用维护过程中，可以解决遇到的实际问题。本章根据笔者多年野外应急供电设备工程设计经验，提炼总结了多个典型野外应急供电设备设计实例，每个实例都有特定的工程应用背景，相应的设计原则和方法都经过了实践检验。通过本章的学习，读者可以掌握一些野外应急供电设备工程设计的原则、方法和流程。

3.1　野外应急供电设备一般设计方法

在野外应急供电设备的设计过程中，首先应该分析应用场景或者应用需求，确定技术路线和主要技术参数，根据参数选择主要零部件，对市场选不到的零部件进行设计计算，然后进行设备总成，形成总体技术方案，再进一步详细设计。本书主要以技术研究为主，所以从设备选型、重要零部件设计、系统总成等方面进行分析。

3.1.1　设备选型

设备选型一般是指根据主要技术参数确定市场可选设备的型号与规格。设备选型是否科学合理决定了项目完成后是否能用好用，是项目成功的关键。

野外应急供电设备的设备选型，是依据设备技术形式和主要技术指标，确定各组成部件的型号和规格参数的过程。由于野外应急供电设备一般由发动机、发电机、逆变器、输配电网络四部分构成（如图 3-1 所示），因此，野外应急供电设备的设备选型主要包括发动机选型、发电机设计与选型、逆变器设计与选型和输配电网络设计与选型。随着新型能源利用技术的推广应用，设备选型还会涉及各种电池的选型。

图 3-1　野外应急供电设备结构简图

在设计应急供电设备时，其用电负载技术指标要求已经确定，因此，设备选型过程一般由负载开始，沿着能量传递链条反向，由负载到输配电网络，然后到逆变器，再到发电机，最后到发动机的顺序开展，逐个确定设备参数。设备参数确定之后，取一定的安全裕量，进行设备选型。有些设备，比如发电机，市售发电机可能无法满足设计要求，这时就需要根据计算所得的设计参数自行设计发电机。下述介绍按照发动机、发电机、逆变器（如有）展开，具体设计过程可以根据需要灵活掌握。

1. 发动机选型原则

发动机选型是根据野外应急供电设备的各类指标确定发动机型号、规格的过程。通常要确定发动机燃料类型、增压装置、启动方式、容量、转速等，同时兼顾发动机效率、排放、重量尺寸、过载能力、耐油、高低温性能、噪声、振动、散热控制等。

1）确定发动机容量 P_E 的原则

发动机容量一般按照如下原则确定。

（1）功率适中。

发动机容量既不能太大，也不能太小，太大会增加成本，太小则不能满足野外应急供电设备的负载用电要求。对于一定范围内调速的供电设备来说，所选发动机在一定转速范围内的功率都必须大于计算所得的发动机功率，只有这样才能保证发动机拖动发电机输出足够的功率。

发动机功率 P_E 的确定应以被拖动的发电机功率 P_m 确定。同时，由于发动机输出通过传动机构拖动发电机发电，还要考虑传动损失。因此，假设发电机效率为 η_m，发动机传动效率为 η_E，先不考虑海拔高度影响，则发动机容量按下式计算：

$$P_E = \frac{P_m}{\eta_m \eta_E} \tag{3-1}$$

一般情况下，发电机效率取 $\eta_m = 0.9$；若发动机与发电机同轴连接，则取发动机传动效率 $\eta_E = 1.0$，皮带传动时取 $\eta_E = 0.96$，齿轮传动时取 $\eta_E = 0.98$。

（2）连续运转时对发动机功率进行修正。

发电机组的额定功率是指在外界大气压力为 0.1 Mpa（海拔为 100 m）、环境空气温度为 25 ℃、相对湿度在 30% 和额定转速下，在 24 h 内允许连续运转 12 h 的功率（其中包括在 110% 超负荷下连续运转 1 h 的超额功率），参照 GB/T 2820.1 标准。

如果发电机组连续运转超过 12 h，则应按照 90% 的额定功率来使用。因此，该工作环境下，发动机容量需按下式计算：

$$P_E = \frac{P_m}{0.9 \eta_m \eta_E} \tag{3-2}$$

（3）高海拔环境下工作时对发动机容量进行修正。

如果在高海拔环境下工作，还必须对发动机容量进行海拔修正，以确保高原环境下有足够的功率输出。

高海拔环境工作的发动机容量按照下式计算：

$$P_E = K_h \cdot \frac{P_m}{\eta_m \eta_E} \tag{3-3}$$

式中，K_h 为海拔修正系数，可表示为

$$K_h = 1 + \frac{h - h_0}{h_0} \cdot K_{h0} \tag{3-4}$$

其中，h 为发动机设计工作的环境海拔高度，单位为 m；h_0 为发动机出厂时的海拔基准高度，单位为 m，按照 GB/T 2820.1 标准，出厂时 $h_0 = 100$ m；K_{h0} 为高度对功率的影响系数，代表每增加一定高度，导致发动机功率下降的比例，可按海拔高度每增加 100 m，功率下降 1% 粗略计算，即 $K_{h0} = 0.01$。

2）确定发动机额定转速 n_E 的原则

发动机转速特性是发动机的一个固有特性，例如，低速发动机转速低于 300 r/min，中速发动机转速介于 300～1000 r/min，高速发动机转速达到 1000～1500 r/min 以上，某些小型发动机转速在 3000 r/min 以上。

一般按照下列原则，确定发动机额定转速。

（1）考虑到燃油经济性、散热等需求，要求发动机工作于额定转速附近。因此，一般将发动机额定转速作为与发电机匹配的基准。

（2）一般民用上宜选用转速为 1000～1500 r/min 的高速发动机，而转速为 300～350 r/min 的中速机组适用于作船用主机。野外应急供电设备优先选择额定转速为 1000～1500 r/min 的发动机。小型低功率发动机可优先选择额定转速为 3000 r/min 的发动机。

（3）若拖动高速发电机，则选用高速发动机；若拖动中速、低速发电机，则采用相应转速的发动机。

（4）由于高速增压柴油机单机容量较大，体积小，配电子或液压调速装置后，调速性能较好，因此，应急供电设备的发动机一般宜选用高速、增压、油耗低的柴油发动机。

（5）对于恒速的供电设备来说，所选择的发动机在转速 n_E 处的功率必须大于计算所得的发动机转速 n_E 对应的发动机功率 P_E。

3）确定发动机型号的原则

根据燃料不同，发动机分为汽油发动机和柴油发动机。小功率发动机一般选择汽油发动机，中大功率发动机优先选择柴油发动机。同时，燃料选择还要考虑供应方便程度。

柴油机分风冷和水冷两大类型，其本质区别在于冷却介质不同。风冷柴油机使用自然风对缸体及机油进行冷却，其优点是不用水，冷却系统结构简单，不会发生漏水、冻结、沸腾等故障，使用方便。其缺点是空气的传热量小，热负荷升高后易造成喷油孔堵塞，活塞拉缸、机油温度升高，严重影响发动机的可靠性。

如果没有其他特殊要求，计算出发动机转速和容量之后，就可以基本确定一款发动机。发动机技术复杂度高，一般只从市售发动机中选型。

工程选型需要综合考虑多种因素的影响。选型方式是，对比发动机厂商提供的万有特性曲线或者外特性曲线，在满足功率和转速的基础上，综合考虑燃料类型、增压装置、启动方式、效率、排放、成本、重量、尺寸、过载能力、特殊环境工作能力、噪声、振动、散热控制等多种因素，最终选定发动机型号。

2. 发电机选型原则

发电机选型是根据野外应急供电设备各类指标确定发电机型号、规格的过程。通常要确定发电机的类型、转子结构、额定容量、额定转速、极对数、绕组相数等。

1）确定发电机额定容量 P_m 的原则

首先，要坚持功率适中的原则。发电机容量的大小决定了功率容量是否能充分有效地利用。容量过大，将导致体积、重量、成本增加；容量过小，将导致输出不足以满足用电设备需要。

其次，应充分考虑用电设备的类型。用电设备的类型通常分为阻性负载、感性负载、容性负载三种。假设总的负载功率为 P_O，则发电机容量为

$$P_\mathrm{m}=\frac{P_\mathrm{O}}{\cos\varphi} \tag{3-5}$$

式中，$\cos\varphi$ 为不同负载类型时发电机的功率因数。设计时，纯电阻负载一般取 $\cos\varphi=1.0$；感性负载一般取 $\cos\varphi=0.8$；容性负载可参照感性负载确定功率因数，一般 $\cos\varphi\in[0.6,0.9]$。

2）确定发电机额定转速 n_m 的原则

首先，要根据发动机与发电机的连接方式，在转速上与发动机适配。发动机输出轴和发电机转子之间可能有多种连接方式，比如直接连接、皮带连接、减速器连接等。连接方式的选择，应综合考虑发电机安装空间、传动效率、可靠性、技术复杂度等多种因素。发动机和发电机直接连接结构最为简单，设计野外应急供电设备时，优先选用直接连接方式。

其次，根据拟采用的传动方式和速比 i_mE（发电机额定转速 n_m 与发动机额定转速 n_E 之比），由下式计算发电机额定转速：

$$n_\mathrm{m}=i_\mathrm{mE}\cdot n_\mathrm{E} \tag{3-6}$$

直接连接方式的速比 $i_\mathrm{mE}=1.0$，此时 $n_\mathrm{m}=n_\mathrm{E}$。

高速发电机具有很多优点，例如，功率密度高、体积小；可与发动机直接连接，传动效率高，噪声低；转子转动惯量小，动态响应快等。野外应急供电设备应优先选用 1500 r/min 以上的发电机。

3）确定发电机极对数 p 的原则

发电机极对数影响输出电压频率。在发电机和发动机的速比 i_mE 确定后，发电机转速 n_m 和输出电压频率 f 都基本确定，因此，需要确定极对数 p，才能输出满足用电设备需求的电源。

发电机极对数 p 按照下式计算：

$$p=\frac{60f}{n_\mathrm{m}} \tag{3-7}$$

由式（3-7）可见，工频发电机极对数较少，中频发电机则要求较高的极对数。

4）确定发电机绕组相数 m 的原则

绕组相数决定了发电机的输出电压相数。发电机绕组相数要根据输出电压相数来确定，即满足下式：

$$m=m_\mathrm{U} \tag{3-8}$$

式中，m 为发电机绕组相数；m_U 为输出电压相数，常见的有单相输出和三相输出两种。

5）确定发电机类型的原则

常用发电机类型包括无刷励磁同步发电机、相复励同步发电机和永磁发电机。

（1）无刷励磁同步发电机。

无刷励磁同步发电机的主发电机与交流励磁机、旋转硅整流器同轴组装，电流无需电刷来连接。主发电机 F 和交流励磁机 AG 都是三相同步发电机，其基本原理一样。交流励磁机 AG 是无刷同步发电机励磁系统的主要部分。交流励磁机的励磁绕组由主发电机 F 的电压调整器的输出来供电。当机组运转时，交流励磁机 AG 发出三相交流电经三相桥式旋转硅整流器整流后，给主发电机励磁绕组提供励磁电流。旋转硅整流器是无刷同步发电机的"心脏"；由于主发电机转子励磁绕组、旋转硅整流器和交流励磁机的电枢都在同一轴上旋转，彼此处于相对静止状态，因此，可用固定连接线进行连接，不需要电刷、滑环等零件，故不需要维护，运行安全，没有无线电干扰，而且由于交流励磁机是一个放大系数很大的环节，故可将调压器做得小而可靠。因此，这种励磁方式的同步发电机得到广泛应用。

无刷励磁同步发电机具有高效、节能、低碳、功率大和体积小等优点，但存在输出电压不易调节、高频铁损大、电机温度高、启动转矩大等自身缺陷。

（2）相复励同步发电机。

电机要自励并建立空载电压，励磁电流中必须含有与端电压呈比例的励磁分量（也叫空载分量）。在发电机带载时，为补偿电枢反应和抵消电枢内阻抗压降的影响，励磁电流还要具有与负载电流呈比例的电流分量（也叫负载分量）。也就是说，励磁电流与其空载分量和负载分量之间的向量关系有关。综合起来，发电机的励磁系统交流侧必须由两个在相位上有一定关系的分量合成。相复励励磁系统就是根据这一原则构成的。这种交流侧电流由两个在相位上具有一定关系的分量复合的励磁系统称为相复励励磁系统，即具有相位补偿和电复合的励磁系统称为相复励励磁系统。

相复励同步发电机具有运行可靠、故障率低、维护检修方便等特点，宜作为野外应急供电设备的发电机类型。

（3）永磁发电机。

永磁发电机采用永磁体作为励磁系统，无电刷，维护方便，功率密度高，体积小，在危险工况下能稳定地运行，是现代中小型电机和大型无刷励磁系统的首选励磁方式。

根据计算所得的发电机额定容量、额定转速、极对数和绕组相数等信息，从可靠性、效率、成本、重量、环境适应性等多个方面考虑，按照以下原则选型：

（1）可靠性高，维护检修方便。无刷励磁或相复励装置的同步发电机故障率低、维护方便，可优先选用。自主设计电机时，优先考虑结构简单、功率密度高、控制可靠的永磁发电机。

（2）优先选用效率高、成本低、重量尺寸小的发电机。

（3）兼顾特殊环境工作能力、噪声、振动、散热控制等因素。

3. 逆变器设计与选型原则

在应急供电设备中，逆变器将发电机发出或者经过整流输出的直流电，转换为满足负载需求（频率、电压幅值满足需求）的交流电，供交流用电设备使用。

逆变器的选型需要根据技术指标要求（输出电压频率、电压幅值、负载容量等）来确定逆变器规格型号。同时，考虑到发电机（或电池）输出的电压有直流和交流两种，本书所指的逆变器包含了 AC/DC 整流环节。

野外应急供电设备中，一般将输出电压、输出功率、负载容量作为控制指标，在逆变器选型时一般原则如下：

（1）额定容量不小于负载容量。

（2）额定容量根据海拔高度进行适当修正（目前缺乏精确研究数据）。

（3）额定电流不小于负载电流。

（4）额定电压等于技术指标电压。

（5）连续工作时，所使用的核心功率器件（如 IGBT、MOSFET 等）的耐压和过流能力保留一定的安全裕量。

（6）优先从市售逆变器产品中选型，如选型无法满足设计要求，则需自行设计。

逆变器可分为电压型逆变器和电流型逆变器。本书主要介绍电压型逆变器的选型设计原则。电压型逆变器的基本组成环节包括整流电路、升降压电路(不是必需的)、滤波电路、逆变电路,其设计方法依然是从负载开始,向前推进。

自行设计电压型逆变器通常需遵循以下原则。

1) 确定逆变器结构的原则

逆变器结构主要是指逆变器所采用的功率变换技术路线,常见的有"交流—直流—交流""直流—交流""交流—交流"等功率变换技术,其中"交流—直流—交流"是最为常用的一种。

功率变换的核心是功率器件的拓扑结构。根据单相、三相输出不同,逆变器又分为单相桥式、三相桥式等,它们的主要区别是采用的功率器件数量和连接形式不同。

2) 选择逆变电路功率器件的原则

逆变电路功率器件的选择必须坚持稳定、可靠、低功耗、小体积的原则。在选型前,需要根据逆变电路输入电压、输入电流,综合考虑功率器件自身压降,计算功率器件的耐压和工作电流。在计算基础上,考虑一定的安全裕量,最终确定功率器件的耐压和额定电流。

发电机输出的电压一般含有谐波。对负载而言,真正有效的主要是基波分量。同时,IEC60349-2规定电机端电压为端电压的基波有效值,在逆变器选型过程中,均认为电压指标为基波有效值。

(1) 逆变电路输入电压的计算。

若单相全桥逆变电路的输出电压为U_O,则逆变电路的输入电压U_{I_RMS}(有效值)按下式计算:

$$U_{I\_RMS} = \frac{U_O}{0.9} + 4.0 \qquad (3-9)$$

式中,电压的单位为 V。下文公式没有特殊说明的,电压单位均为 V,电流单位均为 A。

输入电压峰值为

$$U_{I\_PK} = 1.27 U_{I\_RMS} + 4.0 \qquad (3-10)$$

其中,U_{I_PK}为逆变器输入的峰值电压。必要时,需要考虑功率器件导通时的压降。根据所选择的器件,查阅厂家数据手册确定,常用功率器件 IGBT 的导通压降为 1.7~3.7 V,一般取 2 V。

三相全桥逆变电路的输入电压按下式计算:

$$U_{I\_RMS} = \frac{U_O}{0.816} \qquad (3-11)$$

输入电压峰值为

$$U_{I\_PK} = 1.1 U_{I\_RMS} + 4.0 \qquad (3-12)$$

(2) 逆变电路输入电流的计算。

根据逆变器负载功率P_O和输入电压U_I,计算流经功率器件的电流I_I,单相全桥逆变电路的输入电流按下式计算:

$$I_I = \frac{P_O}{U_{I\_RMS}} \qquad (3-13)$$

三相全桥逆变电路的输入电流按下式计算:

$$I_{I\_RMS} = \frac{P_O}{3 U_{I\_RMS}} \qquad (3-14)$$

(3) 功率器件的选型。

取安全系数为 2.0，则功率器件的耐压 U_P 满足下式：

$$U_P \geqslant 2.0 U_{L\_PK} \tag{3-15}$$

取安全系数为 2.0，则功率器件的电流等级 I_P 满足下式：

$$I_P \geqslant 2.0 I_{L\_PK} \tag{3-16}$$

3）选择滤波电容或电感的原则

逆变电路输入端，也就是整流电路输出端，通常要加上电容或者电感进行滤波处理，用于吸收开关频率和高次谐波频率的电流分量，从而滤除其纹波电压分量。

滤波电容或电感容量不能太小，但也不是越大越好。容量小了，滤波效果不佳；容量大了，滤波效果好，但也增加了逆变器的重量、体积和成本。

滤波电容的选型需考虑耐压、容量、纹波电流。耐压由其所处的电路确定，一般取安全系数为 1.2～1.5。耐压值 U_C 由逆变电路的输入电压 U_1 确定，按下式选择：

$$U_C \geqslant (1.2 \sim 1.5) U_{L\_PK} \tag{3-17}$$

电容容量一般有两种计算方法。一种是根据电容由整流电路充电和电容对负载电阻放电的周期，再乘上一个系数来确定的。一般电容的时间常数 $RC \geqslant 0.3 \sim 0.5$ s，该方法的电容容量按照下式计算：

$$C \geqslant \frac{(3 \sim 5) T I_1}{2 U_{1,\,\text{max}}} \tag{3-18}$$

式中，C 为滤波电容的大小，单位为 F；T 为整流输出电流波动频率，单位为 Hz，全波整流与电源频率一致，半波整流为频率的 2 倍；$U_{1,\,\text{max}}$ 为整流二极管输出最大电压，单位为 V；I_1 为二极管输出电流，单位为 A。

另一种是根据整流输出电压纹波系数来计算的，公式如下：

$$C = \frac{P_O}{2 U_{1\_\text{RMS}}^2 k_{pp} \eta_{\text{inv}} f_{\text{rec}}} \tag{3-19}$$

式中，C 为滤波电容的大小，单位为 F；P_O 为发电机组负载功率，单位为 W；η_{inv} 为逆变器效率，一般取 0.9；f_{rec} 为整流输出电压频率，单位为 Hz，与整流电路结构有关；k_{pp} 为电压波动率，一般取 5%。工程上，常采用式(3-19)确定电容容量。

实际应用过程中，还应综合考虑响应速度、温度、使用寿命等因素的影响，容量留有适当裕量。

4）确定整流电路类型的原则

整流电路的选型需考虑电路结构、控制方式(可控、不控)、整流器件耐压和额定电流。整流电路根据结构分为半波整流和全波整流两种，不同的结构所需整流器件也不同。根据是否可控，整流又分为可控整流和不控整流两种。可控整流可采用可控硅搭建，不控整流采用二极管即可。

根据计算所得的耐压值和电流值，保留一定的安全系数，一般情况下，耐压的安全系数取 2.0～3.0，额定电流的安全系数取 1.5～2.0，然后从市售二极管、可控硅中选择满足电压、电流指标的器件。

(1) 计算整流电路输入电压。

针对单相桥式整流电路，整流输入电压 U_1 按照下式计算：

$$U_1 = \frac{U_R}{0.9} + U_{DR} \tag{3-20}$$

式中，U_R 为整流电路输出的平均电压；U_{DR} 为整流二极管管压降，一般取 2.0 V 左右。

针对三相桥式整流电路，整流输入电压按照下式计算：

$$U_1 = \frac{U_R}{2.34} + U_{DR} \qquad (3-21)$$

（2）计算整流二极管平均电流 $I_{F(AV)}$。

针对单相桥式整流电路，流经整流二极管的平均电流为

$$I_{F(AV)} = \frac{I_1}{2} \qquad (3-22)$$

针对三相桥式整流电路，流经整流二极管的平均电流为输出的直流母线电流的1/3，即

$$I_{F(AV)} = \frac{I_1}{3} \qquad (3-23)$$

（3）计算整流二极管反向重复峰值电压 U_{RRM}。

针对单相桥式整流电路，二极管反向重复峰值电压为

$$U_{RRM} = \sqrt{2} U_1 \qquad (3-24)$$

针对三相桥式整流电路，二极管反向重复峰值电压为

$$U_{RRM} = \sqrt{6} U_1 \qquad (3-25)$$

（4）整流二极管的选型。

取安全系数为 2.0，则整流器件耐压应满足下式：

$$U_D > 2.0 U_{RRM} \qquad (3-26)$$

取安全系数为 1.5~2.0，则整流器件工作电流应满足下式：

$$I_D > (1.5 \sim 2.0) I_{DR} \qquad (3-27)$$

3.1.2 系统总成

1. 噪声及振动的控制

对于噪声及振动的控制，可以从噪声源、噪声传播途径、噪声的接收三个方面进行。

1）噪声源的控制

（1）改善噪声源的结构，优化结构设计，提高部件加工刚度。

（2）对噪声源采取吸声、隔声、减振、隔振处理。

2）噪声传播途径的控制

（1）使噪声源远离噪声控制区。

（2）对于指向性的噪声，可以控制噪声的传播方向。

（3）利用隔声屏障阻挡噪声传播。

（4）对机械振动采取隔振措施。

3）噪声接收处的控制

噪声接收处的控制，主要是为了防止噪声对人体造成伤害，可以采取佩戴各种护耳器、减少噪声环境暴露时间等措施。

对于供电设备的噪声和振动控制，应积极从噪声源、传播途径这两个方面采取相应的控制措施。

2. 散热控制

对于设备发热部分，需要严格按照热控制目标，进行必要的散热控制。

（1）采取优化设计措施，降低发热源的发热量。

（2）在体积、重量指标满足的情况下，增加散热面积。

（3）使用热传导性能好的材料，将热量及时传到散热片、机壳等表面。

（4）必要时，采用水、风等强制散热手段。

3. 环境适应性、可靠性和可维护性

供电设备需有较好的环境适应性、较高的可靠性和较好的可维护性。

（1）适应高温、低温、潮湿、风沙等特殊场合需求。

（2）适应多种运输、搬运、装卸模式，且仍具有较高的可靠性。

（3）在设计阶段充分考虑后期维护问题，使维护方便。

3.2　3 kW 小型高原柴油发电机组

随着海拔升高，高原环境会出现气压下降、太阳辐射强度增大、绝对湿度下降、空气最高温度和平均温度下降、昼夜温差大等现象。高原环境的气压对柴油机影响最大，因此在设计时必须予以充分考虑。低气压环境对产品性能的影响主要表现在高原环境下空气稀薄，发动机吸入的助燃空气质量流量降低，燃烧不完全，发动机输出功率降低，同时发动机散热效果变差。具体表现如下：散热部分的温升随大气压降低而增加，导致产品性能下降或运行不稳定；密封产品会由于内外压差引起外壳变形，使密封件破裂，造成产品失效；由于海拔的升高，大气压降低，故柴油机进气的氧含量下降，无法进行充分燃烧，导致发动机输出功率降低、冒黑烟等。

某型 3 kW 小型柴油发电机组需要进行高原适应性改进（技术指标如表 3-1 所示），以适应高原环境工作。通过增加柴油机压缩比、提高喷油压力、改进燃烧室形状等措施，该发电机组的输出功率在海拔高度为 3000 m 时达到了 3 kW，在海拔高度为 4500 m 时达到了 2.4 kW，并解决了冒黑烟的问题；通过配置燃油喷射量控制装置、增加电启动和预热等措施解决了启动困难的问题。

表 3-1　3 kW 小型高原柴油发电机组主要技术指标

参　数		指　标
额定功率/kW	@3000 m	3
	@4500 m	2.4
额定电压/V		230
额定电流/A	@3000 m	16.3
	@4500 m	13
额定频率/Hz		50
功率因数		0.8(滞后)
相数		1
电压波动率		≤0.5%

3.2.1　结构分析

根据确定的主要技术参数，3 kW 小型高原柴油发电机组采用单缸风冷柴油机、外转子永磁发电机、电启动、逆变供电的技术路线，机架采用钢管折弯焊接结构，以固定、支撑和保护主要零部件。其正视图、外形结构及内部布置示意图如图 3-2、图 3-3 所示。

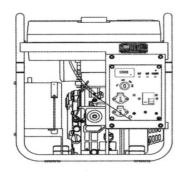

图 3-2　发电机组正视图

图 3-3　外形结构及内部布置示意图

根据技术要求，发电机组输出单相电压 AC 230 V，额定频率为 50 Hz，同时考虑发电机输出电压和频率会受到负载影响，需要先转换为直流再经逆变才能获得符合技术要求的 AC 230 V/50 Hz 交流电。因此，逆变器采用交流—直流—交流逆变技术，采用结构如图 3-4 所示的三相输入单相输出全桥逆变电路。

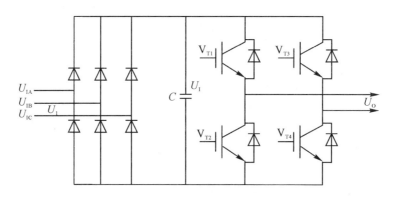

图 3-4　三相输入单相输出全桥逆变电路结构

3.2.2　逆变器设计与选型

1. 逆变电路功率器件选型计算

（1）计算逆变电路输入电压。

采用单相全桥逆变电路，输入电压有效值为

$$U_{I\_RMS} = \frac{U_O}{0.9} + 4.0 = \frac{230}{0.9} + 4.0 = 260 \text{ V} \tag{3-28}$$

逆变电路输入电压峰值为

$$U_{I\_PK} = 1.27 U_{I\_RMS} + 4.0 = 334 \text{ V} \tag{3-29}$$

（2）计算逆变电路输入电流。

单相全桥逆变电路输入电流有效值为

$$I_1 = \frac{P_O}{U_{1\_RMS}\cos\varphi} = \frac{3.0 \times 1000}{260 \times 0.8} = 14.4 \text{ A} \tag{3-30}$$

（3）功率器件的选型。

功率器件的耐压一般取安全系数为 2.0，则功率器件的耐压 U_P 满足下式：

$$U_P \geqslant 2.0 U_{1\_PK} = 2.0 \times 334 = 668 \text{ V} \tag{3-31}$$

取安全系数为 2.0，则功率器件的电流等级 I_P 满足下式：

$$I_P \geqslant 2.0 I_1 = 2.0 \times 14.4 = 28.8 \text{ A} \tag{3-32}$$

综上所述，逆变器主电路功率器件的耐压应大于等于 668 V，工作电流应大于等于 28.8 A。同时，考虑正弦波逆变控制，可以选用的逆变器主功率器件有 IGBT 和 MOSFET。比如，可以选择西门子 IGBT 模块 BSM50GB120DLC，其耐压为 1200 V，最大电流为 50 A，符合逆变器需稳定可靠工作的要求。当然，还可以选择符合要求的其他品牌的功率器件。

2. 滤波电容选型计算

滤波电容的耐压值 U_C 为

$$U_C \geqslant 1.2 U_{1\_PK} = 401 \text{ V} \tag{3-33}$$

电容两端电压波动率按 5% 计算，则电容容量为

$$C = \frac{P_O}{2 U_{1\_RMS}^2 k_{pp} \eta_{inv} f_{rec}} = \frac{3000}{2 \times 260 \times 260 \times 0.05 \times 0.9 \times 100} = 4930 \ \mu\text{F} \tag{3-34}$$

根据计算，取一定安全裕量，滤波电容可选择两个铝电解电容 450V4700UF 并联。

3. 整流电路选型计算

（1）计算整流电路输入电压 U_1。

针对三相桥式整流电路，整流输入电压按照下式计算：

$$U_1 = \frac{U_R}{2.34} + U_{DR} = \frac{334}{2.34} + 1.0 = 143.7 \text{ V} \tag{3-35}$$

（2）计算整流二极管平均电流 $I_{F(AV)}$。

流经整流二极管的平均电流为

$$I_{F(AV)} = \frac{I_1}{3} = \frac{14.4}{3} = 4.8 \text{ A} \tag{3-36}$$

（3）计算整流二极管反向重复峰值电压 U_{RRM}。

整流二极管反向重复峰值电压为

$$U_{RRM} = \sqrt{6} U_1 = \sqrt{6} \times 143.7 = 352 \text{ V} \tag{3-37}$$

（4）整流二极管的选型。

取安全系数为 2.0，则整流器件耐压应满足下式：

$$U_D > 2.0 U_{RRM} = 2.0 \times 352 = 704 \text{ V} \tag{3-38}$$

取安全系数为 1.5，则整流器件工作电流应满足下式：

$$I_D > 1.5 I_{F(AV)} = 1.5 \times 4.8 = 7.2 \ A \tag{3-39}$$

因此，整流二极管可选择西门康 SKD31/08 三相整流模块，其耐压为 800 V，额定电流为 31 A，满足设计要求。

综合上述计算分析，逆变器设计选型结果如表 3-2 所示。

表 3-2 3 kW 小型高原柴油发电机组逆变器设计选型表

部件名称	型　号	规　格	数量	备注
整流二极管	SKD31/08	800V/31A	1	市售产品
电容	450V4700UF	450V/4700μF	2	市售产品
功率器件	BSM50GB120DLC	1200V/50A	4	市售产品

3.2.3 发电机设计计算

1. 确定额定容量 P_m

根据设计指标，发电机的功率因数 $\cos\varphi = 0.8$，则发电机额定容量为

$$P_m = \frac{P_O}{\cos\varphi} = \frac{3.0}{0.8} = 3.75 \ kV \cdot A \tag{3-40}$$

2. 确定额定转速 n_m

小型发电机组可优先选用 3000 r/min 的高转速发动机，若发动机和发电机直接连接，则发电机额定转速为

$$n_m = n_E = 3000 \ r/min \tag{3-41}$$

3. 确定极对数 p

采用三相中频发电机，发电频率 $f = 400$ Hz，则发电机极对数为

$$p = \frac{60f}{n_m} = \frac{60 \times 400}{3000} = 8 \tag{3-42}$$

4. 确定绕组相数 m

发电机三相输出，则绕组相数为

$$m = 3 \tag{3-43}$$

5. 发电机设计

永磁发电机采用磁能积高的稀土永磁材料制作的磁极作为励磁磁极，替代了传统的绕组励磁方式，使得电机结构更为简单、维修方便、体积小。永磁发电机又可分为外转子和内转子两种。其中，外转子电机具有维修简单、散热好的特点，适合电机在高原工作时对散热的进一步要求。同时，外转子电机与内转子电机相比，具有更高的转动惯量，与发动机连接后，可以替代发动机飞轮，进一步降低发电机组的质量、体积，有利于机组的小型化设计。

根据设计计算，发电机参数如表 3-3 所示。

表 3 - 3　3 kW 小型高原柴油发电机组发电机主要设计参数

电机类型	稀土永磁发电机
转子类型	外转子
额定容量/kV·A	3.75
额定转速/(r/min)	3000
转子极对数	8
绕组相数	3

本实例设计的外转子发电机如图 3 - 5 所示。

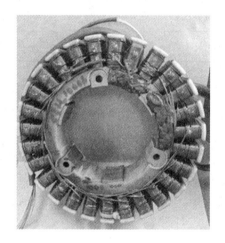

图 3 - 5　发电机绕组

3.2.4　发动机选型

本实例采用小型柴油发动机，其选型计算过程如下。

1. 确定容量 P_E

发电机效率为 $\eta_m = 0.9$，则发动机容量为

$$P_E = \frac{P_m}{\eta_m} = \frac{3.75}{0.9} = 4.17 \text{ kV·A} \qquad (3-44)$$

2. 计算修正容量 P_{EO}

设计的发电机组的工作海拔为 3000 m，修正系数 $K_h = 1.2$，则修正后的发动机容量按照下式计算：

$$P_{EO} = K_h \cdot P_E = 1.2 \times 4.17 = 5.0 \text{ kV·A} \qquad (3-45)$$

3. 确定额定转速 n_E

本实例小型高速发动机额定转速取 $n_E = 3000$ r/min。

4. 发动机选型

本实例选择 DK178FD 发动机，其参数如表 3-4 所示，通过改进后用于作发电机组的原动机。

表 3-4　单缸风冷 DK178FD 发动机参数

类　　型	柴油发动机
压缩比	21.5：1
持续输出功率/kW	4.95
质量/kg	44
外加进气增压形式	无
启动方式	手、电启动
燃油消耗率/[g/(kW·h)]	450

DK178FD 是一款单缸风冷柴油机，其最大功率为 4.95 kW，与计算容量 5.0 kV·A 几乎一致。该发动机在高原环境工作时，主要面临的问题是启动困难、输出功率下降、冒黑烟。

通过采取进气预热、提高压缩比及喷油压力、配置燃油喷射装置、提高柴油机燃烧效率、增大进气量、减少摩擦损失等措施，DK178FD 柴油机在理论和高原试验上都保证了足够的输出，同时解决了启动困难、输出功率下降、冒黑烟等问题。改进后的 DK178FD 柴油发动机如图 3-6 所示。

图 3-6　改进后的 DK178FD 柴油发动机

3.2.5　散热控制

高原环境下空气稀薄，发动机的散热效果差。通过下述方式可解决高原环境下发动机的散热问题。

（1）优化缸头的气门结构，增加散热面积，改进散热通道，可以有效改善散热效果。

（2）增大冷却风量，将风扇叶片高度增加 4 mm，则散热风量增大 12%，可以改善散热效果。

风扇风量 Q 的计算公式为

$$Q = v_{fan} S_{fan} \tag{3-46}$$

式中，v_{fan} 为风扇的风速，S_{fan} 为风扇的排风面积。

假设风扇风速不变，风扇叶片高度增加 4 mm，则风扇排风面积增加量为（原风扇叶片高度为 68 mm）

$$\Delta Q = \frac{(68+4)^2 - 68^2}{68^2} = 12.1\% \tag{3-47}$$

3.2.6　环境适应性、可靠性和可维护性

1. 环境适应性

1）增加柴油机在高原环境下的输出功率

（1）增加发动机压缩比：高海拔低气压环境下，发动机吸入的空气中氧气量减少，导致燃烧不充分，输出功率随海拔高度的升高而急剧下降。通过优化活塞的口径比、径深比并将发动机压缩比从 19：1 增加到 21.5：1 来提高功率。

（2）改进燃烧室形状：将燃烧室的形状设计为缩口深浅型形状，燃烧室深度变浅，宽度增加。由于高原进气量少，空气流速慢，燃烧室这样的设计使进入的气体分布更均匀，燃烧更充分，从而提高燃烧效率。

（3）减小进气阻力：空滤器滤芯的直径由 $\phi 95$ 增大到 $\phi 120$，进气门外径由 $\phi 5.6$ 增大到 $\phi 6$，气门头部直径由 $\phi 30$ 增大到 $\phi 32$，通过这些措施来增加进气的有效流通面积，进而提高发动机的进气量。设计进气旁路增压进气结构，利用冷却风扇将空气压入空滤器内，经过滤芯的过滤后进入燃烧室，实现进气增压及增加进气量。该设计结构可增加发动机进气量，同时不增加相关零部件和发动机重量。

（4）提高喷油压力：喷油压力由 18 MPa 提高到 24 MPa，可提高柴油的雾化细度和均匀度，进而改善燃烧过程，提高燃烧效率。

（5）调节间隙：将活塞与缸壁的间隙、活塞环开口间隙、气门组件间隙等匹配至最佳数值范围内。

（6）提高燃烧效率：改变凸轮轴型线，优化供油规律；调整进、排气升程，进、排气相位，来增加进气量，获得最佳气门正时。

通过提高压缩比、提高柴油机燃烧效率、增大进气量、减少摩擦损失等，改进后的发动机在高原低温低压环境下能以较高的功率输出。

2）解决发动机在高原环境下启动困难的问题

在高原环境下，一是空气稀薄、空气含氧量少，燃烧室燃油与空气混合比例失调；二是环境温度较低，不易压燃；三是在高原环境条件下，人员体能下降，达不到启动柴油机规定的启动转速，故启动困难。为解决高原启动问题，采取了以下措施。

（1）配置燃油喷射量控制装置：在高原环境下使用时，该装置工作，可以减少喷油量，实现柴油与空气比例适当。

（2）提高燃油雾化效能：改进后，喷油压力由 18 MPa 提高到 24 MPa，燃油雾化效果更好，与空气结合更充分，可提升着火能力。

（3）提高气缸内混合气温度：通过优化活塞的口径比、径深比，改进燃烧室形状，将发动机压缩比从 19 提高为 21.5，气缸压力从 2.1 MPa 提高为 2.3 MPa，并将压缩终了时气缸内空气温度提高，使柴油更容易燃烧。

（4）增加进气预热塞：设置两个预热塞，在短时间内使燃烧室内温度升高，足以使发动机压缩行程时缸内温度更高，柴油更容易着火燃烧，使低温环境下更容易启动，增加了启动成功率。

（5）增加电启动功能：可解决高原环境条件下战士体能下降、手拉启动困难的问题。

3）解决电机在高原环境下冒黑烟的问题

（1）提高燃油雾化效能：改进后，喷油压力由 18 MPa 提高到 24 MPa，燃油雾化效果更好，燃烧更充分。

（2）提高气缸内混合气温度：发动机压缩比由 19 提高为 21.5，气缸压力由 2.1 MPa 提高为 2.3 MPa，并将压缩终了时气缸内空气温度提高，使柴油更容易燃烧。

4）高低温设计

（1）选用高品质元器件，可在 −41～+85℃ 范围内正常使用。

（2）在 −25℃ 及以下温度工作时，采用进气预热技术，选用低温蓄电池，必要时采用喷灯预热，保证柴油机 30 min 内启动。

5）防湿热、霉菌、盐雾设计

电路板喷三防漆，分三次喷涂以增加厚度。喷涂应在温度 ≥16℃ 及相对湿度 ≤30% 的条件下进行。

发电机组外表面漆膜涂覆均匀、漆面硬度高、附着力好、无剥落、无腐蚀。紧固件均采用不锈钢件或喷涂锌铬涂层。接插件选用防水连接器。

稀土永磁发电机定子做防潮、防霉出理，转子做加强防潮处理，逆变器做灌封处理。

6）防雨设计

发电机组防雨功能采用防雨帐篷形式来实现，发电机采用 IP55 防护等级，电路板做三防处理，逆变器做灌封处理。防雨帐篷的优点是小巧轻便、占用体积小，可作为附件在需要时使用。

7）太阳辐射耐受能力设计

（1）外表面喷涂聚氨酯防风化防盐雾腐蚀的 GY05 优质半光面漆，以适应高原户外环境。

（2）橡胶件选用硅橡胶，耐紫外线强，耐高低温性好，可在 −50～+95℃ 范围内可靠使用。

8）倾斜度设计

发电机组采用两级减振，发动机与机架采用斜减振，机架底部安装有 4 个方形减振脚垫，发电机组振幅较小，与地面附着力大，运转时平稳。

2. 可靠性

设计中主要开展了以下工作：

(1) 在确保性能的前提下尽可能对发电机组及其电路进行简化设计，简化系统的结构，减少系统内的部件数，以达到提高发电机组可靠性的目的。

(2) 优先选用标准的线路、结构、元器件、原材料和外购件。

(3) 尽量选用经过考验、技术成熟的设计方案和零、部、组件。

(4) 采用降额设计。选用可靠性高的优质名牌元器件，进行充分的降额设计。

(5) 采用冗余设计。在重要度较高的部件处，增加并联子系统，以提高整个发电机组的可靠性。

(6) 对元器件进行老化筛选，装机前消除电子元器件的早期失效。对电能转换及控制装置进行灌封处理，以提高其抗冲击和抗振动的能力。

发电机组经过可靠性设计，并按照相关要求对关键部件进行了筛选，最后在海拔高度为 4500 m 处进行了严格的可靠性试验，其可靠性优于指标要求。

3. 维修性

发电机组具有良好的可达性；尽量采用标准件、通用件，减少自制件，互换程度高；对于外形有相似性的部件，在加工制作过程中均作了识别标记，对差错作了很好的预防；维修时没有危险部件，维修过程中只要切断电源，整个维修过程都是非常安全的。

柴油机设有机油报警、高缸温报警停机系统，以确保柴油机运行安全。发电机组设有短路保护系统，以确保操作人员人身安全及发电机组安全。发电机组消声器设有隔热罩，能有效防止烫伤。对需要维修的部件，维修人员不会受到电、热、运动零件等有危险因素的影响，凡与安装、操作、维修安全有关的地方都有明确的标记并在有关技术文件中规定。

4. 标准化

发电机组在总体设计中，尽量采用标准件、通用件，减少自制件，其标准化件数系数达 79.1%，标准化品种系数达 47.2%。

标准化件数系数计算公式为

$$标准化件数系数 = \frac{标准件件数}{全部零件、部件数} \times 100\% = 79.1\% \tag{3-48}$$

标准化品种系数计算公式为

$$标准化品种系数 = \frac{标准件种数}{全部零件、部件种数} \times 100\% = 47.2\% \tag{3-49}$$

3.3　1.5 kW 小型低噪声发电机组

针对野外特殊场合对低噪声发电机组的需求，本实例重点围绕"稀土永磁发电机""小型机组降噪"等技术开展研究，设计开发了一款 1.5 kW 小型低噪声发电机组，技术指标如表 3-5 所示。

表 3 - 5　1.5 kW 小型低噪声发电机组主要技术指标

参　　数	指　　标
额定功率/kW	1.5
额定电压/V	230
额定电流/A	8.1
额定转速/(r/min)	3000
额定频率/Hz	50
功率因数	0.8(滞后)
相数	1
电压波动率	≤0.5%
噪声/dB	≤72

3.3.1　结构分析

本设计实例采用以汽油发动机、稀土永磁发电机、逆变器、降噪壳体为核心部件构成的总体设计方案,其原理简图如图 3 - 7 所示。

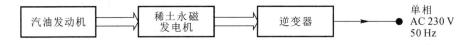

图 3 - 7　1.5 kW 小型低噪声发电机组原理图

汽油发动机的效率虽不及柴油发动机,但具有转速高、体积小、质量轻的特点,适合本方案设计要求。稀土永磁发电机采用稀土永磁材料磁极作为励磁系统,具有结构简单、功率密度高、体积小、控制系统简单的特点,也适于作为本方案的发电机。逆变器采用交流—直流—交流的功率变换技术形式,结构如图 3 - 4 所示,包括三相全桥整流电路、滤波电路、单相全桥逆变电路。

3.3.2　逆变器设计与选型

1. 逆变电路功率器件选型计算

(1)计算逆变电路输入电压。

采用三相全桥逆变电路,输入电压有效值为

$$U_{\text{I\_RMS}} = \frac{U_O}{0.9} + 4.0 = \frac{230}{0.9} + 4.0 = 260 \text{ V} \qquad (3-50)$$

逆变电路输入电压峰值为

$$U_{\text{I\_PK}} = 1.27 U_{\text{I\_RMS}} + 4.0 = 334 \text{ V} \qquad (3-51)$$

（2）计算逆变电路输入电流。

单相全桥逆变电路输入电流为

$$I_I = \frac{P_O}{U_{I\_RMS}\cos\varphi} = \frac{1.5 \times 1000}{260 \times 0.8} = 7.2 \text{ A} \tag{3-52}$$

（3）功率器件的选型。

取安全系数为 2.0，则功率器件的耐压 U_P 满足下式：

$$U_P \geqslant 2.0 U_{I\_PK} = 2.0 \times 334 = 668 \text{ V} \tag{3-53}$$

取安全系数为 2.0，则功率器件的电流等级 I_P 满足下式：

$$I_P \geqslant 2.0 I_I = 2.0 \times 7.2 = 14.4 \text{ A} \tag{3-54}$$

结合参数选型计算结果，选择电压等级为 1200 V 的功率器件，本实例选择英飞凌 PIM 模块 FP15R12W1E3，其耐压为 1200 V，额定电流为 15 A。

2. 滤波电容选型计算

滤波电容的耐压值 U_C 为

$$U_C \geqslant 1.2 U_{I\_PK} = 401 \text{ V} \tag{3-55}$$

直流母线纹波电压按 5% 计算，则电容大小为

$$C = \frac{P_O}{2U_{I\_RMS}^2 k_{pp}\eta_{inv}f_{rec}} = \frac{1500}{2 \times 260 \times 260 \times 0.05 \times 0.9 \times 100} = 2465 \text{ } \mu\text{F} \tag{3-56}$$

根据计算结果，滤波电容 C 选择 1 只 450 V、4700 μF 的铝电解电容，其型号为 450V4700UF。

3. 整流电路选型计算

整流电路选型主要是根据整流电路结构及输出电压和电流，确定整流电路所用功率器件的参数。

（1）计算整流电路输入电压。

采用的三相桥式整流电路输入电压 U_1 为

$$U_1 = \frac{U_R}{2.34} + U_{DR} = \frac{334}{2.34} + 1.0 = 143.7 \text{ V} \tag{3-57}$$

（2）计算整流二极管平均电流 $I_{F(AV)}$。

流经整流二极管的平均电流为

$$I_{F(AV)} = \frac{I_1}{3} = \frac{7.2}{3} = 2.4 \text{ A} \tag{3-58}$$

（3）计算整流二极管反向重复峰值电压 U_{RRM}。

整流二极管反向重复峰值电压为

$$U_{RRM} = \sqrt{6} U_1 = \sqrt{6} \times 143.7 = 352 \text{ V} \tag{3-59}$$

（4）整流二极管的选型。

取安全系数为 2.0，则整流器件耐压应满足下式：

$$U_D > 2.0 U_{RRM} = 2.0 \times 352 = 704 \text{ V} \tag{3-60}$$

取安全系数为 1.5，则整流器件工作电流应满足下式：

$$I_D > 1.5 I_{F(AV)} = 1.5 \times 2.4 = 3.6 \text{ A} \tag{3-61}$$

经计算，整流二极管选择西门康 SKD31/08 三相整流模块（其耐压为 800 V，额定电流

为 31 A)1 个,即可满足设计要求。

综合上述计算分析,逆变器设计选型结果如表 3-6 所示。

表 3-6　1.5 kW 小型低噪声发电机组逆变器设计选型表

部　件	型　号	规　格	数量	备　注
整流二极管	SKD31/08	800V/31A	1	市售产品
电容	450V4700UF	450V/4700μF	1	市售产品
功率器件	FP15R12W1E3	1200V/15A	4	市售产品

3.3.3　发电机设计与选型

在本设计实例中,发电机采用自主设计的稀土永磁发电机。设计之前,需要对发电机进行选型计算。

1. 确定额定容量 P_m

根据设计指标,发电机的功率因数 $\cos\varphi = 0.8$,发电机容量为

$$P_m = \frac{P_O}{\cos\varphi} = \frac{1.5}{0.8} = 1.875 \text{ kV} \cdot \text{A} \tag{3-62}$$

2. 确定额定转速 n_m

若发动机和发电机直接连接,则速比 $i_{mE} = 1.0$。设计野外应急供电设备时,优先选用直接连接方式,此时 $n_m = n_E$。如果选择高速发动机,其额定转速为 3000 r/min,则发电机额定转速为

$$n_m = n_E = 3000 \text{ r/min} \tag{3-63}$$

3. 确定极对数 p

中频发电机输出电压频率为 400 Hz,则发电机极对数为

$$p = \frac{60f}{n_m} = \frac{60 \times 400}{3000} = 8 \tag{3-64}$$

4. 确定绕组相数 m

发电机输出三相电压,则绕组相数为

$$m = 3 \tag{3-65}$$

5. 发电机选型

发电机性能的优劣直接影响到整个发电机组的供电质量。影响发电机性能的因素主要有两个方面,即发电机的结构形式和励磁方式。目前,小功率单相同步发电机的结构形式可分为凸极式和隐极式两种。单相凸极式电机具有结构简单、加工绕制方便、易于小型化和适合大批量生产等优点,已被广泛采用。通过对不同厂家的同功率等级产品进行分析,除凸极结构的极靴略有不同,导致性能稍有不同外,其励磁方式均为电容逆序磁场无刷励磁。经过测试分析,该类电机在以下几个方面存在不足和缺陷:① 对感性负载(如电动机、手电钻、风机等)的过荷能力较差;② 硅整流管、电容器等辅助元件易发生故障,且不易检

修；③ 整流环节的无线电干扰较大。

针对上述问题，本设计实例提出采用新型稀土永磁材料钕铁硼替代传统电励磁电机中的励磁系统。与电励磁电机相比，稀土永磁发电机由于省去了励磁绕组和容易出问题的电容、整流二极管、旋转整流器等辅助元件，结构较为简单；采用稀土永磁后，可以增大气隙磁密，缩小电机体积，提高功率质量比；由于省去了励磁损耗，电机效率得以提高；处于直轴磁路中的永磁体磁导率很好，直轴电枢反应电抗较电励磁发电机要小得多，使得固有电压调整率也要小得多，从而改善了发电机的性能。

本设计实例中，发电机所用永磁材料的选择原则为：① 应能保证发电机气隙中有足够大的气隙磁场和规定的电气性能指标；② 在规定的环境条件、工作温度和使用条件（尤其是高温）下能保证永磁材料的稳定性；③ 有良好的机械性能，便于加工装配；④ 经济性要好，价格适宜，能够用于批量生产。

通过对几十种稀土材料的性能、磁特性的试验对比，最终选取的稀土材料为钕铁硼 NdFeB30UH，并采取了电镀和环氧树脂处理。

为了使稀土永磁发电机既保持自身优点，又能够克服自身不足，本设计主要在转子磁路结构、电压调整率、电压波形正弦畸变率和短路电流倍数等方面进行了优化。为在转子内放置尽可能大的永磁体，提高气隙磁密，缩小电机体积，设计中采用了瓦片形永磁体，其磁路结构为径向式。为降低电压调整率，在设计中设法降低电枢反应的去磁通量，同时，减小电枢电阻和漏抗。采用分布绕组、短路绕组、正弦绕组、斜槽等措施，合理设计气隙形状，确定极弧系数，改善气隙磁场波形，减少了正弦波形畸变率。

综上所述，所选型的发电机参数如表 3-7 所示。

表 3-7　1.5 kW 小型低噪声发电机组发电机主要设计参数

电机类型	稀土永磁发电机
转子类型	内转子
额定容量/(kV·A)	1.875
额定转速/(r/min)	3000
转子极对数	8
绕组相数	3

3.3.4　发动机选型

本实例中所需发动机功率较小，所以选用汽油发动机。

1. 确定额定功率 P_E

发电机效率为 $\eta_m = 0.9$，则发动机功率为

$$P_E = \frac{P_m}{\eta_m} = \frac{1.875}{0.9} = 2.1 \text{ kW} \tag{3-66}$$

2. 计算修正功率 P_{EO}

设计的发电机组的工作海拔为 1000 m，因此，修正系数 $K_h=1.0$，则修正后的发动机功率按照下式计算：

$$P_{EO}=K_h \cdot P_E=1\times2.1=2.1\ kW \tag{3-67}$$

3. 确定额定转速 n_E

本实例采用小型高速发动机，额定转速取 $n_E=3000\ r/min$。

4. 发动机选型

根据计算结果，发动机容量应大于 2.1 kV·A，额定转速为 3000 r/min。选择单缸、四冲程、风冷汽油机 SPE175 作为原动机，其参数如表 3-8 所示，满足设计要求。

表 3-8　SPE175 发动机参数

类　　型	汽油发动机
发动机压缩比	21.5:1
持续输出功率/kW	4.95
发动机质量/kg	44
发动机启动方式	手、电启动
燃油消耗率/[g/(kW·h)]	450

3.3.5　噪声及振动控制

作为一款低噪声发电机组，降低噪声、减少噪声污染是其主要研究方向。调研国内外小型发电机组(5 kW 以下)的降噪研究成果后发现，小型发电机组降噪在国外尚处于起步阶段，在国内对小型发电机组降噪的研究还是一个空白。

小型内燃机发电机组的噪声主要来自发动机，其声频主要分布在 2000 Hz 以下，噪声值在 90 dB 左右。降噪系统研究的核心就是降低发动机的噪声，特别是消除声频 2000 Hz 以下的噪声。

噪声抑制所采取的基本模式都是消声、吸声和隔声相结合的模式。其技术的先进程度、降噪效果的好坏取决于如何解决好发动机通风散热与隔声降噪之间的矛盾，以及排烟消声与发动机背压、功耗之间的矛盾这两大难题。同时，小型发电机组的降噪又有不同之处，作为便携式发电机组，体积、质量受到严格限制。在此，采用多种措施相结合的综合性降噪设计和无骨架承载技术，既降低了噪声，又最大限度地缩小了质量和体积。

噪声抑制系统由隔声罩、排气消声器和断声桥组成，较好地实现了既定指标要求。

1. 隔声罩设计计算

阻性消声的原理是利用声阻进行消声，阻性消声器对高、中频效果较好，对低频消声有一定效果。抗性消声是利用声抗来消声的，抗性消声器对低、中频效果较好。为最大限度地隔离噪声，依据对发动机噪声声频的研究，本实例设计了一种阻、抗消声相结合的隔声罩。这种隔声罩以离心玻璃棉为主体吸声材料，外蒙 1 mm 厚铁皮壳体。

全封闭的隔声罩一般由插入损失来表征隔声效果，计算公式如下：

$$D_{IL} = R + 10\lg\alpha \tag{3-68}$$

式中，D_{IL} 为插入损失，R 为隔声罩罩壁的平均隔声量，α 为内饰吸声材料的平均吸声系数。

离心玻璃棉是一种新型的、吸声系数较高的新型吸声材料，在频率为 $100\sim5000$ Hz 范围内，吸声系数 α 为 $0.24\sim1.08$。这种离心玻璃棉上有众多小孔，声波通过时，激发这些小孔内的空气分子振动，由于摩擦阻力和黏滞作用，使一部分中、高频声能转化为热量耗散掉，从而达到阻抗消声的目的。

铁皮壳体使箱内声波产生反射和透射，反射加强了离心玻璃棉的吸声作用。根据经验和实验数据，1 mm 厚铁皮的平均(各种频率下的隔声量是不同的)隔声量约为 28 dB。

设计时选用容重为 24 kg/m³、厚度为 5 cm 的离心玻璃棉，其不同频率下的吸声系数如表 3-9 所示，其平均吸声系数 $\alpha = 0.8$。

表 3-9 离心玻璃棉在不同频率下的吸声系数

频率/Hz	125	250	500	1000	2000	4000
吸声系数	0.29	0.56	0.93	1.02	0.99	0.99

吸声材料的平均吸声系数为

$$\begin{aligned}\alpha &= \frac{\alpha_{125}+\alpha_{250}+\alpha_{500}+\alpha_{1000}+\alpha_{2000}+\alpha_{4000}}{6}\\ &= \frac{0.29+0.56+0.93+1.02+0.99+0.99}{6}\\ &= 0.8\end{aligned} \tag{3-69}$$

根据所选的吸声材料和隔声板，全封闭隔声罩的插入损失为

$$D_{IL} = 28 + 10\lg0.8 = 27 \text{ dB} \tag{3-70}$$

加装隔声罩后的噪声值为：$99 - 27 = 72$ dB，满足设计指标($\leqslant72$ dB)的要求。

2. 排气消声器设计计算

消声器排气道阻力越小越好，也就是排气"背压"越小越好，以减小功率损耗，而消声要求增加声阻和声抗，声阻和声抗的增加会耗失功率，这是一对矛盾。如何解决好这一矛盾，成了降噪技术的又一难题。

抗性消声器是利用声抗的大小来消声的。和阻性消声器不同，它不用吸声材料，而是利用各种不同形状的管道和腔室进行适当组合，提供管道系统的阻抗失配，使声波产生反射和干涉现象，从而降低消声器向外辐射声能。其主要结构有扩张腔、共振腔和干涉式等形式。由于发动机排出的废气温度较高(800℃左右)，现有吸声材料较少有耐高温的。当然，近年来也有一些耐高温的微孔陶瓷制品问世，但用于内燃机排气消声器的几乎没有。因此，本实例从可靠性出发，仍然用全钢质的抗性消声器，并依据抗性消声原理，研究设计了一种全新的三级组合式消声器。

该消声器采用一个三层扩张腔消声器作为第一级，采用一个扩张—共振腔复合式消声器作为第二、三级，然后将它们串联起来，主要结构如图 3-8 所示。该消声器消声效果明显提高，可降低排气噪声 21 dB 左右。

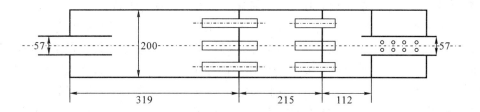

图 3-8　消声器结构示意图

1) 扩张腔消声器设计计算

扩张比 m 是决定消声器消声量的主要参数，一般 m 值在 9～16 之间。当 m 确定时，消声器的容积也将影响消声性能，在设计中一般消声器的容积为柴油机排量的 4～7 倍，但低噪声的消声器则要大些，一般单级消声器难以满足消声值要求，必须用多级复合式的消声器才能满足要求，在设计中还须保证发动机的功率损失不大于 5%，同时要尽量加大工作频率范围以适应各种频率的消声要求。

扩张腔消声器并不是对所有频率都有效，它的上限截止频率为

$$f_{上}=\frac{1.22c}{D} \tag{3-71}$$

式中，c 为排气声速，这里取 $c=667$ m/s（声速在不同温度下速度不同）；D 为扩张腔的直径，单位为 m。式（3-71）表明，扩张腔的直径增大，将导致上限截止频率下降。因此，扩张腔并不是越大越好。一般情况下，纯扩张腔消声器扩张腔直径要小于 360 mm，复合共振或干涉式的消声器扩张腔直径可达 1000 mm，才能对中、高频噪声具有理想的消声效果。本实例中的上限截止频率为

$$f_{上}=\frac{1.22c}{D}=\frac{1.22\times667}{0.165}=4932\text{ Hz} \tag{3-72}$$

消声器扩张比为

$$m=\frac{S_2}{S_1}=\left(\frac{D_2}{D_1}\right)^2=\left(\frac{200}{57}\right)^2=12.31 \tag{3-73}$$

三层扩张腔消声器消声量可按下式近似计算：

$$\Delta L=\Delta L_1+\Delta L_2+\Delta L_3 \tag{3-74}$$

$$\Delta L_1=10\lg\left[1+\frac{\left(m-\frac{1}{m}\right)^2\sin^2(kl_1)}{4}\right] \tag{3-75}$$

$$\Delta L_2=10\lg\left[1+\frac{\left(m-\frac{1}{m}\right)^2\sin^2(kl_2)}{4}\right] \tag{3-76}$$

$$\Delta L_3=10\lg\left[1+\frac{\left(m-\frac{1}{m}\right)^2\sin^2(kl_3)}{4}\right] \tag{3-77}$$

式中，m 为扩张比，$m=S_2/S_1$；k 为波数，$k=2\pi/\lambda$（λ 为声波长，k 值变化相当于频率变化）；l_1、l_2、l_3 为扩张腔的长度（m）。不同频率消声量的计算结果如表 3-10 所示，从数据可以看出，该消声器对 150～2000 Hz 频段噪声效果明显，对低频噪声（150 Hz 以下）的降

噪效果不明显。

表 3 - 10　不同倍频程中心频率对应的消声量

频率/Hz	63	125	250	500	1000	2000	4000
ΔL_1	0.7	2.2	5.5	10.2	14.7	14.6	14.8
ΔL_2	2.0	5.2	9.9	15.5	14.9	13.8	15.6
ΔL_3	3.7	7.8	12.6	15.8	2.3	5.8	10.5
ΔL	6.4	15.2	28.0	40.5	31.9	34.2	40.9

消声量 ΔL 与 $\sin(kl_1)$、$\sin(kl_2)$、$\sin(kl_3)$ 有关，消声量也随频率周期性变化，最大消声量 $\Delta L_{\max}$ 为

$$\Delta L_{\max} = 20\lg\left[1 + \frac{\left(m - \dfrac{1}{m}\right)^2}{4}\right] = 20\lg\left[1 + \frac{\left(12.31 - \dfrac{1}{12.31}\right)^2}{4}\right] = 31.7 \text{ dB} \quad (3-78)$$

由此可以看出，当扩张腔的长度为 1/4 波长的奇数倍时，消声量最大；当扩张腔的长度为 1/2 波长的整数倍时，消声量为零。因此，可采用双级串联和内接插入管的方法，以消除通过频率。例如，当插入管长度为 1/2 扩张腔长度时，可以消除 1/2 波长的奇数倍的通过频率；当另一端插入管长度为 1/4 扩张腔长度时，则可以消除 1/2 波长的偶数倍的通过频率。

2）共振腔消声器设计计算

共振腔消声器主要是利用管壁空气柱振动，将声能转换为热能而耗散；同时由于声阻抗突变而使声波发生反射和干涉现象，导致声能衰减。当系统固有频率与声波频率发生共振时，消耗声能最多，消声量也最大。

共振腔消声器主要是用于消除低频噪声，弥补扩张腔消声器低频消声效果不佳的问题。从表 3 - 10 可以看出，扩张腔消声器对于 125 Hz 以下噪声降噪效果不佳，需要设计共振腔消声器增加这一频段的消声效果。

共振腔消声器设计首先要确定共振频率和某一频率的消声量，一般取倍频程或 1/3 倍频程的消声量，再用公式计算或者查表的方法求出消声系数 K。当消声系数 K 确定后，再考虑传到率 G、空腔体积 V 和气流通道截面面积 S。

设计的共振腔消声器主要用于消除 125 Hz 处的噪声量（约为 15 dB），则消声系数 K 满足下式：

$$10\lg(1 + 2K^2) \geqslant 15 \quad (3-79)$$

K 取整数，计算可得 $K = 4$。

一般情况下，单通道截面直径不超过 250 mm。如果气流流量大，可采用多通道设计，每个通道截面直径控制在 $100 \sim 200$ mm。考虑到气流流量取值 7 m³/s，采用单通道设计，通道直径取 $D = 57$ mm，因此通道截面面积 $S = 25.5$ cm²。

则共振腔体积 V 为

$$V = \frac{c}{2\pi f_r} \cdot 2KS = \frac{66\,700}{2\pi \times 100} \times 2 \times 4 \times 25.5 = 21\,655.9 \text{ cm}^3 \quad (3-80)$$

消声器的传到率 G 为

$$G=\left(\frac{2\pi f_r}{c}\right)^2 V=\left(\frac{2\pi\times 100}{66\ 700}\right)^2\times 21\ 655.9=1.9\ cm \qquad (3-81)$$

设计圆形同心共振腔，内径为 5.7 cm，外径为 20 cm，则共振消声器的长度 L 为

$$L=\frac{4V}{\pi(D_外^2-D_内^2)}=\frac{4\times 17\ 337}{\pi(20^2-5.7^2)}=60.1\ cm \qquad (3-82)$$

选取壁厚 $t=2$ mm 的金属管，在其上开孔，孔径取 $d=4$ mm，则开孔数满足下式：

$$n=\frac{G(t+0.8d)}{S_d}=\frac{1.9\times(0.2+0.8\times 0.4)}{\frac{\pi}{4}\times 0.4^2}=7.86 \qquad (3-83)$$

式中，S_d 为开孔面积。计算可得开孔数量应为 8 个。

3. 断声桥

发电机组采用橡胶隔振器与隔声罩底座连接，隔声罩与发电机组有四个橡胶轮与地面接触。这样，可以有效地抑制因机械振动而产生的"再生噪声"。

3.3.6　散热控制

SPE175 风冷发动机是靠自然空气冷却的，发动机本身不带强制冷却系统。发电机带有自冷却风扇，但也只能把其"内热"排在隔声罩内。对于自然风冷散热，本实例通过设计由外壳进、排风口和隔声罩内风道组成的合理的冷却风通道，并安装了一个 2.45 m³/min 风量的强制通风机，实现了强制冷却系统，提高了散热能力。

风机散热量按下式计算：

$$H=C_pW\Delta T \qquad (3-84)$$

式中，H 为风机每分钟排出的热量，单位为 kJ；C_p 为空气比热容，空气在定压（一个标准大气压）下的比热容为 1.004 kJ/(kg·℃)；W 为风机每分钟排出的空气质量，单位为 m³/min；ΔT 为机罩内允许的温升，本实例控制在 30℃ 以内。

以温度 20℃、一个标准大气压、相对湿度 65% 的潮湿空气为标准空气，此时，单位体积空气质量（比质量）为 1.2 kg/m³，则风机每分钟排出的标准空气质量为

$$W=1.2V_{CCM} \qquad (3-85)$$

其中，V_{CCM} 为风机每分钟所排出的空气体积，单位为 m³/min。

设计工作点为 75℃，则风机每分钟总的散热量为

$$H=C_pW\Delta T=1.2V_{CCM}C_P\Delta T \qquad (3-86)$$

发动机每分钟产生的热量为

$$Q=1000P_E\eta_Q \qquad (3-87)$$

式中，Q 为发动机每分钟产生的热量，单位为 kJ；P_E 为发动机功率，单位为 kW；η_Q 为发动机发热效率，汽油机按 70% 计算，柴油机按 60% 计算。

则风机风量需求为

$$V_{CCM}=\frac{60P_E\eta_Q}{1.2C_p\Delta T}=\frac{60\times 1.5\times 0.7}{1.2\times 1.004\times 30}=1.74\ m^3/min \qquad (3-88)$$

按照上述计算，选择的风机风量应该大于 1.74 m³/min。结合实际，本设计实例选择了一款风量为 2.45 m³/min 的风机，从设计角度分析满足散热需求。

风机进风口风速一般为 7～9 m/s 时，既能有效地降低空气噪声又能满足发电机组的

进风量。取 $v=7$ m/s，则进风口截面积为

$$S=\frac{V_a}{v}=\frac{2.45}{60\times7}=0.0058 \text{ m}^2 \tag{3-89}$$

考虑到百叶窗及风道压力损失，设计的进、排风口截面积不小于 0.01 m²。

3.4　30 kW 中型发电机组

30 kW 中型发电机组主要技术指标如表 3-11 所示。

表 3-11　30 kW 中型发电机组主要技术指标

参　　数	指　　标
额定功率/kW	30
额定电压/V	400/230
额定电流/A	8.1
额定频率/Hz	50
功率因数	0.8(滞后)
相数	3

3.4.1　结构分析

30 kW 中型发电机组采用传统技术形式，发动机拖动发电机发电，直接供用电设备使用，无需逆变器。图 3-9 是发电机组的总体结构俯视图，主要包括排风消声道、降噪厢体、蓄电瓶、排烟消声系统、进风消声道、备胎、QG3.5 单轴挂车底盘、输出板、一次柜、发电机、柴油机、油箱、二次控制柜和供电网络。

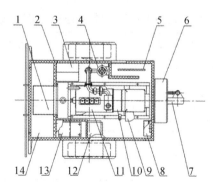

1—排风消声道；2—降噪厢体；3—蓄电瓶；4—排烟消声系统；5—进风消声道；6—备胎；
7—QG3.5 单轴挂车底盘；8—输出板；9—一次柜；10—发电机；11—柴油机；12—油箱；
13—二次控制柜；14—供电网络。

图 3-9　发电机组总体俯视图

3.4.2　发电机选型

在本设计实例中，发电机采用无刷混合励磁发电机。设计之前，需要对发电机进行选

型计算。

1. 确定额定容量 P_m

发电机的功率因数 $\cos\varphi=0.8$，则发电机容量为

$$P_m=\frac{P_O}{\cos\varphi}=\frac{30.0}{0.8}=37.5 \text{ kV·A} \tag{3-90}$$

考虑容量系数为 1.1，则实际选择发电机额定容量为

$$P_m=37.5\times1.1=41.25 \text{ kV·A} \tag{3-91}$$

2. 确定额定转速 n_m

中大功率发动机需选择中高速发动机，额定转速为 1500 r/min。发动机和发电机直接连接，此时 $n_m=n_E$，则发电机额定转速为

$$n_m=n_E=1500 \text{ r/min} \tag{3-92}$$

3. 确定极对数 p

输出电压频率 $f=50$ Hz，则发电机极对数为

$$p=\frac{3000}{n_m}=\frac{3000}{1500}=2 \tag{3-93}$$

4. 确定绕组相数 m

发电机输出三相交流电，所以输出绕组相数为

$$m=3 \tag{3-94}$$

5. 发电机的选型

发电机选型时，优先选用可靠性高、电气性能指标先进的电机。无刷发电机省去了旋转导电部分，其特点是可靠性高、无线电干扰小。本发电机组选用 UCI224C 型发电机，该发电机是无锡新时代交流发电机有限公司引进斯坦福（英国）电机有限公司技术生产的 H级绝缘无刷混合励磁发电机，产品参数如表 3-12 所示。

表 3-12　UCI224C 型发电机性能参数

性能参数	具体数值
环境温度/℃	40℃
温升/℃	105℃
容量/(kV·A)	42.5
功率/kW	34
输出电压/V	380
效率	86.6%
功率因数	0.8(滞后)

从发电机参数可以看出，其容量 42.5 kV·A＞41.25 kV·A，满足设计要求。

3.4.3　发动机选型

发动机拟采用柴油增压发动机，相关选型计算如下。

1. 确定容量 P_E

发电机效率为 $\eta_m = 0.866$，则发动机容量为

$$P_E = \frac{P_m}{\eta_m} = \frac{41.25}{0.866} = 47.6 \ kV \cdot A \qquad (3-95)$$

2. 计算修正容量 P_{EO}

设计的发电机组的工作环境海拔为 1000 m，修正系数 $K_h = 1.0$，则修正后的发动机容量按照下式计算：

$$P_{EO} = K_h \cdot P_E = 1 \times 47.6 = 47.6 \ kV \cdot A \qquad (3-96)$$

3. 确定额定转速 n_E

根据设计指标，发动机额定转速取 $n_E = 1500 \ r/min$。

4. 发动机的选型

根据计算结果，发动机容量应大于 47.6 kV·A，额定转速为 1500 r/min。

风冷柴油机主要在 15 kW 以下应用，15 kW 以上在国际上只有道依茨公司生产。

近年来随着冷却液技术的进步，已不存在冻缸难题，同时由于水冷却均匀，功率密度大，使水冷柴油机得到了广泛的应用。因此，本发电机组倾向于选择水冷柴油机。水冷柴油机的特点如下：① 体积小，质量轻，可减小运载车辆吨位；② 对厢体降噪结构要求较简单；③ 高温适应性好，更符合东南沿海湿热环境。

柴油机选择的主要依据是可靠性高，零部件供应有保证，维修方便。国内质量较好的柴油机有康明斯系列、斯太尔等，康明斯发动机为引进美国康明斯技术生产的，批量大、质量稳定、体积小、质量轻、可靠性高。因此，柴油机采用康明斯发动机 4BTA3.9-GJ，其代表了国内柴油机先进水平，性能参数见表 3-13。

表 3-13　4BTA3.9-GJ 柴油机性能参数

名　称	四缸直列
缸径×冲程	102 mm×120 mm
进气形式	增压中冷
额定功率	50 kW
额定转速	1500 r/min
燃油比油耗（额定工况）	≤226 g/(kW·h)
噪声	≤97 dB

3.4.4　噪声、振动与散热控制

噪声主要来自发动机，声频主要分布在 2000 Hz 以下，其噪声值的测试结果为 102 dB 左右，因此，降噪系统研究设计的核心是降低发动机噪声，特别是消除声频 2000 Hz 以下的噪声。

从国内外低噪声电源采用的降噪系统看，所采用的基本模式都是消声、吸声和隔声相结合的模式，其技术的先进程度、降噪效果的好坏则取决于如何解决好发电机组通风散热与隔声降噪的矛盾及排烟消声与发动机背压、功耗的矛盾这两大难题。对于中小功率移动发电机组，由于受到体积、重量的限制，发电机组通风散热与隔声降噪的矛盾就显得更为突出。为此，在降噪系统的研究中，针对内燃机发电机组各种不同噪声源，在试验、分析其频谱特性的基础上，本设计实例通过建立有效的数学模型及计算机辅助计算分析系统，成功地研制出了多种措施相结合的综合性降噪消声系统，很好地解决了前述的两大矛盾。

发电机组厢体内进气、排气噪声抑制系统设计的技术关键是解决降低噪声和通风散热的矛盾。根据水冷柴油机噪声频谱特性的分析，在系统设计中，采取了以下几项技术措施：

（1）降低高噪声区（频率在 2000 Hz 以下）的声压幅值。通过衬在进、排风道上的岩棉板对噪声进行吸声处理，有效地降低了噪声的反射、叠加；同时，噪声通过进、排风道弯角及内衬钢板发生透射、反射和折射，消耗噪声能量，达到了降低噪声的目的。

（2）根据发电机组燃料燃烧和发动机、发电机冷却所需总气量的计算，优化设计发电机组厢体内冷却风路的流向，排除厢体内涡流区，提高热交换率。

（3）优化设计导风墙、弯板、分流板的结构参数、位置、间距，使其既能满足降低噪声的要求，又能使风速、风量、风路阻力达到最优。

（4）根据经验公式设计计算，并经多次试验改进，确定了最佳进、排风道结构形式及最佳风速、风量。

通过上述措施，既最大限度地降低了进、排气噪声，又满足了发电机组在高温条件下的通风散热要求，解决了降噪与通风散热的难题。

1. 排气消声器设计计算

发动机燃烧废气的噪声抑制是通过排气消声器来实现的，其技术关键是解决废气消声与发动机背压、功耗的矛盾。根据发动机的频谱特性（其噪声在 2000 Hz 以上急剧下降），在排气消声器的设计中，第一、二级消声器采用了"抗性扩张"消声原理，利用声阻抗失配，使某些频率的声波在声阻抗突变的界面处发生反射、干涉等现象；第三级消声器采用微穿孔板式消声结构，利用微穿孔板高吸声系数、吸声带宽及微穿孔板后空腔共振吸声原理，以达到在消声器外侧消声的目的。本设计实例通过多次试验、改进，确定了各部分的具体尺寸。

一、二级扩张腔消声器设计计算方法可以参见 3.3 节的设计计算过程。三级微穿孔板消声器设计过程目前还没有工程简化的设计思路，一般是通过有限元分析的方法，在工程设计初期，采用传递矩阵法计算消声器的传递损失，分析不同结构、尺寸、穿孔率、厚度、孔径等参数对传递损失的影响，找到最优设计参数。

结构确定后，需试制并通过试验验证消声效果。试验表明，该消声器消声效果明显，比普通消声器的消声性能提高了 12 dB，既获得了最佳降噪效果，又保证了发动机的功率损失及小背压，很好地解决了消声与发动机背压、功耗之间的矛盾。

2. 隔声箱体计

根据声学中的质量定律，材料隔声性能是由板的面密度 m、板的刚度 B 和材料的内阻尼决定的。这三个物理量中涉及质量的有两个，因此质量的大小是控制隔声的关键，增加质量可以提高降噪效果。

但是，片面追求加大质量来达到高效隔声量，作为移动发电机组的设计依据是不可取的，为此一般采用复合轻墙结构。目前厢体轻墙的结构一般为：铝板＋防水岩棉（外包玻璃丝布）＋多孔铝板。这种结构的特点是：隔声以铝板为主；防水岩棉起吸声效能，能消除空腔中的驻波共振及降低空腔中的声压；玻璃丝布、多孔铝板不但能有效固结吸声层，而且还可组成一个共振吸声结构来解决低频噪声的吸收。

复合墙体采用 3 mm 厚的铝板、50 mm 厚的防水岩棉、0.14 mm 厚的玻璃丝布、开孔率为 25% 的 1 mm 厚的多孔铝板构成一个厚为 54 mm 的隔声、吸声复合体，则箱体面密度可按下式计算：

$$m_{墙体}=\frac{m_{铝板}h_{铝板}}{h_{总}}+\frac{m_{岩棉}h_{岩棉}}{h_{总}}+\frac{(1-0.25)m_{多孔铝板}h_{多孔铝板}}{h_{总}} \qquad (3-97)$$

式中，$m_{铝板}=2.73\times10^3 \text{ kg/m}^2$，$m_{岩棉}=100 \text{ kg/m}^2$。计算可得 $m_{墙体}=282 \text{ kg/m}^2$。

箱体隔声量可由下式算出：

$$R=16\lg m_{墙体}+14\lg f-29 \qquad (3-98)$$

式中，f 为中心频率，R 为隔声量。将墙体面密度代入式(3-98)，可得箱体在不同倍频程中心频率下的隔声量，如表 3-14 所示。

表 3-14　厢体隔声量计算

f/Hz	63	125	250	500	1000	2000	4000	8000
R/dB	35.40	39.57	43.78	47.99	52.21	56.42	60.64	64.85

考虑到孔口噪声泄漏和厢体吸声效果，并与同类发电机组实测类比，该厢体的隔声效能可达 29 dB 左右，可以满足设计要求。设计的降噪系统用于发电机组，实测噪声水平为 71 dB，满足了设计要求。

3.5　30 kW 和 75 kW 并联供电发电机组

野外应急供电中，常出现单台供电设备无法满足用电设备需求的情况。这时候就需要多台设备共同供电。共同供电可以采取分区域独立供电，也可以采用并联供电。并联供电即是将两台以上发电设备输出母线连接在一个汇流条上（若是直流母线，则极性相同的连接在一起）向用电设备供电。

并联发电具有以下特点：

(1) 各发电机容量可互相调剂，合理发挥发电机发电潜力。

(2) 多台并联时为冗余供电结构，可增加供电的可靠性。

(3) 可提高负载能力，保证输出电压和频率在要求的恒定范围内。

(4) 系统愈大，负载就愈趋均匀，不同性质的负载互相起补偿作用。

(5) 可连成大电流系统，解决应急供电用电需求。

本实例从工程设计角度，介绍 30 kW 发电机组和 75 kW 发电机组并联供电设计原则及设计方法。需要并联供电的发电机组技术指标如表 3-15 所示。

表 3 - 15　并联供电的发电机组技术指标

参　数	30 kW 发电机组	75 kW 发电机组
额定功率/kW	30	75
额定电压/V	400/230	400/230
额定电流/A	54	135
额定频率/Hz	50	50
功率因数	0.8(滞后)	0.8(滞后)
相数	3	3
噪声/dB	≤75	≤75
额定频率/Hz	400	333

3.5.1　结构分析

并联供电系统的结构简图如图 3 - 10 所示，30 kW 交流发电机组(G1)三相输出与 75 kW 交流发电机组(G2)三相输出依次相连到汇流排上，再将电能传输到负载上。

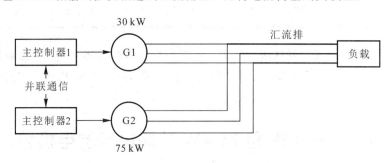

图 3 - 10　并联供电系统结构简图

若控制 G1 和 G2 输出电压的幅值、相位、频率一致，则 G1、G2 之间无环流，系统能够正常工作，并联后的整体输出功率在理论上为两台发电机输出功率之和，即 105 kW。

并联发电系统设计的关键是，在单台发电机设计基础上，重点讨论如何在每台发电机上分配负载，控制发电机充分发挥自己的功率容量，提高燃油效率。

从发电机组结构参数布置的合理性出发，本实例设计了合适的发电机组结构，如图 3 - 11 所示，包括高压共轨柴油机、永磁中频发电机、机组底盘、水箱散热系统、低温启动系统及随机油箱等设备。选用高性能高速柴油机，工作转速为 1500~3000 r/min；高功率密度盘式永磁中频发电机及其机组为一体化设计，机组通过减振器安装于底架上，机组底盘和随机油箱集成设计，油箱设置于机组下方，方便与油机的连接，加油口位于机组左侧，打开舱体左侧检修门，即可用油枪或各种规格制式的油桶进行加油，油箱容量能够满足发电机组 8 h 连续工作；通过飞轮磁头传感反馈信号，利用发动机 ECU 单元可调整发动机工作转速，实现发电机组调速控制；为保证机组在低温环境下能正常启动，采用燃油加热器对机组冷却液进行预热。

 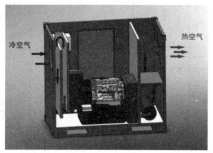

图 3-11　结构效果图　　　　图 3-12　30 kW 发电机组内部布局效果图

　　30 kW 发电机组的内部布局如图 3-12 所示，工作原理如图 3-13 所示。柴油发动机驱动永磁发电机运转，发出频率可变的三相中频交流电，并提供给逆变器，经逆变后为三相四线制输出，任意一相与中线可以形成单相输出。逆变器还可根据负载情况提升或降低发动机转速，以增大或减小输出功率。75 kW 发电机组与之类似，不再详述。

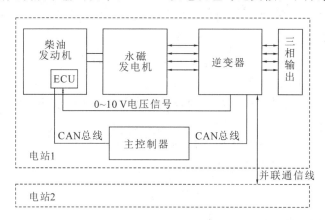

图 3-13　发电机组原理图

　　并联发电系统设计时，应坚持以下原则：

　　(1) 每台发电机组的设计原则与非并联发电机组的设计原则一致。

　　(2) 并联发电机组应具有相同的阻抗特性。

　　(3) 制定合适的并联规则，合理分配负载。

　　并联发电系统设计与选型内容包括逆变器设计与选型、发电机设计与选型、发动机选型、并联发电控制方法等。

3.5.2　逆变器设计与选型

　　逆变器的硬件电路主要由整流电路、升降压电路(即 Boost 电路)、逆变电路及发动机调速电路组成。逆变器额定输出电压为 400 V(线电压)/230 V(相电压)，频率为 50 Hz，采用三相四线制和星形接法。逆变器的结构如图 3-14 所示。30 kW 和 75 kW 发电机组逆变器结构一致，只是器件参数有所区别。

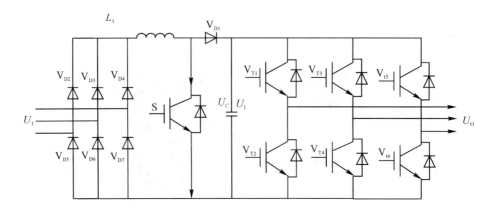

图 3-14　逆变器结构(整流—Boost—逆变)

1. 逆变电路功率器件选型计算

(1) 计算逆变电路输入电压。

30 kW 和 75 kW 发电机组逆变电路输入电压有效值相同,按下式计算:

$$U_{I\_RMS}=\frac{U_O}{0.816}+4.0=\frac{400}{0.816}+4.0=494 \text{ V} \tag{3-99}$$

输入电压峰值为

$$U_{I\_PK}=1.1U_{I\_RMS}+4.0=547 \text{ V} \tag{3-100}$$

(2) 计算逆变电路输入电流。

二者输入电流有所区别。30 kW 三相全桥逆变电路输入电流为

$$I_I=\frac{P_O}{3U_{I\_RMS}\cos\varphi}=\frac{30\times1000}{3\times494\times0.8}=25.3 \text{ A} \tag{3-101}$$

75 kW 三相全桥逆变电路输入电流为

$$I_I=\frac{P_O}{3U_{I\_RMS}\cos\varphi}=\frac{75\times1000}{3\times494\times0.8}=63.2 \text{ A} \tag{3-102}$$

(3) 功率器件的选型。

取安全系数为 2.0,则两个发电机组功率器件的耐压 U_P 满足下式:

$$U_P\geqslant2.0U_{I\_PK}=2.0\times547=1094 \text{ V} \tag{3-103}$$

取安全系数为 2.0,30 kW 发电机组功率器件电流等级为:$I_P\geqslant2.0\times25.3=51$ A;75 kW 发电机组功率器件电流等级为:$I_P\geqslant2.0\times63.2=127$ A。

因此,在本并联发电系统中,30 kW 发电机组逆变器功率器件选型为英飞凌 IGBT 模块 FS100R12KE3,75 kW 发电机组逆变器功率器件选型为英飞凌 IGBT 模块 FS200R12KE3。

2. 升降压电路选型计算

本设计中使升降压电路(Boost 电路)工作于 CCM 模式,相关选型计算如下。

(1) 计算 Boost 电路输入电压。

本设计中使 Boost 电路工作于 CCM 模式,设计最大占空比 $D_{max}=0.65$,则两个发电机组 Boost 升压变换器最小输入电压相同,都为

$$U_{Bin}=U_{Bout}(1-D_{max})=494\times(1-0.65)=173 \text{ V} \tag{3-104}$$

（2）储能电感 L_1 的选型计算。

假定额定输出时，电感纹波电流为平均电流的 20％～30％，即电感电流纹波系数为 0.2～0.3。为了在增加纹波电流时不影响输出纹波电压，必须增大滤波电容 C。取纹波系数 $k_{IL}＝30％$，Boost 电路功率器件开关频率取 $f_s＝20\ kHz$，则 30 kW 发电机组 Boost 电路储能电感 L_1 为

$$L_1=\frac{U_{Bin}D_{max}(1-D_{max})}{k_{IL}I_lf_s}=\frac{173\times0.65\times(1-0.65)}{0.3\times25.3\times20\times1000}=259\ \mu H \qquad (3-105)$$

75 kW 发电机组 Boost 电路储能电感 L_1 为

$$L_1=\frac{U_{Bin}D_{max}(1-D_{max})}{k_{IL}I_lf_s}=\frac{173\times0.65\times(1-0.65)}{0.3\times63.2\times20\times1000}=104\ \mu H \qquad (3-106)$$

储能电感 L_1 的选型要求为：30 kW 和 75 kW 发电机组储能电感量分别大于 259 μH 和 104 μH。保留一定的裕量，二者储能电感量分别取 300 μH 和 200 μH。

电感的设计包括磁芯材料、尺寸、型号选择、绕线组数计算、线径等。电路工作时，重要的是避免电感饱和、温升过高。磁芯和线径的选择对电感性能和温升影响很大，材质好的磁芯承受电流能力较强，电磁干扰较低。选用线径大的导线绕制电感，能有效降低电感的温升。

（3）续流二极管 V_{D1} 的选型。

流过 30 kW 发电机组储能电感的峰值电流为

$$I_{L_1,\ max}=\frac{1.15\times25.3}{1-0.65}=83\ A \qquad (3-107)$$

流过 75 kW 发电机组储能电感的峰值电流为

$$I_{L_1,\ max}=\frac{1.15\times63.2}{1-0.65}=208\ A \qquad (3-108)$$

因此，30 kW 续流二极管的额定导通电流 $I_{D1}＞83\ A$，75 kW 续流二极管的额定导通电流 $I_{D1}＞208\ A$。

取安全系数为 2.0，则两个发电机组所选二极管反向重复峰值电压都应满足下式：

$$U_{D1,\ RM}＞2\times494=988\ V \qquad (3-109)$$

计算结果表明，30 kW 和 75 kW 发电机组 Boost 电路续流二极管耐压条件一致，都必须大于 988 V，额定导通电流则应分别大于 83 A 和 208 A。30 kW 发电机组选型为 RHRU100120（1200 V，100 A），将其作为恢复二极管。75 kW 发电机组二极管电流较大，市场上难以选型 1200 V、300 A 的快恢复二极管，可采用 3 个 RHRU300120 并联，实现大电流（300 A）。

（4）功率管 S 的选型。

取安全系数为 1.5，则 30 kW 发电机组 Boost 电路功率管的平均电流为

$$I_s＞1.5\times83=125\ A \qquad (3-110)$$

75 kW 发电机组 Boost 电路功率管的平均电流为

$$I_s＞1.5\times208=312\ A \qquad (3-111)$$

取安全系数为 2.0，则功率管耐压为

$$U_s > 2 \times (494 + 2.0) = 992 \text{ V} \tag{3-112}$$

因此，30 kW 和 75 kW 发电机组 Boost 电路功率器件分别选择 FS150R12KE3(1200 V，150 A)和 FF400R12KE3(1200 V，400 A)IGBT 模块，满足设计要求。

（5）输出电容的选型。

设计纹波电压为 100 mV，则 30 kW 和 75 kW 发电机组 Boost 电路输出电容分别为

$$C_{\text{Boost}} = \frac{I_1 D_{\max}}{U_{\text{pp}} f_s} = \frac{25.3 \times 0.65}{100 \times 10^{-3} \times 20 \times 10^3} = 8223 \ \mu\text{F} \tag{3-113}$$

$$C_{\text{Boost}} = \frac{I_1 D_{\max}}{U_{\text{pp}} f_s} = \frac{63.2 \times 0.65}{100 \times 10^{-3} \times 20 \times 10^3} = 20\ 540 \ \mu\text{F} \tag{3-114}$$

电容耐压应大于输出电压，即

$$U_c > 1.2 U_1 = 593 \text{ V} \tag{3-115}$$

电容选型时应保留一定裕量，因此，30 kW 发电机组 Boost 电路输出电容可以选择三个 450V4700UF 并联，75 kW 发电机组 Boost 电路输出电容可以选择两个 450V15000UF 并联。

3. 整流电路选型计算

（1）计算整流二极管平均电流 $I_{\text{F(AV)}}$。

30 kW 发电机组三相桥式整流电路中整流二极管的平均电流为

$$I_{\text{F(AV)}} = \frac{83}{3} = 28 \text{ A} \tag{3-116}$$

75 kW 发电机组三相桥式整流电路中整流二极管的平均电流为

$$I_{\text{F(AV)}} = \frac{208}{3} = 69 \text{ A} \tag{3-117}$$

（2）计算整流二极管反向重复峰值电压 U_{RRM}。

三相桥式整流电路输入电压为

$$U_1 = \frac{173}{2.34} = 74 \text{ V} \tag{3-118}$$

30 kW 发电机组三相桥式整流电路整流二极管反向重复峰值电压为

$$U_{\text{RRM}} = \sqrt{6} U_1 = 2.45 \times 74 = 181 \text{ V} \tag{3-119}$$

75 kW 发电机组三相桥式整流电路整流二极管反向重复峰值电压与 30 kW 发电机组相同。

（3）整流二极管的选型。

取安全系数为 2.0，则整流二极管耐压应满足下式：

$$U_D > 2.0 U_{\text{RRM}} = 362 \text{ V} \tag{3-120}$$

取安全系数为 1.5，则 30 kW 发电机组整流二极管工作电流应满足下式：

$$I_D > 1.5 \times 28 = 42 \text{ A} \tag{3-121}$$

75 kW 发电机组整流二极管工作电流应满足下式：

$$I_D > 1.5 \times 69 = 104 \text{ A} \tag{3-122}$$

经过计算，30 kW 和 75 kW 发电机组整流二极管耐压应大于 362 V，取 600 V，平均

电流应分别大于 42 A 和 104 A。因此，30 kW 和 75 kW 发电机组整流二极管分别选择
SKR70/06(600 V，70 A)和 SKR240/06(600 V，320 A)。

因此，并联发电机组的逆变器选型如表 3-16 所示。

表 3-16 30 kW 和 75 kW 并联供电发电机组逆变器选型表

名　称	部　件	型　号	规　格	数量
30 kW 逆变器	整流二极管	SKR70/06	600 V/70 A	6
	电容	450V4700UF	450 V/4700 μF	3
	逆变电路功率器件	FS100R12KE3	1200 V/100 A	1
	Boost 电路续流二极管	RHRU100120	1200 V/100 A	1
	Boost 电路储能电感		200 μH	1
	Boost 电路功率开关	FS150R12KE3	1200 V/150 A	1
75 kW 逆变器	整流二极管	SKR240/06	600 V/320 A	6
	电容	450V15000UF	450 V/15000 μF	2
	逆变电路功率器件	FS200R12KE3	1200 V/200 A	1
	Boost 电路续流二极管	RHRU300120	1200 V/300 A	3
	Boost 电路储能电感		100 μH	1
	Boost 电路功率开关	FF400R12KE3	1200 V/400 A	1

3.5.3 发电机设计与选型

两台发电机组都采用稀土永磁中频发电机，设计计算过程如下。

1. 确定额定容量 P_m

根据设计指标，取功率因数 $\cos\varphi=0.8$，30 kW 发电机组发电机容量为

$$P_m=\frac{P_O}{\cos\varphi}=\frac{30}{0.8}=37.5 \text{ kV·A} \tag{3-123}$$

75 kW 发电机组发电机容量为

$$P_m=\frac{P_O}{\cos\varphi}=\frac{75}{0.8}=93.75 \text{ kV·A} \tag{3-124}$$

2. 确定额定转速 n_m

选择高速发动机，30 kW 发电机组发电机设计额定转速为 $n_m=3000$ r/min，75 kW 发
电机组发电机设计额定转速为 $n_m=2500$ r/min。

3. 确定极对数 p

两台发电机额定频率不同，30 kW 发电机组发电机额定频率为 $f=400$ Hz，75 kW 发
电机组发电机额定频率为 $f=333$ Hz。

30 kW 发电机极对数为

$$p=\frac{60f}{n_{\mathrm{m}}}=\frac{60\times400}{3000}=8 \tag{3-125}$$

75 kW 发电机极对数为

$$p=\frac{60f}{n_{\mathrm{m}}}=\frac{60\times333}{2500}=8 \tag{3-126}$$

经过计算可以看出,两台发电机转子极对数都为 8 对。

4. 确定绕组相数 m

两台发电机组中发电机均为三相输出,绕组相数为 $m=3$。

5. 发电机选型设计

综合考虑发电机组整体体积小、质量轻的需求,发电机组采用功率密度更高的永磁发电机作为发电设备。同时,考虑电机体积与频率的关系,采用中频发电机,以进一步降低电机体积和质量。输出电源为三相四线制,因此,该永磁电机为三相中频永磁发电机。

发电机主要由定子绕组总成、转子总成、尾端护盖总成、引出导线、连接附件等部件组成。整体设计为无支架设计,发电机外转子代替原发动机飞轮,通过法兰盘与发动机曲轴直接连接。该电机在 $30\sim100$ kW 范围内,具有最高的功率密度,可大幅降低发电机组的体积和质量,若采用非晶硅钢片材料制作发电机定子,可提升发电机效率约 3%,电机质量、体积只有常规发电机的 $1/3$,比其他类型的稀土永磁发电机轻约 20%。

并联发电机组的设计选型参数如表 3-17 所示。

表 3-17　并联发电机组的设计选型参数

	电机类型	稀土永磁发电机
	转子类型	外转子
	额定容量/(kV·A)	37.5
30 kW 发电机组	额定转速/(r/min)	3000
	转子极对数	8
	绕组相数	3
	额定频率/Hz	400
	电机类型	稀土永磁发电机
	转子类型	外转子
	额定容量/(kV·A)	93.75
75 kW 发电机组	额定转速/(r/min)	2500
	转子极对数	8
	绕组相数	3
	额定频率/Hz	333

3.5.4　发动机选型

本实例采用高压共轨柴油发动机,其选型计算过程如下。

1. 确定容量 P_E

采用电机转子代替飞轮结构,发电机效率取 $\eta_m=0.9$,传动效率取 0.98。同时,对于大功率发电机组,逆变器能耗、散热设备功耗等不可忽略。高效率逆变器效率一般可达0.92,由于发电机组逆变器采用交流—直流—交流技术路线,效率偏低,故取逆变器效率为0.75。

30 kW 发电机组发动机容量为

$$P_E=\frac{P_m}{\eta_m\,\eta_{inv}\,\eta_{传动}}=\frac{37.5}{0.9\times0.75\times0.98}=56.7\ kV\cdot A \tag{3-127}$$

75 kW 发电机组发动机容量为

$$P_E=\frac{P_m}{\eta_m\,\eta_{inv}\,\eta_{传动}}=\frac{93.75}{0.9\times0.75\times0.98}=141.7\ kV\cdot A \tag{3-128}$$

2. 计算修正容量 P_{EO}

设计的发电机组的工作海拔为 1000 m,修正系数 $K_h=1.0$,故两个发电机组的计算容量不变。

3. 确定额定转速 n_E

30 kW 发动机额定转速取 $n_E=3000$ r/min,75 kW 发动机额定转速取 2500 r/min。

4. 发动机选型

根据上述计算,30 kW 发电机组所选定的发动机容量不低于 56.7 kV·A,75 kW 发电机组所选定的发动机容量不低于 141.7 kV·A。

下面进行发动机选型。柴油发动机先进与否主要反映在动力性、燃油经济性、污染排放、运转性能和耐久性等方面。其主要评价指标有升功率、燃油消耗率、噪声、排放等级等。目前,国际主流柴油发动机技术主要经历了四代产品:第一代是普通自然吸气发动机;第二代是涡轮增压发动机;第三代是涡轮增压加电控单体泵发动机;第四代是涡轮增压加电控高压共轨发动机。

目前,在柴油发动机技术领域领先的知名品牌主要有康明斯、沃尔沃、洋马、卡特彼勒、帕金斯、依维柯、斯太尔等。知名的专业电控高压共轨公司主要有博世、德尔福等,其面向全球提供高压共轨技术支持。国内电控高压共轨柴油发动机企业主要有云内雷默动力、华泰欧意德、奇瑞、柳汽和长城等。国内的高压共轨系统主要为博世公司配套,已实现欧 V 标准,升功率为 50 kW。

结合发动机技术先进性,30 kW 发电机组配套发动机拟选用福田康明斯 ISF2.8 高压共轨发动机(或华泰欧意德 OED483 高压共轨发动机),75 kW 发电机组配套发动机拟选用东风康明斯 ISDe185 30 高压共轨发动机。这两种发动机均为康明斯公司开发的新一代全电控轻型柴油机,重量轻,升功率高,与普通柴油发动机相比,技术先进,优势明显,具体参数见表 3-18。

表 3 - 18　ISF2.8 和 ISDe185 30 柴油机性能参数

型　号	ISF2.8	ISDe185 30
额定功率/kW	76	136
燃烧系统	电控共轨	电控共轨
缸径×冲程/(mm×mm)	94×100	107×124
排量/L	2.776	6.7
额定转速/(r/min)	3000	2500
冷却方式	强制水冷循环	强制水冷循环
外形尺寸(长×宽×高)/(mm×mm×mm)	704×647×734	810×720×820
质量/kg	214	350
生产厂家	福田康明斯	东风康明斯

3.5.5　并联发电控制方法

1. 发电机并联条件

并联发电是指多台发电机组并联工作，其输出为负载提供电能。并联投入时，应避免产生大的电流冲击或使转轴受到突然的扭矩，因此，发电机组并联工作的理想准同步条件是：

（1）待并联发电机与运行发电机输出电压的频率相同，国内设备要求频率同为 50 Hz。

（2）待并联发电机与运行发电机输出电压的波形相同。

（3）待并联发电机与运行发电机输出电压的大小相同。

（4）待并联发电机与运行发电机输出电压的相序一致。发电机相序决定发动机的转向，一般是固定的。

（5）投入并联瞬间，待并联发电机的电压相位（相角）与运行发电机的电压相位一致。

并联运行对发电机组的发动机也有一定要求：

（1）必须有相同且均匀的角速度。

（2）具有合适的有差特性的速度变化率。

（3）各并联发电机的调速器的灵敏度要适中。

并联条件不满足时，将对发电机组产生危害，例如：

（1）电机之间有环流，会使定子绕组端部受力变形。

（2）产生拍振电流和电压，会引起电机内功率振荡。

（3）电机和配电网络之间有高次谐波环流，会使损耗增加，温度升高，效率降低。

（4）电网和电机之间存在巨大的电位差而产生无法消除的环流，将危害电机安全运行。

2. 投入并联控制

当并联条件具备时，待并联的发电机即可投入并联，与已运行的发电机并联发电，这一过程也称"合闸"。待并联发电机投入并联的方式有三种：人工投入、自动装置投入、程序控制投入。

发电机投入并联运行的过程如下：

（1）鉴别频差方向。检测待并联发电机与运行发电机的频率差，并根据频率差的大小与方向自动地对待并联发电机发出增速或者减速信号，进行频率预调，使待并联发电机的频率接近运行发电机的频率，创造并联条件。

（2）鉴别并联条件。设置一个并联合闸与门，检测待并联发电机与运行发电机的电压差、频率差和相位差这三个条件，只有当这三个条件全部满足时，才允许发出并联合闸指令。

（3）考虑发电机主开关动作时间，相应地在同步点之前提前发出合闸指令，实现自动准同步。

将电压差和频率差转变为电压信号，送到自动并联逻辑运算电路中，$\varphi(t)$ 为两台并联运行发电机组的输出电压在 t 时刻的相位差，当两个相位差接近或者小于某一给定值时，产生并联指令，发出合闸信号。自动并联逻辑运算的原理如图 3-15 所示，u_{w}、u_{f} 分别为电压信号和频率转换后的电压信号。根据自动并联逻辑运算原理制作的自动并联装置可用于发电机组的自动并联控制。根据自动并联逻辑研发的数字化并联逻辑，已经逐渐取代传统的自动并联装置。

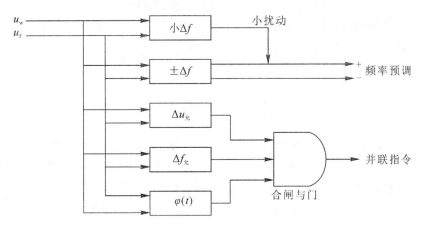

图 3-15　发电机组自动并联逻辑运算的原理

3. 并联发电控制方法

发电机组并联发电可以满足增大的功率需求，但随之带来并联发电不均衡的问题。在实际生产制造中，即使同一型号的发电机仍会存在参数不一致的情况，导致均衡效果有限。在野外应急供电中，多台不同功率的发电机组并联需求大，需要解决并联发电如何控制的问题。

图 3-16 是两个逆变器并联供电示意图，U_1、U_2 分别为两个逆变器的输出电压，X 为

线路阻抗，U_O为并联输出电压。假设 φ_1、φ_2 分别为两个逆变器的输出端电压与 U_O 的相角差，I_1、I_2 分别为两个逆变器的供电电流，两个逆变器输出的有功功率和无功功率分别为 P_1、P_2 和 Q_1、Q_2，从图中可以看出，逆变器 1 的输出电流为

$$I_1 = \frac{U_1(\cos\varphi_1 + j\sin\varphi_1) - U_O}{jX} \tag{3-129}$$

它的视在功率为

$$S_1 = P_1 + jQ_1 = U_O I_1 = U_O\left[\frac{U_1(\cos\varphi_1 + j\sin\varphi_1) - U_O}{jX}\right] = \frac{U_O U_1 \sin\varphi_1}{X} + j\frac{U_O U_1 \cos\varphi_1 - U_O^2}{X} \tag{3-130}$$

因此，逆变器 1 的输出功率中的有功功率和无功功率分别为

$$\begin{cases} P_1 = \dfrac{U_O U_1 \sin\varphi_1}{X} \\[3mm] Q_1 = \dfrac{U_O U_1 \cos\varphi_1 - U_O^2}{X} \end{cases} \tag{3-131}$$

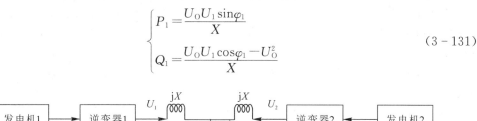

图 3-16　两个逆变器并联供电示意图

一般地，逆变器输出电压和负载电压之间的相位差很小，即有 $\sin\varphi_1 \approx \varphi_1$，令 $U_1 = K_1 U_O$，则有功功率和无功功率可表示为

$$\begin{cases} P_1 = \dfrac{K_1 U_O^2 \varphi_1}{X} \\[3mm] Q_1 = \dfrac{(K_1 \cos\varphi_1 - 1)U_O^2}{X} \end{cases} \tag{3-132}$$

同理，也可得出逆变器 2 输出功率中的有功功率和无功功率表达式。从表达式可以看出，有功功率主要取决于功率角，无功功率主要取决于输出电压幅值。因此，可通过控制功率角控制有功功率输出，通过控制输出电压幅值控制无功功率。

发电机并联控制方法因发电机组成结构的不同而不同。直流发电机并联系统在控制方法上一般采用基于均流法的双闭环 PID 控制，均流法包括最大/最小电流均流法和主从均流法等。电励磁的交流发电机，比如同步发电机、交流发电机，则需要从无功电流和有功电流两个方面进行均衡控制。永磁发电机采用永磁体励磁，则需要对有功电流进行均衡控制。带逆变器的发电机组并联，实质上是逆变器的并联控制，常用方法有下垂均流法、自动均流法、主从控制法、最大电流法等。

1）下垂均流法

下垂均流法，也称为外特性下垂均流法，是通过调整逆变器外特性（也即输出阻抗）的

方法，以达到并联均流控制的目的。逆变器的外特性受频率和输出电压的影响，因此，通过人为引入电压和频率下垂控制可达到对并联逆变器进行均流控制的目的。

基于预先的下垂特性，有下式成立：

$$\begin{cases} \omega = \omega_0 - mP \\ U = U_0 - kQ \end{cases} \tag{3-133}$$

式中，ω_0 是空载状态逆变器输出电压的角频率，U_0 是空载状态逆变器输出电压的幅值，m 是频率的下垂系数（有功功率下垂系数），k 是电压的下垂系数（无功功率下垂系数），P、Q 分别是逆变器输出的有功功率和无功功率。

当并联逆变器的容量不同时，为确保每个逆变器能根据其额定容量分担负载，其下垂系数选择按下式进行：

$$\begin{cases} m_1 S_1 = m_2 S_2 = \cdots = m_n S_n \\ k_1 S_1 = k_2 S_2 = \cdots = k_n S_n \end{cases} \tag{3-134}$$

式中，m_1，m_2，$\cdots$，m_n 分别为不同额定容量逆变器的频率下垂系数；k_1，k_2，$\cdots$，k_n 分别为不同额定容量逆变器的电压下垂系数；S_1，S_2，$\cdots$，S_n 分别为不同逆变器的视在功率。

两个容量不同的逆变器的电压下垂特性如图 3-17 所示，频率下垂特性如图 3-18 所示。因此，这两台逆变器并联供电时，每个逆变器都会运行在一个较低的电压和频率工作点上，从而使得各模块电源对输出功率作相应的调整以达到消除环流的目的。采用这种均流控制方法的逆变器之间可以没有互连通信线，可以实现各种不同容量的逆变器的并联。但在带载运行时，由于频率、电压低于额定值，会影响系统的工作特性和负载的运行特性。

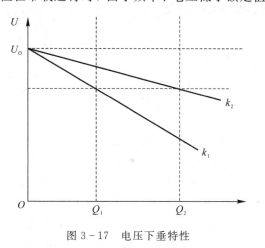

图 3-17　电压下垂特性

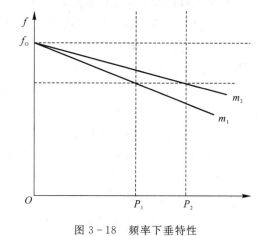

图 3-18　频率下垂特性

2）自动均流法

自动均流法是指给转速调节器附加一个有功电流偏差信号，使转速从给定值按照有功电流偏差信号的极性和大小更新为新的给定值，从而控制电机运行。同样，电压幅值偏差信号，可以控制无功自动均衡。

3）主从控制法

主从并联结构是由一个电压型 PWM 单元（VCPI）、多个电流型 PWM 单元（CCPI）和功率分配中心（PDC）组成的。运行时，各模块功能如下：

（1）VCPI 保证系统输出电压、频率的稳定。

（2）CCPI 具有很强的电流跟踪能力，跟踪从 PDC 分配的电流。

（3）PDC 检测负载电流，按照逆变器视在功率分配负载电流给对应的 CCPI。

主从控制法不需要外加专门的均流控制电路，各模块之间建立有通信网络，精度高，控制结构简单。

4）最大电流法

最大电流法是将所有逆变器连在一根均流母线上，采集均流母线上的负载电流并将其转变为相应的电压，然后将此电压与参考电压比较，产生控制信号。

4. 发电机组并联控制

对于 30 kW 和 75 kW 发电机组，逆变器采用"交流—直流—交流"功率变换拓扑结构，考虑后期多台设备并联且频率不变等因素，本实例采用主从控制法，控制策略设计如下：

（1）各发电机组控制器设计为"独立模式"和"并联模式"。在独立模式下，控制器控制发电机独立工作，应对负载需求；在并联模式下，多台发电机共同应对负载变化。

（2）多台发电机组控制器通过硬件通信自动识别网络中并联发电机的参数，如额定功率、相数、输出电压、当前状态（运行、停止）。

（3）多机并联发电中，系统必须有且只有一台发电机作为主机。首先启动的发电机为主机，其余发电机为从机。

（4）各发电机通过并联通信机制进行通信，根据负载协调输出。

（5）主机监控负载变化情况，根据负载计算总的输出电流，按照负载分配规律，计算本机以及从机应输出的目标功率。

（6）主机通过并联通信将从机的目标功率传达给从机，从机根据目标功率，由从机控制器控制输出功率。

（7）只有当负载功率大于两台发电机组的总功率时，发电机组才会工作于满载状态。否则，两台发电机组都工作于额定容量以下。

（8）当参与并联发电的从机退出并联时，发送退出指令给主机，主机根据剩余并联发电机的数量和容量，按照相同的负载规律继续监控负载和各发电机运行。

（9）当主机先于从机退出时，从机中随机产生一台主机，执行与原主机相同的任务。

（10）当并联发电机组只剩一台发电机组时，则剩余发电机组进入"独立模式"。

发电机组并联发电的核心是确定负载分配规律，它是指负载变化时，各发电机输出电流的分配比例和电流变化情况。本并联控制方法中，负载电流将按照各逆变器的额定容量分配，因此，75 kW 和 30 kW 发电机控制输出电流比为：75 kW/30 kW＝7.5∶3。

在保持输出频率不变的情况下，当有负载扰动时，控制 75 kW 发电机组逆变器占空比的变化量要大于 30 kW 发电机组逆变器占空比的变化量，以保证 75 kW 发电机组输出电压的变化量大于 30 kW 发电机组输出电压的变化量，从而实现负载均衡控制。

3.5.6 噪声及振动控制

柴油机、发电机本底噪声的频谱分析对低噪声发电机组的降噪设计研究是十分重要的，只有了解噪声频谱的特征，采取相应对策，才能设计出降噪特性良好的发电机组。设计过程中采用的噪声和振动控制措施如下。

1. 选择低噪声发动机

内燃机本身降噪不在研究范围内，本发电机组只针对内燃机噪声进行被动性的降噪处理。选择的 ISF2.8 发动机噪声为 94 dB，相比同类发动机低 7%，对降噪非常有利。

2. 进行降噪系统设计

发电机的噪声主要来源于电磁噪声和风扇、轴承所致的机械噪声。其中，风扇引起的空气动力噪声最大，它的频谱曲线是两边稍低、中间稍高的宽频噪声带，噪声峰值在 250~2000 Hz 中心频带内，峰值一般为 80~95 dB。

影响发电机组噪声的倍频程中心频率为 63、125、250、500、1000、2000、4000、8000（Hz）。在本系统中，噪声指标主要是由柴油机确定的，根据厂家提供的参数，柴油机噪声指标为 94 dB（发动机空载运行状态，距发动机 1 m 处）。

设计时，只对内燃机噪声进行被动性的降噪处理。这里以 75 kW 发电机组降噪设计为例，主要有以下方面：

（1）舱体和风道降噪计算。

如同前述章节"30 kW 中型发电机组"箱体一样，设计的电站也采用铝板＋防水岩棉（外包玻璃丝布）＋多孔铝板复合结构，只是多孔铝板的厚度调整为 0.8 mm，墙体面密度和隔声量计算公式也一致，这里不再赘述。

（2）发电机组通风散热计算。

风道的作用主要是用来保证发电机组正常运行时的通风散热，同时起到屏蔽孔口噪声的作用。本实例需优化设计舱内风路流向和导风墙、弯板、分流板的结构参数。对比同类发电机组，风速范围在 7~9 m/s 时，发电机组既能保证良好的通风散热要求，又能满足降低噪声的要求。

75 kW 发电机组选用东风康明斯柴油机厂生产的 ISDe185 30 型中冷增压柴油机，考虑极限工作状况，发动机输出功率为 136 kW 时，能够确保发电机组输出 75 kW 额定功率，因此热负荷按发动机输出功率为 136 kW 核算即可满足要求，该发电机组的通风散热量计算如下。

柴油机输出功率 N_e = 136 kW。查阅《内燃机设计》（吉林工业大学杨连生主编），可知柴油机冷却系统散热量一般为：$Q_w = (0.50 \sim 0.78) N_e$（kJ/s），取 $Q_w = 0.7 N_e$，则

$$Q_w = 0.7 \times 136 = 95.2 \text{ kW} \tag{3-135}$$

柴油机冷却系统冷却空气量计算公式为

$$V_a = \frac{Q_w}{\Delta t_a \times \gamma_a \times c_p} \tag{3-136}$$

式中，Δt_a 为空气进入散热器以前与通过散热器以后的温度差，通常 $\Delta t_a = 10 \sim 30\,°C$；$\gamma_a$ 为空气重度，一般 $\gamma_a = 1.01$ kg/m³；c_p 为空气定压比热，一般取 $c_p = 1.047$ kJ/(kg·°C)。

取 $\Delta t_a = 20\,°C$，则

$$V_a = \frac{95.2}{20 \times 1.01 \times 1.047} = 4.5 \text{ m}^3/\text{s} \tag{3-137}$$

根据内燃机发电机组多年的生产和使用实践，进风口风速一般为 7～9 m/s 时，既能有效地降低空气噪声，又能满足发电机组的进风量。

取 $v = 7$ m/s，则进风口截面积为

$$S = \frac{V_a}{v} = 0.64 \text{ m}^2 \tag{3-138}$$

考虑到百叶窗及风道压力损失，设计进、排风口截面积不小于 0.9 m²。由于本方案采用永磁中频发电机加大功率逆变器的供电模式，因此对发电机组中发动机的工作转速不再有恒速要求，可采用提高冷却风扇转速（即提高发动机转速）的方法，提高发电机组散热效率，确保发电机组可靠工作。

（3）消声器设计计算。

排烟噪声是噪声源的主要噪声，它的降噪措施将决定整个发电机组的噪声限值，因此低噪声发电机组的另一个重要研究课题即是消声器的设计研究。

75 kW 发电机组的消声器是由两节扩张腔和一节共振腔串联而成的，消声器的结构形式见图 3-19。

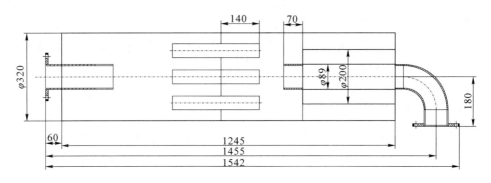

图 3-19　消声器结构

① 扩张消声器设计计算。

前两节消声器为扩张腔消声器，其扩张比为

$$m = \frac{S_2}{S_1} = \left(\frac{D_2}{D_1}\right)^2 = \left(\frac{320}{89}\right)^2 = 12.93 \tag{3-139}$$

因此，前两节的消声量可近似用下式计算：

$$\Delta L = \Delta L_1 + \Delta L_2 \tag{3-140}$$

$$\Delta L_1 = 10\lg\left[1 + \frac{\left(m - \frac{1}{m}\right)^2 \sin^2(kl_1)}{4}\right] \tag{3-141}$$

$$\Delta L_2 = 10\lg\left[1 + \frac{\left(m - \frac{1}{m}\right)^2 \sin^2(kl_2)}{4}\right] \tag{3-142}$$

根据上述公式，可计算出不同倍频程中心频率对应的消声量，如表 3-19 所示。从设计数据可以看出，前两节扩张腔消声器在 250～4000 Hz 范围内，理论上都能消除 20 dB 以

上的噪声。

表 3 - 19　不同倍频程中心频率对应的消声量

频率/Hz	63	125	250	500	1000	2000	4000
ΔL_1	7.8	12.6	16.2	7.0	11.9	15.9	11.6
ΔL_2	3.2	7.2	12.1	16.0	10.5	15.1	15.0
ΔL	11.0	19.8	28.3	23.0	22.4	31.0	26.6

单节消声器最大消声量为

$$\Delta L_{\max}=20\lg\left[1+\frac{\left(12.93-\dfrac{1}{12.93}\right)^2}{4}\right]=32.5\ \text{dB} \tag{3-143}$$

因此，以上结构消声器在理论上可以达到 32.5 dB 左右的消声量要求，发动机空载排烟口噪声峰值可达 105 dB，经消声处理后，排烟口噪声可达 72.5 dB，小于 75 dB，满足设计要求。

②共振腔消声器设计计算。

根据需要，设计共振腔消声器主要用于消除 1000 Hz 处的噪声（其值为 20 dB），则消声系数 K 按下式取值：

$$10\lg\ (1+2K^2)\geqslant 20 \tag{3-144}$$

K 取整数，计算可得 $K=8$。

通道直径取 $D=89$ mm，其截面面积 $S=62.2$ cm^2，则共振腔体积 V 为

$$V=\frac{c}{2\pi f_{\text{r}}}\cdot 2KS=\frac{66\ 700}{2\pi\times 1000}\times 2\times 8\times 62.2=10564.7\ \text{cm}^3 \tag{3-145}$$

消声器的传到率 G 为

$$G=\left(\frac{2\pi f_{\text{r}}}{c}\right)^2 V=\left(\frac{2\pi\times 1000}{66\ 700}\right)^2\times 10564.7=93.7\ \text{cm} \tag{3-146}$$

共振消声器的长度 L 为

$$L=\frac{4V}{\pi(D_{\text{外}}^2-D_{\text{内}}^2)}=\frac{4\times 10564.7}{\pi(20^2-8.9^2)}=41.9\ \text{cm} \tag{3-147}$$

选取壁厚 $t=2$ mm 的金属管，在其上开孔，孔径取 $d=5$ mm，则开孔数满足下式：

$$n=\frac{G(t+0.8d)}{S_d}=\frac{93.7\times(0.2+0.8\times 0.5)}{\dfrac{\pi}{4}\times 0.5^2}=286.3 \tag{3-148}$$

计算得出开孔数量应为 287 个。

3.5.7　散热控制

发电机组在设计过程中采取了自动散热补偿技术，根据发电机组热负荷状态，通过控制发动机转速来驱动冷却风扇转速，从而改善了发电机组的工作条件，提高了发电机组的可靠性和高温适应性。

　　大功率逆变器在控制过程中,会产生比较高的热量,因此通过热分析来确定散热器的结构是很有必要的。本实例应用 Icepak 软件,对不同厚度的散热片基板、不同的散热翅片、不同尺寸的散热筋高度、不同尺寸的散热片等进行了热传导有限元分析。

　　在采用风冷的前提条件下,对散热片进行选择和分析,可使逆变器的发热源通过散热片来获得最大程度的散热。例如,30 kW 逆变器在工作过程中会有 3 kW 左右的功率产生热量,在仿真过程中将功率定位为 4 kW,即给一定的裕量,这样便可保证逆变器的散热效果。

　　首先我们选择两种不同高度的散热片,即散热筋高度为 127 m 和散热筋高度为 254 mm。通过对比两种不同高度的散热片的热分析结果,可以得出:当散热筋高度为 254 mm 时,散热效果相对较好,所以这里我们选择散热筋高度为 254 mm 的散热片,继续做热分析。

　　对于散热筋高度为 254 mm 的散热片,通过分别改变其散热片基板的厚度、散热筋的间距和风扇位置来进行对比,仿真结果如表 3 - 20 所示。

表 3 - 20　　热分析结果

序号	散热片基板厚度/mm	翅片数量	仿真最高温度/℃	备　注
1	12	37	102	风扇垂直放置
2	20	37	93	风扇垂直放置
3	30	37	78	风扇垂直放置
4	30	46	69	风扇垂直放置
5	30	46	71	风扇水平放置
6	24	33	60	风扇垂直放置

　　从表 3 - 20 中可以看出,散热片基板厚度为 24 mm,散热翅片为 33 片,风扇垂直放置时,温度可控制在 60℃附近,散热效果较好。因此,30 kW 逆变器的散热片选择基板厚度为 24 mm、翅片数为 33、散热筋高度为 254 mm 的散热片。

　　同理,对 75 kW 逆变器也采用有限元进行了辅助设计和选型。设计过程表明,有限元热分析法在散热片选取、散热结构设计方面有非常好的辅助作用。

3.6　燃料电池发电系统

　　虽然汽油、柴油发电机组组成的发电方式技术成熟,但因发电过程经燃料燃烧→热能→机械能→电能多个步骤,具有能量转换效率低、噪声和污染大、红外特征信号强等缺陷,不适合应用于对隐蔽性要求高的场所;而燃料电池发电系统具有发电无污染、噪声低和红外特征小等优点,尤其适合应用于对隐蔽性要求较高的场合。

　　质子交换膜燃料电池(PEMFC)具有工作温度低(从室温至 80℃)、结构紧凑、启动快等优点,在固定发电机组、电动车、军用特种电源、可移动电源等方面都有广阔的应用前景。PEMFC 发电装置的核心是电堆,根据电堆散热和氧化剂供应方式的不同,可以有多种不同的实现方案，例如常压风冷双风机方案、常压直接风冷型方案、常压水冷封闭结构方案、高压水冷封闭结构方案等。

本实例采用常压风冷双风机方案设计一款 PEMFC，系统主要技术指标如表 3 - 21 所示。

表 3 - 21　PEMFC 系统主要技术指标

参　数	指　标	
额定发电静功率/kW	≤0.5	
额定电压/V	交流	230
	直流	24
额定电流/A	交流	2.2
	直流	5
额定频率/Hz	50	
功率因数	0.8	
相数	1	
电压波动率	≤0.5%	
噪声/dB	≤50	

3.6.1　结构分析

质子交换膜燃料电池的发电系统由发电装置和储氢气瓶组成，如图 3 - 20 所示。发电装置的组成框图如图 3 - 21 所示，主要由燃料电池电堆模块（2 个）、电堆控制器（2 个）、辅助蓄电池组、DC/AC 逆变器、系统管理模块等组成。其中，电堆模块由电堆、电堆辅助系统（含反应风机、散热风机、氢气循环泵、进氢进气和排气电磁阀、自增湿结构等）、电堆单电池检测组件组成；辅助蓄电池组由 7 块锂聚合物电池串联组成。储氢气瓶由 2 个标称容积为 12L 的铝内胆碳纤维全缠绕复合气瓶组成。

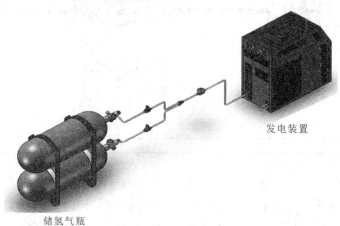

图 3 - 20　质子交换膜燃料电池发电系统组成图

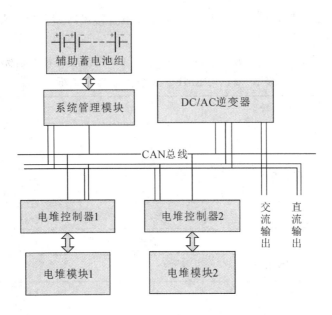

图 3-21　发电装置组成框图

燃料电池发电系统的结构框图如图 3-22 所示。

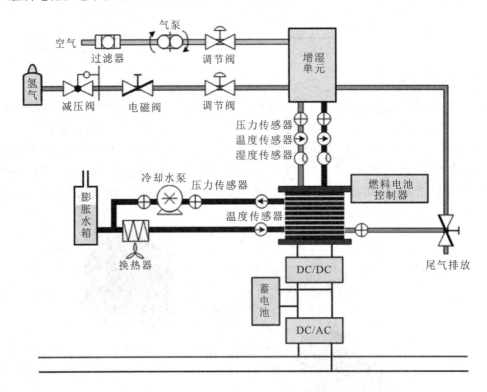

图 3-22　燃料电池发电系统结构框图

燃料电池发电系统连接原理框图如图 3-23 所示,燃料氢气经一级、二级减压阀减压后(压力为 0.04~0.05 MPa)进入燃料电池电堆,与空气中的氧气在电极表面发生化学反应生成水,并产生电能和热能。电堆控制器通过检测单电池的电压、温度以及电堆的电压、电流、湿度等参数,调节反应气体、散热空气的供应量,完成电堆发电的有效管理。系统管理模块根据负载变化,管理分配两个电堆和辅助蓄电池组对负载的输出功率,并将电能汇集到直流母线,再由 DC/AC 逆变成 230 V、50 Hz 交流电,额定功率为 500 W,也可直接输出 22～30 V 直流电,额定功率为 600 W,交、直流混合输出时的功率可按比例进行折算。系统管理模块还具有对辅助蓄电池组进行动态充放电控制及人机界面管理的功能。

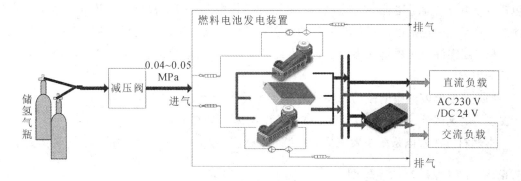

图 3 - 23　燃料电池发电系统连接原理框图

　　本实例设计的质子交换膜燃料电池发电系统是为探索燃料电池发电的关键技术而进行的具体实践,系统主要由质子交换膜燃料电池电堆、氢气和氧气供应子系统、系统控制子系统、氢气储存子系统等组成的,其简化电路结构如图 3 - 24 所示。

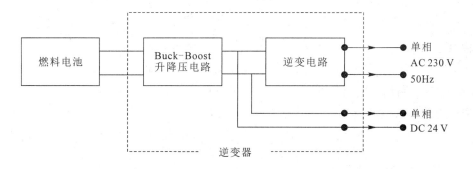

图 3 - 24　燃料电池电路结构简图

　　燃料电池发出的电能(约 24 V)经 DC/DC 变换转换为稳定的 24 V 电压输出,同时,Buck-Boost 升降压电路输出的 24 V 直流还可以经过逆变器逆变为单相 AC 230 V 电压。该燃料电池的选型主要是对燃料电池、DC/DC 变换电路、逆变电路等主要元件进行选型。

　　考虑到燃料电池发电系统的输出电压可能高于 24 V,也可能低于 24 V,故需要采用 Buck-Boost 升降压电路(可参见第 2 章相关内容),才能确保输出电压为 24 V。

3.6.2　设计原则及方法

　　燃料电池发电系统具有能量转化效率高、燃料选择范围广、清洁、污染少、噪声低、比能量高、可靠性强、负荷响应快等优点,但仍面临成本较高、功率密度不高、燃料存储困难、环境毒性比较敏感、工作温度兼容性有限等问题。高温工作稳定性和寿命是使用过程中必须要关注的核心问题。

本实例设计时坚持以下原则：

（1）电池的设计首先必须满足用电设备的使用要求，并进行优化，使其具有最佳的综合性能，然后再确定电池的电极、电解液、隔膜、外壳和其他零部件的参数，并将它们合理搭配，制成具有一定规格和指标的电池或电池组。

（2）在进行设计前，必须详尽了解使用对象对电池性能指标及使用条件的要求，一般包括以下几个方面：电池的工作电压；电池的工作电流，即正常放电电流和峰值电流；电池的工作环境，包括电池工作时所处的状态及环境温度；电池的最大允许体积；等等。

（3）还需综合考虑材料来源、电池性能、电池特性、电池工艺、经济指标、环境问题等方面的因素。

（4）电堆单电池膜电极的选择一般要考虑功率密度、燃料品质、氧化剂成分、电堆运行温度、电堆运行压力、加湿程度、空气的流量比、氢气回收等因素。

本燃料电池发电系统主要完成发电装置、逆变器、DC/DC 变换器的选型，具体如下。

3.6.3 逆变器设计与选型

1. 逆变电路设计与选型

（1）逆变电路输入电压的计算。

依然采用单相全桥逆变电路，逆变电路输入电压为

$$U_{\text{I\_RMS}} = \frac{230}{0.9} + 4.0 = 260 \text{ V} \tag{3-149}$$

输入电压峰值为

$$U_{\text{I\_PK}} = 1.27 \times 260 + 4.0 = 334 \text{ V} \tag{3-150}$$

（2）逆变电路输入电流的计算。

逆变电路输入电流为

$$I_{\text{I}} = \frac{P_{\text{O}}}{U_{\text{I\_RMS}} \cos\varphi} = \frac{0.5 \times 1000}{260 \times 0.8} = 2.4 \text{ A} \tag{3-151}$$

（3）功率器件的选型。

取安全系数为 2.0，则功率器件的耐压 U_{P} 满足下式：

$$U_{\text{P}} \geqslant 2.0 U_{\text{I\_PK}} = 2.0 \times 334 = 668 \text{ V} \tag{3-152}$$

取安全系数为 2.0，则功率器件的电流等级 I_{P} 满足下式：

$$I_{\text{P}} \geqslant 2.0 I_{\text{I}} = 2.0 \times 2.4 = 4.8 \text{ A} \tag{3-153}$$

本实例可用 2 块 IGBT 模块 FF50R12RT4 搭建逆变电路，所选 IGBT 的耐压为 1200 V，额定电流为 50 A，满足设计要求。

2. Buck-Boost 升降压电路设计与选型

为了保证燃料电池在电压降低的情况下能有可靠的输出，需要采用升压技术来保持电压稳定；为了保证燃料电池在电压升高的情况下能有可靠的输出，需要采用降压技术来保持电压稳定。本设计采用前文提到的 Buck-Boost 升降压技术。升降压电路的原理如图 3-25 所示，图中的 S 为功率器件，可以是 IGBT 或者 MOSFET。

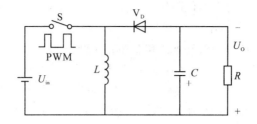

图 3 - 25　Buck-Boost 升降压电路

设计的 Buck-Boost 参数如下：输入电压范围为 $10\sim50$ V，输出电压为 24 V，PWM 频率为 33 kHz，输入电流为 $0\sim25$ A，输出电流为 $1\sim25$ A，最大功率为 600 W，效率大于 92%。

（1）Buck-Boost 电路占空比 D 的计算。

Buck-Boost 电路输入、输出电压存在如下数量关系：

$$U_\text{O}=\frac{D}{1-D}U_\text{in} \tag{3-154}$$

式中，D 为 PWM 波的占空比。当 $D=0.5$ 时，$U_\text{O}=U_\text{in}$；当 $0.5<D<1$ 时，为升压变换；当 $0<D<0.5$ 时，为降压变换。

占空比 D 为

$$D=\frac{U_\text{O}}{U_\text{O}+U_\text{in}}=0.324\sim0.706 \tag{3-155}$$

（2）储能电感 L 的选型。

与 Boost 电路电感计算方法类似，取纹波系数 $k_\text{IL}=30\%$ 来进行计算。对于 Buck-Boost 电路来说，占空比的数值为 $1-D$ 时，电感上的电流最难连续。因此，需要在 $D=0.5$ 且输出电流最小时，设计输出最小电流为 1 A，则计算电感为

$$L=\frac{U_\text{in}D(1-D)}{k_\text{IL}I_1 f_\text{s}}=\frac{50\times0.5\times(1-0.5)}{0.3\times1\times33\times1000}=1.3 \text{ mH} \tag{3-156}$$

电感上的最大电流平均值为

$$I_\text{Lmax, AV}=\frac{I_\text{Omax}}{1-D_\text{max}}=\frac{25}{1-0.706}=85 \text{ A} \tag{3-157}$$

电感脉动电流峰值为

$$\Delta I_\text{L}=k_\text{IL}I_\text{Lmax, AV}=25.5 \text{ A} \tag{3-158}$$

电感上的峰值电流为

$$I_\text{Lmax}=I_\text{Lmax, AV}+\frac{1}{2}\Delta I_\text{L}=85+\frac{1}{2}\times25.5=97.75 \text{ A} \tag{3-159}$$

保留 50% 的裕量，选择电感量 $L=2$ mH 的电感作为储能器件，可满足设计需求。

（3）功率器件 S 的选型。

Buck-Boost 变换器功率器件电流有效值为

$$I_\text{Lmax, RMS}=I_\text{Lmax, AV}\sqrt{D_\text{max}}=85\times\sqrt{0.706}=71.4 \text{ A} \tag{3-160}$$

功率器件 S 截止时，承受的反向电压按下式计算：

$$U_\text{R}=U_\text{in}+U_\text{O, max}=50+24=74 \text{ V} \tag{3-161}$$

取安全系数为 2.0，则功率器件耐压为

$$U_{RM} = 2.0U_R = 2.0 \times 74 = 148 \text{ V} \tag{3-162}$$

取安全系数为 2.0，则功率器件 S 上电流的有效值为

$$I_{S,RMS} = 1.5 \times I_{Lmax,RMS} = 1.5 \times 71.4 = 107 \text{ A} \tag{3-163}$$

考虑减小电池自耗，选择导通压降小、开关损耗低的 MOSFET 作为 Buck-Boost 电路的功率器件。本实例的最终选型为英飞凌 IXFR150N15，其耐压为 150 V，额定电流为 105 A。

（4）续流二极管 V_D 的选型。

二极管的最大电流有效值为

$$I_{Dmax,RMS} = I_{Lmax,RMS}\sqrt{1-D_{min}} = 85 \times \sqrt{1-0.324} = 70 \text{ A} \tag{3-164}$$

则二极管的额定电流为

$$I_F = \frac{2I_{Dmax,RMS}}{1.57} = \frac{2 \times 70}{1.57} = 89 \text{ A} \tag{3-165}$$

二极管 V_D 截止时，承受的反向重复峰值电压与功率器件 S 相同，取安全系数为 2.0，则二极管耐压应大于 148 V。电流取安全系数为 1.5，则二极管额定电流应大于 $1.5I_F = 1.5 \times 89 = 134$ A。

结合上述计算，选择 150EBU04(400 V，150 A)快恢复二极管作为续流二极管。

（5）滤波电容 C 的选型。

设计纹波电压为 100 mV，则输出电容为

$$C = \frac{I_{Omax}D_{max}}{U_{pp}f_s} = \frac{25 \times 0.706}{100 \times 10^{-3} \times 33 \times 10^3} = 5348 \text{ } \mu\text{F} \tag{3-166}$$

电容耐压值 U_C 为

$$U_C \geqslant 1.5U_R = 111 \text{ V} \tag{3-167}$$

根据计算，选择 2 个 150V3300UF 铝电解电容并联作为滤波电容。

因此，根据技术指标要求和设计计算，该燃料电池发电系统中逆变器的设计选型如表 3-22 所示。

表 3-22　燃料电池发电系统中逆变器的设计选型表

部　件	型　号	规　格	数量	备注
逆变电路功率器件	FF50R12RT4	1200 V/50 A	2	市售产品
Buck-Boost 电路储能电感		2 mH	1	市售产品
Buck-Boost 电路续流二极管	150EBU04	400 V/150 A	1	市售产品
Buck-Boost 电路滤波电容	150V3300UF	150 V/3300 μF	2	市售产品
Buck-Boost 电路功率器件	IXFR150N15	150 V/105 A	1	市售产品

3.6.4　电池设计与选型

电池设计与选型主要完成对膜电极、双极板、辅助蓄电池、储氢气瓶的选型及对电堆的设计。

1. 膜电极选型

膜电极是质子交换膜燃料电池的核心部件,通常由关键材料气体扩散层、催化层和质子交换膜通过热压工艺制备而成。目前用于质子交换膜燃料电池的关键材料几乎全部依靠进口,有以下几种典型的进口材料的来源,例如美国杜邦公司生产的 Nafion 系列质子交换膜、日本东丽公司生产的 TGP-H 系列碳纸、英国 Johnson Matthey 公司生产的铂催化剂等。膜电极的主要销售厂家有戈尔公司、Johnson Matthey 公司、杜邦公司等,国内虽有多个生产膜电极的厂家,但商品化的只有武汉新能源公司。

戈尔公司生产的膜电极使用自主研发的聚四氟乙烯加固 Nafion 膜,这种膜电极的最大优点是寿命长,是未加固 Nafion 膜膜电极使用寿命的 5 倍左右。例如,戈尔 56 系列膜电极用于固定电源时的寿命大于 20 000 h。该公司生产的 5510 膜电极用于固定电源时,运行 2000 h 性能几乎无衰减,且功率密度较高(约 0.52 W/cm^2)。综合考虑膜电极的使用寿命、性能及成本,本设计实例的发电装置选用戈尔 5510 膜电极。

2. 双极板选型

双极板是质子交换膜燃料电池的关键部件之一,在燃料电池中主要起分隔氧化剂与还原剂、使生成的水顺利排出、分隔电池堆中的每节单电池和收集并输送电流的作用。质子交换膜燃料电池双极板的成本与性能对推进燃料电池的产业化进程有很大影响。双极板材料主要有无孔石墨材料、金属或合金材料以及各种复合材料,不同材料双极板的性能对比见表 3-23。其中,石墨双极板加工工艺成熟,由石墨双极板组装的电堆功率较高,鉴于此,本设计实例选用石墨双极板。

表 3-23　双极板材料性能比较

材料	石墨材料	金属材料	复合材料
优点	电阻小、耐腐蚀、质量小、工艺成熟	体积小、强度大、易成形、成本低	体积小、强度大、耐腐蚀、质量小
缺点	脆性大	易腐蚀、质量大	导电性差、机械性能较差

另一方面,国内选材与设计的很多双极板已能达到美国能源部对车用双极板质量制定的规范标准,并已将其组装成电堆。本设计实例的发电装置采用国内石墨双极板和北京航天发射技术研究所自主研发的流场结构。

3. 辅助蓄电池组选型

辅助蓄电池组主要为发电装置启动、停机时供电,并在电堆运行过程中辅助供电。辅助蓄电池组可选择锂聚合物电池或铅酸电池,两种类型电池的主要性能比较见表 3-24。

表 3-24　两种辅助蓄电池主要性能比较

类型	锂聚合物电池	铅酸电池
体积、质量	小	大
功率密度	充电电流大,约 1C,放电过程电压下降慢	充电电流小,约 0.1C,放电过程电压下降快
寿命	充放电循环高达几千次	充放电循环约 500 次

发电装置对辅助蓄电池组的主要要求有：体积、质量小；充放电电流大，时间短，放电时间约 60 s，充电时间约 2～3 min。通过对比分析，选用锂聚合物电池作为辅助蓄电池组。根据设计要求，选择北京东黎瑞源科技发展有限公司型号为 RSD 8085105 的锂聚合物电池，经过长期使用试验，该电池性能可靠。

（1）选择电池的能量密度。

辅助蓄电池组的功率按照单模块功率 500 W 计算，电压为 24 V，则电池组的短时放电电流为 21 A。若电池以 3C 放电，则容量为

$$Q_c \geqslant \frac{I_m}{3} = \frac{21 \times 1000}{3} = 7000 \text{ mA} \cdot \text{h} \tag{3-168}$$

（2）选择电池的功率密度。

设计单电堆模块约 0.5 h 养水一次，养水时间为 30 s。按系统一小时养水时间为 2 min 来计算，辅助蓄电池组每小时放电时间应维持在 2 min 以上。当选择 7000 mA·h 以上辅助蓄电池组时，按 3C 放电可维持 24 min，满足设计要求；同理，按单电堆模块正常发电 450～480 W 计算，充电时间每小时按 58 min 计算，完全可以满足电池组充电要求。

4. 储氢气瓶选型

储氢方法有高压气态储氢、液态储氢、固态储氢等，各种方法的特点对比见表 3-25。高压气态储氢和金属氢化物储氢技术目前较成熟，其中金属氢化物储氢容器体积小，但质量较大。近年来，在高压储氢容器研究方面已取得了重要进展，采用的储氢容器通常以锻压铝合金为内胆，外面包覆浸有树脂的碳纤维，储氢压力最高可达 70 MPa，储氢质量比最高可达 7%～8%，这类容器具有自身质量小、抗压强度高及不产生氢脆等优点。鉴于此，本设计实例选用铝内胆碳纤维全缠绕复合气瓶。

表 3-25　储氢方法比较

方　法		储氢质量百分比 /(wt%)	单位体积储氢质量 /(kg/L)	主要特点
高压气态储氢		0.7～10	0.015	技术成熟，应用广泛，简便易行
液态储氢		14.2	0.04	技术成熟，主要应用于大型储存，但能耗高、管理复杂
固态储氢	金属氢化物	3	0.028	价格昂贵，自身质量大，仅适合小容量储氢
	活性炭	9.8	—	经济性好，储氢量高，解析快，循环使用寿命长，但技术有待成熟
	纳米碳管	2～8	—	处于研发阶段，目前不能大规模生产，成本高
	硼氢化钠	3.35	0.036	储存效率高，安全无污染，但成本较高，使用过程复杂

电堆按额定功率 $P_F = 406.5$ W 运行时理论氢气消耗量为

$$V_{H_2} = \frac{22.4 \times 40 \times \dfrac{406.5}{24}}{2 \times 96\,487} \times 60 = 4.7 \text{ L/min} \tag{3-169}$$

一般情况下，氢气循环泵的循环量为氢气消耗量的 50%～85%，若按最大 85% 计算，则氢气循环量为 3.82 L/min。本设计实例选择的循环泵最大流量为 8 L/min，满足使用要求，并留有设计裕量。

电堆以功率 406.5 W 运行时理论氢气消耗量为 4.7 L/min，则每小时额定功率发电耗氢量为 4.7×60＝282 L，每小时单电堆氢气尾气排放量约为 3 L，则电源以额定功率运行时双电堆实际消耗氢气量为 (282＋3)×2＝570 L/h。

储氢容器的容量大小按设计要求一次加氢可保障系统满载工作 4 h，根据上述计算，系统 4 h 耗氢总量约 2280 L（常温常压），储氢容器的储氢压力按 15 MPa 计算，需要储氢容器的容积大于 15.2 L。本设计实例选择北京天海公司 LC12.0-30A1 型号的碳纤维储氢气罐 2 个（每个气罐容积为 12 L），满足储存上述容量氢气的要求。

使用储氢罐时，罐内氢气首先经一级减压器减压，压力减至 0.2～0.5 MPa，再经精密减压器减至 0.04～0.045 MPa，最后经电磁阀进入燃料电池电堆。

5. 电堆设计

(1) 计算总发电功率 P_F。

电池发出的电能减去自耗，才能输出设计功率，因此，电池发电功率按下式计算：

$$P_F = \frac{P_{FO}}{\eta_{DCDC}\,\eta_{DCAC}} + P_S \tag{3-170}$$

式中，P_{FO} 为电池设计输出功率，单位为 W；P_S 为电池自耗功率，单位为 W；η_{DCDC} 为 DC/DC 变换效率，设计时取 $\eta_{DCDC}=0.92$；η_{DCAC} 为 DC/AC 变换效率，设计时取 $\eta_{DCAC}=0.82$。

电池自耗主要是指电池控制设备的耗电量，如散热风机、氧化剂供给风机、电磁阀、氢气循环泵、控制器等的自耗。本实例中，电堆自耗总计约为

$$P_S = 150 \text{ W} \tag{3-171}$$

因此，电池发电总功率应满足：

$$P_F = \frac{0.5 \times 1000}{0.92 \times 0.82} + 150 = 813 \text{ W} \tag{3-172}$$

(2) 计算单电堆发电功率 P_{F1}。

本设计采用双电堆并联发电，单电堆发电功率为

$$P_{F1} = \frac{P_F}{2} = \frac{813}{2} = 406.5 \text{ W} \tag{3-173}$$

(3) 计算电堆中单电池个数 N_C。

电堆中单电池个数按下式计算：

$$N_C = \frac{U_O}{U_{cell}} \tag{3-174}$$

式中，N_C 为电堆中串联单电池的个数；U_{cell} 为单电池的工作电压，正常情况下，$U_{cell}=0.58\sim0.68$ V；U_O 为燃料电池输出电压，单位为 V。考虑功率器件 S 的压降为 1.0 V，则 $U_O=24+1.0=25.0$ V。

取单电池工作电压 $U_{cell}=0.63$ V，则电堆中电池个数为

$$N_C = \frac{U_O}{U_{cell}} = \frac{25.0}{0.63} = 39.6 \approx 40 \qquad (3-175)$$

经过计算，单个电堆需要 40 个单电池串联。

(4) 计算单电池发电功率 P_{cell}。

单电池发电功率的计算式为

$$P_{cell} = \frac{P_{F1}}{N_C} = \frac{406.5}{40} = 10.2 \text{ W} \qquad (3-176)$$

(5) 计算膜电极活性面积。

一般常压开放电堆的最小功率密度为 $W_s = 0.45 \text{ W/cm}^2$，则膜电极活性面积为

$$S \geqslant \frac{P_{cell}}{W_s} = \frac{10.2}{0.45} = 22.7 \text{ cm}^2 \qquad (3-177)$$

考虑各个相关部件的加工精度，并留有一定的设计裕量，选择 25 cm² 作为理论活性面积。

(6) 计算单电堆输出电压 U_{stack}。

开放结构单电池最佳工作电压范围在 $0.58 \sim 0.68$ V 之间，取单电池 0.63 V 工作点进行设计，则单电堆的额定输出电压为

$$U_{stack} = 40 \times 0.63 = 25.2 \text{ V} \qquad (3-178)$$

综上所述，燃料电池发电系统主要部件选型如表 3-26 所示，电堆设计参数如表 3-27 所示。

表 3-26 燃料电池发电系统主要部件选型表

名　称	品　牌	型　号	参　数
膜电极	戈尔	5510	功率密度 0.52 W/cm²
双极板			石墨双极板
辅助蓄电池	北京东黎瑞源科技发展有限公司	RSD 8085105	锂聚合物电池
储氢气瓶	北京天海德坤复合气瓶有限公司	LC12.0-30A1	12 L 碳纤维储氢气罐

表 3-27 电堆设计参数

参数名称	数　值
总发电功率/W	813
单电堆发电功率/W	406.5
单电堆输出电压/V	25.2
单电堆膜电极活性面积/cm²	25
单电堆并联数	2
单电池电压/V	0.63
单电池发电功率/W	10.2
电堆中电池串联数	40

3.6.5 散热控制

由于燃料电池本身具有噪声低的特点,故噪声和振动问题不是考虑的重点。但由于燃料电池依靠燃料化学反应发电,将产生大量的热能(热效率约为 40%),因此,散热问题如果得不到有效解决,将严重影响电池正常工作。

电堆是燃料电池的主要化学反应器,设计中的首要问题是解决电堆散热。本实例采用双风机(反应风机与散热风机)双风道(反应风道与散热风道)结构,如图 3-26 所示,将常压空气通过风压吹到电堆散热表面,起到散热作用。

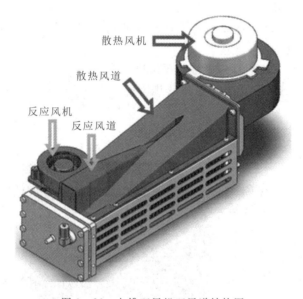

图 3-26 电堆双风机双风道结构图

电堆辅助系统供气及电堆内部气体流向示意图如图 3-27 所示。与冷却空气、反应空气共风机共风道的结构相比,该结构可独立完成对冷却空气、反应空气的供给,有利于电堆水、热平衡的管理。

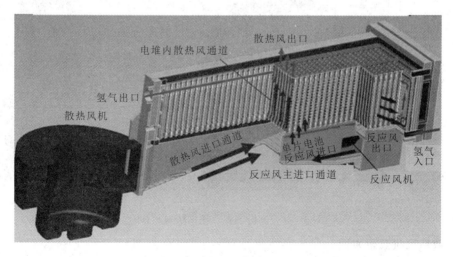

图 3-27 电堆辅助系统供气及电堆内部气体流向示意图

1. 单电池结构设计方面

在单电池结构设计方面，本实例使用 FLUENT 软件进行电堆单电池阴、阳极极板流场的数值模拟，并完成了阴极和阳极流道（配气孔及桥下过孔）的结构改进，提高了单电池流场配气的均一性，提高了电池结构的散热效率。

2. 发电装置结构设计方面

在发电装置结构设计上采用了以下措施，以保证散热通畅。

（1）两个电堆上下平行排放，电堆散热口紧贴箱体外壳，设计足够大的开孔，防止热风由箱体内壁反射回电堆。

（2）将散热风机的取风口、出风口设计在箱体侧面和后面，并增加隔板，以防止热风被散热风机反吸回电堆。

（3）反应风机的取风口设计在电堆热风出口的背面。

（4）在 DC/AC 逆变器、电堆控制器散热风扇、辅助蓄电池组和发电装置总控制板等处设计适当的开孔。

发电装置及箱体结构示意图如图 3-28 所示。

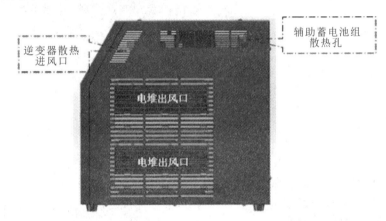

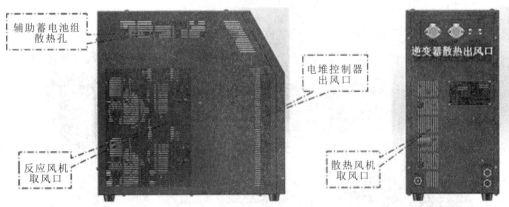

图 3-28　发电装置及箱体结构示意图

3. 散热风机选型方面

设计过程中对散热风机进行了选型计算。两个电堆的散热剂分别独立供应，按照环境最高温度为 40℃，电堆工作温度为 55℃，空气入口温度为 40℃，空气出口温度为 52℃，温差 $\Delta T=12℃$，当电堆发电功率为 406.5 W 时产生的热量为 394 W（理论发电效率为总功率的 50.8%，发热量为 49.2%），即采用风冷散热时，需要空气至少能带出的热量 $Q=394$ W$=394$ J/s，因此，所需空气流量 q_v 为

$$q_v=\frac{Q}{\Delta T\rho C}=\frac{394\times10^{-3}}{12\times1.29\times1.96}=0.013\text{ m}^3/\text{s}=0.78\text{ m}^3/\text{min} \qquad (3-179)$$

式中，ρ 为空气密度，$\rho=1.29$ kg/m^3；C 为空气比热容，取 1.96 kJ/(kg·℃)。

选择的 F40-50 散热风机最大流量为 2.7 m^3/min，满足设计要求，并具有较大裕量。

4. 控制方面

在控制方面，采用 Buck-Boost 拓扑结构、全数字控制，控制电压为 10～42 V DC，最大输出电流为 1.3 A。系统通过散热控制，可使电堆温度保持在一定范围内。

3.6.6　环境适应性、可靠性和可维护性

1. 环境适应性

电堆设计所采用的小环境结构具有阴极自增湿功能，环境适应性强。燃料电池电堆的阴极进气增湿一般采用外加专用的加湿装置，本实例研制了一种独特的小环境自增湿结构。电堆出风口及风向见图 3-29，因电堆阴极反应生成水，阴极出风口空气的含水量非常大，故设计阴极小环境结构，回收部分阴极尾气，实现阴极入口空气的自增湿。通过控制环境风机的风速，可调节电堆阴极入口处反应空气的湿度。该结构为电堆提供了湿润的运行环境，提高了电堆的功率密度及环境适应性，而且有利于延长电堆的工作寿命。

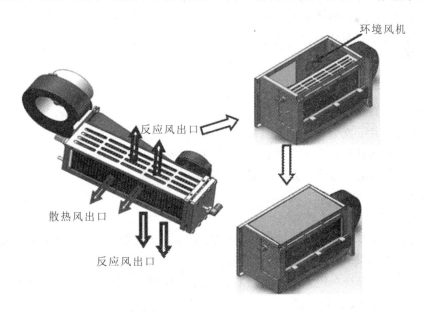

图 3-29　电堆出风口及风向、电堆小环境结构示意图

同时，该结构还具有阳极自增湿功能。电堆阳极自增湿是通过氢气循环结构及阳极尾气的回收利用来实现的。

2. 可靠性

1）可靠性设计

在进行结构设计时，本实例注重考虑系统的可靠性，主要做法有以下几点：

（1）在电源内部结构设计时，考虑了使电堆生成水与控制电路模块充分隔离，并对所有电路部分喷涂三防漆。

（2）在电源内部布局及外壳结构设计时，充分考虑电堆反应空气进气侧、电堆散热出风侧的通风性能。

（3）在系统设计时，注重设备的强度设计、抗蚀设计、电磁兼容设计等。

（4）电堆的结构强度及气密性也是重点关注的设计内容。

2）关键部件的选择

在关键部件的选择上，也充分考虑了其可靠性。

（1）电堆及发电装置的控制系统为自行研制，其可靠性如前所述。

（2）DC/AC 逆变器为自行研制，采用双向电压源 DC/AC 功率变换器拓扑为基础，利用高频变压器代替低频变压器，通过副边的周波变换器传输电能，并实现了变流装置一、二次侧电源之间的电气隔离，不仅大大减小了逆变电源的体积和质量，提高了装置的功率密度，而且该装置具有更优良的动态响应特性和交互噪声抑制能力。该逆变器同时采用了PID 控制技术、重复控制技术和零极点配置技术等综合控制技术，并且引入了输入输出波动补偿，实现了良好的控制效果。

（3）对购置的辅助蓄电池组进行了长时间的性能考核，电池质量及寿命可靠。

（4）储氢装置为铝内胆碳纤维全缠绕复合气瓶，购置于具有生产氢气瓶资质的专业单位。气瓶的公称工作压力是 30 MPa，产品均经过严格检验，能够保证安全性。

（5）电路板生产和焊接由专业电子产品生产企业负责，可保证电路板的质量。

（6）所选电子元器件全部为知名大型企业制造，有严格的生产检验程序，有良好的信誉和供货渠道。

3. 可维护性

1）可达性

在结构设计中，充分考虑了人员和工具的操作空间。在整体结构设计中，采用了抽取式固定方式，零部件不但固定可靠，而且最大限度地减少了螺钉的使用，扩展了维修工作空间。模块之间的线缆分组固定，线缆长度留有活动余量。整机操作或维修的可达性良好，便于安装、维护和维修。

2）标准化和互换性程度

在总体设计上尽量采用了标准件、通用件，较少采用自制件。自行研制的核心功能部件如电堆、逆变器、控制模块等部分均采用模块化和通用化设计，外观、最大外形尺寸、安装尺寸及接口定义均实施统一定义，形成文档约束管理，保证产品间功能零部件可以实施互换。

3）防差错措施及识别标记

模块化设计保证了接口定义的明晰，在生产过程中，采用标准线束生产工艺，对线缆及管路进行了标号标示及颜色区分。另外，不同模块采用了不同的接口形式，防止反插、误插等现象发生。操作件均配有定义明确的文字或示意标记，指导用户进行安全操作。

4）维修安全性

发电装置所有部件的设计均符合国家标准规定的相关机械、电气安全要求，具有短路、过载、欠气等保护功能，可保证在安装、使用、维护过程中人员和设备的安全性。

5）配套文件、辅助系统齐全性

500 W 质子交换膜燃料电池发电系统出厂时配有装箱清单及详细的安装使用说明书，对系统的工作原理和各组件的构造、安装使用方法均有详细的阐述，完全能满足用户的安装、使用和维护需要。

3.7 光伏发电系统

太阳能转换为电能的技术称为太阳能光伏发电技术（简称 PV 技术）。与其他常规发电技术相比，光伏发电具有明显的优势：一是高度清洁性，发电过程无损耗、无废物、无废气、无噪声、无毒害、无污染，不会导致温室效应；二是绝对安全，利用太阳能发电，对人、动物、植物无任何损害；三是普遍实用性，不需开采，使用方便，凡是有光照射的地方就能实现光伏发电，可广泛用于通信、交通、海事、军事等各个领域；四是能源充足。

光伏电池（光伏组件或电池板）是光伏发电系统的核心部件，它利用"光生伏打效应"将太阳能转换为电能。光伏组件的种类繁多，常见的有单晶硅组件、多晶硅组件、砷化镓组件、非晶硅组件，其中，晶体硅组件占市场的 80% 以上。从转换效率上看，砷化镓组件的光电转换效率高，单晶和多晶砷化镓组件的理论转换效率可分别达 27% 和 50%。单晶硅电池板的光电转换效率为 15%～20% 以上，目前已达到 26%，使用寿命一般为 15 年左右，最高可达 25 年；多晶硅电池板的光电转换效率为 12%，非晶硅约为 10%。综合考虑，单晶硅组件在可靠性、效率等多方面都具有优势。

太阳能光伏发电系统可分为两大类，一类是太阳能光伏发电独立系统，另一类是太阳能光伏发电并网系统。

针对新疆维吾尔自治区喀什地区野外应急供电需要（喀什地区的天气状况：喀什地区地处东经 71°39′～79°52′、北纬 35°28′～40°16′ 之间，属暖温带大陆性干旱气候，年平均气温为 11.7℃，年平均日照时数为 2740 h。），本实例设计了一套小型光伏发电独立系统，其主要技术指标如表 3-28 所示。

表 3-28 光伏发电系统主要技术指标

参　数	指　标
额定功率/kW	0.5
额定电压/V	230
额定频率/Hz	50
功率因数	0.8（滞后）
相数	3
蓄电池电压/V	48

3.7.1　结构分析

野外应急供电光伏发电系统主要由光伏电池、控制器、蓄电池组、逆变器构成,其结构如图 3-30 所示。光伏电池发出 48 V 左右的直流电,经过逆变变为 AC 230 V 电源。

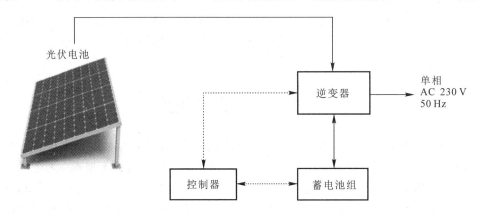

图 3-30　光伏发电系统结构组成

光伏发电系统的设计主要包括软件和硬件两部分,这里主要介绍硬件设计与选型。硬件设计与选型包括电力负载的选型、光伏电池和蓄电池的型号确定、光伏电池阵列支架的设计、逆变器的设计,以及整个光伏发电系统所涉及的控制、测量装置的选型和设计。对于大规模光伏发电系统,硬件设计还包括光伏电池阵列的排列设计、相关防护措施设计、配电装置设计和相关辅助设施、备用电源的设计与选型。

3.7.2　设计原则及方法

小型独立光伏发电系统一般在比较偏远和远离电网的地区使用,如偏僻地区的农村、牧场或哨卡、边防站等。因此在设计过程中应充分考虑实际情况,坚持以下原则:

(1)经济性原则。应考虑用电需求,在此基础上,对几十个参数做出综合考虑和计算,以最大限度地发挥系统各部件的性能,尽可能做到最大优化设计。在确保满足负载电力供应的前提下,应使光伏发电系统中的光伏电池组件功率与蓄电池容量最低,以降低初期建设成本。

(2)适用性原则。充分注意地理位置、气候环境的影响,做到环境适用。由于光伏发电系统的能量来源完全依靠太阳辐射能,因此要尽可能详尽地掌握当地的气象、环境状况。

(3)可靠性原则。设计的光伏发电系统应充分考虑可靠性,降低使用过程中出现的可靠性问题。

(4)严谨性原则。光伏发电系统的每一步预先设计和规划都需要经过科学的研究与论证,以防止不恰当的设计导致建设成本额外大幅增长。

光伏发电系统电力变换的核心是逆变器,在选用逆变器时,应注意以下原则:

(1)确保足够的额定输出容量和过载能力。逆变器首先要考虑有足够的额定容量,以满足在系统最大负荷下电力设备对功率的要求。当系统中仅为单一设备,用电设备为纯阻性负载或功率因数高于 0.9 时,选取逆变器的额定容量为电力设备容量的 1.1~1.15 倍;当逆变器包含多个负载时,对逆变器容量的选取需要确保几个电力负载同时具有稳定性能

（即负载系统的"同时数"）。

（2）较高的电压稳定性能。为确保电力供应的稳定性，在独立光伏发电系统中均配置了蓄电池。标称电压为 12 V 的蓄电池处于浮充电状态时，其端电压可达 13.5 V，在短时间内过充电状态可达 15 V。蓄电池放电结束时，其端电压可下降至 10.5 V 甚至更低。由此可见，蓄电池输出端电压的变化范围为标称电压的 30% 左右。所以，为确保光伏发电系统输出高效、稳定的电力，必须使逆变器具有良好的调压性能。

（3）在各种负载下应具有较高的效率。光伏发电系统中所使用的逆变器必须具有较高的整机效率。

（4）具有良好的过流保护与短路保护功能。光伏发电系统在正常运行中，因负载故障、人员误操作及外界干扰等原因会导致供电系统出现过流或短路故障。而光伏发电系统中的逆变器对外电路的过流及短路比较敏感，因此在选用逆变器时，必须要求逆变器具有良好的过流及短路保护功能，只有这样才能提高光伏发电系统的可靠性。

（5）便于维护。首先，要求生产厂家需具有良好的售后服务功能；其次，还要求厂家在逆变器的生产工艺、结构及元器件选型、制造方面具有良好的可维护性，元器件要容易拆装、更换，使得在逆变器出现故障后能迅速恢复正常。

一般来说，在确定建设一个独立太阳能光伏发电系统之后，通常按照"计算负荷，计算蓄电池容量，计算太阳能电池方阵容量，确定控制器和逆变器型号，是否考虑混合发电"等步骤进行系统设计。

3.7.3 光伏电池设计与选型

1. 光伏电池容量 P_A 计算

计算负载时，从经济性的角度出发，应该实际统计每个用电设备的功率，计算日耗电量之和。本设计采用下式计算日耗电量：

$$W_D = N_D k_D P_O \cos\varphi \tag{3-180}$$

式中，W_D 为所有负载日耗电量，单位为 W·h；N_D 为设备平均工作时长，按照 10 h 计算；k_D 为负载同开系数，一般取 $k_D=0.9$；P_O 为发电系统额定功率。则该光伏发电系统的负载日耗电量为

$$W_D = 10 \times 0.9 \times 500 \times 0.8 = 3600 \text{ W·h} \tag{3-181}$$

系统光伏电池的容量按下式计算：

$$P_A = \frac{W_D}{\eta_1 \eta_2 \eta_{inv} T_0} \tag{3-182}$$

式中，T_0 为日平均日照时数；η_1 为蓄电池正常充电系数，$\eta_1=0.8\sim0.9$；η_2 为组件效率，$\eta_2=0.9\sim0.95$；η_{inv} 为逆变器效率，$\eta_{inv}=0.9\sim0.98$。喀什地区年平均日照时数为 2740 h，日平均日照时数为 2740/365=7.5 h。取蓄电池正常充电系数为 0.85，组件效率为 0.95，逆变器效率为 0.92，则所需光伏电池组件的容量为

$$P_A = \frac{W_D}{\eta_1 \eta_2 \eta_{inv} T_0} = \frac{3600}{0.85 \times 0.95 \times 0.92 \times 7.5} = 646 \text{ W} \tag{3-183}$$

因此，光伏电池组件总容量大于 646 W。如果计算所得的光伏电池容量较大，则需要多块光伏组件组成太阳能阵列使用。

2. 光伏电池电流 I_A 计算

光伏电池电流 I_A 按下式计算：

$$I_A = \frac{P_A}{U_C} \qquad\qquad (3-184)$$

式中，U_C 为电池组设计输出电压，本实例取 48 V。则光伏电池电流为

$$I_A = \frac{646}{48} = 13.5 \text{ A} \qquad\qquad (3-185)$$

3. 光伏组件选型

若直接按计算所得的光伏电池容量、电流，则一般很难直接采购到，故需要调查光伏组件，确定拟采用的光伏组件参数，再进行一定的串联和并联，最终组成光伏电池。经调查，某光伏组件的主要参数如表 3-29 所示，本系统拟采用该光伏组件构建光伏电池。

表 3-29　某光伏组件主要参数

参数	功率/W	峰值电压/V	峰值电流/A	开路电压/V	短路电流/A
数值	110.3	17.5	6.3	21.7	6.9

4. 组件并联数 N_P 计算

光伏组件的并联数影响到输出功率，组件并联数按下式计算：

$$N_P = \frac{I_A}{I_P} = \frac{13.5}{6.3} = 2.1 \qquad\qquad (3-186)$$

式中，N_P 为光伏组件并联数；I_P 为光伏组件峰值电流，单位为 A。经计算，并联数取 2。实际峰值输出电流为 $2 \times 6.3 = 12.6$ A。

5. 组件串联数 N_S 计算

光伏组件的串联数按下式计算：

$$N_S = \frac{1.43 U_C}{U_P} \qquad\qquad (3-187)$$

式中，N_S 为光伏组件的串联数；U_P 为光伏电池峰值工作电压，单位为 V；系数 1.43 为光伏电池峰值工作电压与输出电压的比值。为工作电压是 12 V 的系统供电或充电的光伏电池的峰值电压是 17～17.5 V，为工作电压是 24 V 的系统供电或充电的光伏电池的峰值电压为 34～34.5 V 等。因此，系统工作电压乘以 1.43 就是该光伏电池组件或整个方阵的峰值电压近似值。

计算得到，光伏组件的串联数为

$$N_S = \frac{1.43 U_C}{U_P} = \frac{1.43 \times 48}{17.5} = 3.92 \qquad\qquad (3-188)$$

因此，取光伏组件串联数为 4，即可满足设计要求。此时，实际光伏电池输出峰值电压为：$4 \times 17.5 = 70$ V。

6. 光伏组件实际输出功率计算

光伏组件实际输出功率按下式计算：

$$P_A^1 = N_P N_S P_P \qquad\qquad (3-189)$$

式中，P_A^1 为光伏组件实际输出功率，单位为 W；P_P 为所选光伏组件峰值功率，单位为 W。因此，光伏电池实际功率为：$2\times4\times110.3=882.4$ W>646 W，满足设计输出功率指标。

3.7.4　蓄电池选型

在独立型太阳能光伏发电系统中，蓄电池是仅次于光伏电池的最重要的部件。若其容量过大，则不仅会增加投资，而且会造成蓄电池充电不足，使其长期处于亏电状态。因此，合理配置蓄电池容量十分重要。

1. 蓄电池容量计算

蓄电池容量的计算可以根据用电负荷和连续阴雨天数来确定，实际中可按下式计算：

$$C=\frac{KNW_D}{D_{dis}\eta_{inv}\eta_S U_C} \tag{3-190}$$

式中，K 为蓄电池容量修正系数，一般取 1.2；N 为蓄电池单独供电支持的天数，也就是连续阴雨天数，一般取 $2.5\sim5.0$ d，喀什地区连阴天比较少见，但也出现过 5 d 的连阴天，这里取 3 d；D_{dis} 为蓄电池最大放电深度，在 $0.4\sim0.7$ 之间，一般取 0.7；η_S 为配电网络效率，一般取 0.95。则实际所需蓄电池容量为

$$C=\frac{1.2\times3\times3600}{0.7\times0.92\times0.95\times48}=441 \text{ A·h} \tag{3-191}$$

2. 蓄电池选型

蓄电池采用 48 V 输出，拟选用 SNT12-200 铅蓄电池单体，其标称电压为 12 V，额定容量为 200 A·h。4 块串联成一组，构成电压为 48 V 的串联组，再将 2 个串联组并联，则容量为 400 A·h$\approx$441 A·h，满足设计需要。

3.7.5　控制器选型

控制器负载电流应满足下式：

$$I_C\geqslant K_u N_P I_S \tag{3-192}$$

式中，I_C 为控制器负载电流，单位为 A；K_u 为安全系数，本实例取 1.25；I_S 为光伏组件的短路电流，单位为 A。根据前述计算，光伏组件的并联数为 2，则控制器负载电流为

$$I_C\geqslant1.25\times2\times6.9=17.3 \text{ A} \tag{3-193}$$

控制器电压即为系统输出电压，本设计中电压为 48 V。

因此，应选择输出电压为 48 V 且负载电流大于 17.3 A 的控制器。经对比分析，选择北京普泰日盛的 48V/20A 的功率控制器作为光伏发电系统控制器。

3.7.6　逆变器选型

根据前述计算，光伏发电系统发出的电能电压约为 70 V，必须经过升压后逆变，才能输出 AC 230 V 电源。

逆变器设计方法如前述章节有关 Buck-Boost、DC/AC 结构的逆变器设计选型过程，如果自行设计，可以参照以上设计过程。考虑到光伏逆变器作为一款产品，可通过计算容量需求，选择货架产品。

所需逆变器容量按下式计算：

$$P_{inv} = K_{res} P_{res} + K_{ind} P_{ind} \tag{3-194}$$

式中，P_{inv} 为逆变器功率，单位为 W；K_{res}、K_{ind} 分别为阻性负载和感性负载的安全系数；P_{res}、P_{ind} 分别为阻性负载和感性负载的功率，单位为 W。在负载形式未知的情形下，可以按下式计算：

$$P_{inv} = \frac{P_A^1}{\eta_{inv}} = \frac{882.4}{0.92} = 959 \text{ W} \tag{3-195}$$

同时，逆变器输入电压必须为 48 V，输出电压为单相 AC 230 V。根据上述计算分析，逆变器选择北京普泰日盛的 PSWC-1KW 控制逆变一体机，这样可省去控制器。

3.7.7　散热控制

光伏电池组件的光电转换效率与温度密切相关，温度越高，效率越低，因此，散热非常重要。研究表明，电池温度每上升 1℃，晶硅电池效率就会下降 0.4%，非晶硅电池效率下降 0.1%。

传统光伏散热采用的技术有自然风冷、强制风冷两种风冷方式以及换热器冷却、表面式冷却、液体浸式冷却三种液冷方式。液冷方式结构复杂，成本高；自然风冷方式结构简单，成本低。因此，本实例采用自然风冷的方式对组件进行散热。考虑到自然风冷散热效果差，本实例将光伏组件与具有一定几何造型的散热翅片相结合，设计了一种具有自散热功能的光伏组件。翅片与翅片之间形成散热腔，翅片形状有利于光伏组件背面的空气流动，从而降低光伏组件的温度，提高光伏发电系统的发电效率。

3.7.8　环境适应性、可靠性和可维护性

1. 环境适应性

针对喀什地区地理气候特点，本实例采取了以下措施，以确保系统有良好的环境适应性。

（1）容量冗余设计：充分考虑了光伏系统部署地点环境，调查了喀什地区年平均日照时数、最大连阴天数等数据，确保光伏系统在目标地区稳定运行。

（2）抗风沙设计：为适应喀什地区风沙环境，对组件安装机构进行了防风设计。

（3）抗低温设计：针对喀什地区日夜温差大，尤其是冬季寒冷的特点，采取开机前自动预热等方式，保证元器件正常工作。

（4）高温适应性：控制器可以对组件进行温度补偿，以确保发电系统正常工作。

2. 可靠性

光伏发电系统设计时采取了以下提高可靠性的措施：

（1）控制器和逆变器等选择专业的光伏控制产品，保证控制的可靠性。

（2）整个光伏发电系统设有安全可靠的防雷装置，同时设有直流防雷和交流防雷装置，光伏防雷接地系统与建筑物主体的防雷接地系统连接成一体，能有效防止雷击。

（3）选用的逆变器具有过压、欠压、过流、短路、漏电等保护，以保证系统与设备正常运行，确保人身安全。

（4）充分考虑蓄电池的过充、欠压问题，在降低蓄电池成本的同时，确保蓄电池工作寿命最大化。

（5）选择具有高透光率的刚性玻璃面板，这种面板机械强度高，同时具备自清洁能力，可降低灰尘等对组件发电效率的影响。

（6）对所有组件进行功率和电流分挡，提高组件寿命。

（7）采用防水接线盒和集成旁路二极管，减少组件表面因被遮挡引起的热斑效应所导致的组件损伤。

3. 可维护性

在可维护性方面，本实例主要采取了以下措施：

（1）选择密封免维护蓄电池，可模块化替换单体电池，以达到快速维护的目的。

（2）采用控制逆变一体化标准件，可靠性高，维护方便。

（3）光伏组件采用小功率组件，部分损坏后便于更换维护。

3.8　取力发电系统

取力发电系统是指利用车辆自身发动机作为驱动源驱动电机发电的系统。按取力点不同，可分为取力器取力、液压泵取力和曲轴轮取力三种模式。与其他供电系统相比，取力发电系统需要维护的工作不多，主要是定期检查皮带的安装和磨损情况，同时确保没有任何障碍物堵塞空气流动的通道。

本实例将以一种行车取力发电系统为例，说明取力发电系统的设计原则和方法。该取力发电系统安装在东风汽车有限公司"东风多利卡"新 T3/T4 系列车辆上。该系列车辆采用东风康明斯 EQB125 - 20 发动机，发动机功率曲线如图 3 - 31 所示，怠速转速为 750 r/min，最高转速为 3150 r/min，输出功率范围为 29～92 kW，额定功率为 92 kW@2800 r/min。

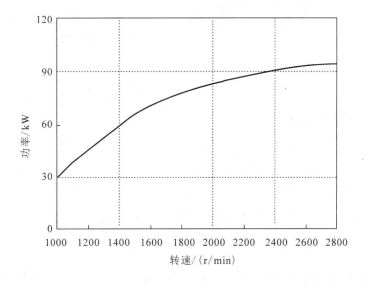

图 3 - 31　EQB125 - 20 发动机功率曲线

取力发电系统的技术指标如表 3-30 所示。

表 3-30 取力发电系统技术指标

参　　数	指　　标
额定功率/kW	3
额定电压/V	220
频率/Hz	50
额定电流/A	17
功率因数	0.8
相数	1

3.8.1 结构分析

本实例设计的取力发电系统主要由发动机、取力发电机、系统控制单元等组成。发动机与发电机通过皮带相连。

本设计中，采用外转子永磁无刷直流发电机，设计输出电压为 DC 48 V，然后经过逆变器逆变为 220 V 交流电。整体结构为：发动机—发电机—变压器—逆变器。取力发电系统的逆变器结构如图 3-32 所示，其中，IGBT　V_{T1}、V_{T2}、V_{T3}、V_{T4} 构成单相全桥逆变部分，通过控制 IGBT 占空比来。

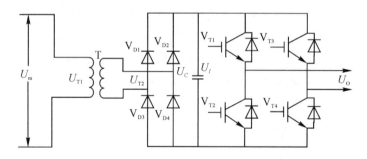

图 3-32 取力发电系统的逆变器结构

3.8.2 设计原则及方法

取力发电系统的设计原则及方法主要有以下几点：

（1）取力发电过程中需要控制从发动机取力的比例，不能影响车辆的动力性。

（2）为保证系统可行和安全，直流系统应使用车载设备专用硅整流发电机（非普通车用硅整流发电机），其应用功率范围在 2 kW 以下。若使用功率大于或等于 2 kW，一般应使用纯交流系统。

（3）横置发动机车辆仍无法安装取力发电系统。

（4）不同类型及排量的车辆，在应用取力发电系统时会出现不同的使用要求。建议取力发电系统一般安装在排量为 4.0 L 及以上的汽油车辆或排量为 3.0 L 及以上的柴油车辆上。

（5）如果车辆发动机功率偏小，那么使用取力发电系统时为维持足够扭矩就需要较高的发动机转速。在供电时为维持足够的发动机转速，可使用油门或怠速控制器来控制。

（6）在车辆行驶过程中，必须安装功率补偿装置，比如蓄电池等，以防止车辆因刹车、减速而导致输出电压负载中断。

（7）考虑发电机体积、重量、尺寸、性价比等综合因素，选可靠性高、维护方便的电机。

（8）行车取力发电系统一般功率较小，驻车取力发电系统的功率可以充分利用发动机容量。

3.8.3　逆变器设计与选型

由于发电机转速变化较大，因此取力发电系统的输出电压和频率也会在较大范围内变化。发电电压需经过变压器升压变换，再经逆变转换。

1. 逆变电路选型计算

（1）确定逆变器输入电压 U_I。

本设计采用单相全桥逆变电路，则输入电压 U_I 的有效值为

$$U_{I\_RMS}=\frac{U_O}{0.9}+4.0=\frac{220}{0.9}+4.0=248.5 \text{ V} \tag{3-196}$$

逆变电路输入电压 U_I 的峰值为

$$U_{I\_PK}=1.27U_{I\_RMS}+4.0=320 \text{ V} \tag{3-197}$$

（2）确定逆变器输入电流 I_I。

输入电流由逆变器输出功率 P_O 和输入电压 U_I 确定，按下式计算：

$$I_I=\frac{P_O}{U_{I\_RMS}\cos\varphi}=\frac{3.0\times1000}{248.5\times0.8}=15 \text{ A} \tag{3-198}$$

功率器件的耐压和电流都取安全系数为 2.0，则耐压应大于 $2.0\times320=640$ V，电流应大于 $2.0\times15=30$ A。因此，本实例 IGBT 选型为西门子模块 BSM50GB120DLC，其耐压为 1200 V，最大电流为 50 A，满足能稳定可靠工作的要求。

2. 滤波电容选型

逆变电路效率取 0.9，输入端纹波电压取 5%，则滤波电容容量为

$$C=\frac{P_O}{2U_{I\_RMS}^2k_{pp}\eta_{inv}f_{rec}}=\frac{3000}{2\times248.5\times248.5\times0.05\times0.9\times100}=5398 \text{ } \mu\text{F} \tag{3-199}$$

因此，滤波电容选择大于 5398 μF 的电解电容，选型为 300V4700UF 电容 2 只。

3. 整流电路选型计算

整流电路选型主要是根据整流电路结构及输出电压和电流，确定整流电路所用功率器件的参数。

（1）计算整流电路输入电压。

单相桥式整流电路输入电压 U_1 为

$$U_1=\frac{U_R}{0.9}+U_{DR}=\frac{320}{0.9}+1.0=357 \text{ V} \tag{3-200}$$

(2) 计算整流二极管平均电流 $I_{\text{F(AV)}}$。

流经整流二极管的平均电流为

$$I_{\text{F(AV)}} = \frac{I_1}{2} = \frac{15}{2} = 7.5 \text{ A} \tag{3-201}$$

(3) 计算整流二极管反向重复峰值电压 U_{RRM}。

整流二极管反向重复峰值电压为

$$U_{\text{RRM}} = \sqrt{2}U_1 = \sqrt{2} \times 357 = 505 \text{ V} \tag{3-202}$$

(4) 整流二极管选型。

取安全系数为 2.0，则整流器件耐压 U_{D} 应满足下式：

$$U_{\text{D}} > 2.0 U_{\text{RRM}} = 2.0 \times 505 = 1010 \text{ V} \tag{3-203}$$

取安全系数为 1.5，则整流器件工作电流 I_{D} 应满足下式：

$$I_{\text{D}} > 1.5 I_{\text{F(AV)}} = 1.5 \times 7.5 = 11.2 \text{ A} \tag{3-204}$$

经计算，选择 1 只西门康 SKB52/12(耐压为 1200 V，额定电流为 50 A，每个模块含 4 只功率二极管)搭建整流桥，满足设计要求。

4. 变压器设计计算

计算每匝电压 e_{t}：

$$e_{\text{t}} = \frac{4.44 f B_{\text{m}} A_{\text{z}}}{45} = \frac{4.44 \times 50 \times 1.55 \times 1.0}{45} = 7.6 \text{ V} \tag{3-205}$$

式中，f 为发电电压频率，单位为 Hz；B_{m} 为铁芯磁通密度，单位为 T，小型变压器一般取 1.55~1.65 T；A_{z} 为铁芯直径，单位为 cm²，本实例取 1 cm²。

因此，低压侧匝数为

$$N_{\text{p}} = \frac{48}{7.6} = 6.3 \tag{3-206}$$

取原边匝数为 7 匝，则实际每匝电压为

$$e_{\text{t}} = \frac{48}{7} = 6.857 \text{ V} \tag{3-207}$$

变压器原副边匝数比为

$$\frac{N_{\text{s}}}{N_{\text{p}}} = \frac{357}{48} = 7.4 \tag{3-208}$$

取原副边匝数比为 8，则高压侧匝数为

$$N_{\text{s}} = 7 N_{\text{p}} = 56 \tag{3-209}$$

3.8.4　发电机选型

本设计采用外转子永磁无刷发电机作为取力发电机。

1. 确定发电机额定转速 n_{m}

发动机通过皮带与发电机连接，设计速比为

$$i_{\text{mE}} = \frac{n_{\text{m}}}{n_{\text{E}}} = 0.5 \tag{3-210}$$

则发电机额定转速为

$$n_m = i_{mE} n_E = 0.5 \times 2800 = 1400 \ \text{r/min} \tag{3-211}$$

2. 确定发电机额定容量 P_m

取发电机效率 $\eta = 0.8$，功率因数 $\cos\varphi = 0.9$，则发电机容量 P_m 为

$$P_m = \frac{P_O}{\eta\cos\varphi} = \frac{3.0}{0.8 \times 0.9} \approx 4.2 \ \text{kV·A} \tag{3-212}$$

3. 确定发电机极对数

根据转速、极对数和频率之间的关系 $p = 60f/n_m$，计算极对数 p 为

$$p = \frac{60f}{n_m} = \frac{60 \times 50}{1400} = 2.1 \tag{3-213}$$

根据计算，取极对数 $p = 2$。一般情况下，无刷发电机极对数越少，转速越高；极对数越多，扭矩越大。

4. 确定绕组相数

本实例采用单相输出，因此，发电机相数为 1。

5. 发电机选型

根据上述计算分析，本实例选择额定电压为 48 V、额定功率为 5.0 kW、额定转速为 1500 r/min 的永磁无刷直流发电机作为取力发电机。

3.9　配电网络设计实例

本实例中，配电网络的供电对象是一个拥有 20 张床位的小型野外应急救护所，其布局如图 3-33 所示。该救护所由住院区、输液区、药品器材室、手术室四个区域组成，配套用电设备包括照明、制冷、水处理等保障设备和 B 超机、心电图机、呼吸机等医疗设备。用电设备的供电类型有单相 AC 220 V 和三相 AC 380 V 两种。

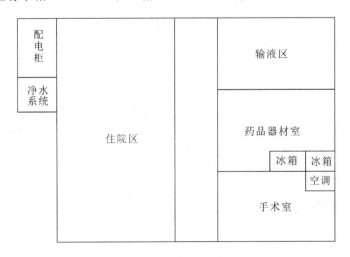

图 3-33　某小型野外应急救护所用电设备布局示意图

救护所所有用电设备如表 3-31 所示。

表 3 - 31   救护所所有用电设备

用电设备名称	单台功率/kW	数量	总功率/kW	用电类型及等级
节能灯	0.028	30	0.84	AC 220
B 超机	0.3	2	0.6	AC 220
心电图机	0.1	3	0.3	AC 220
呼吸机	0.75	2	1.5	AC 220
手术台照明灯	2.0	1	2.0	AC 220
冰箱	0.14	2	0.28	AC 220
净水系统	5.0	1	5.0	AC 380
空调	2.5	1	2.5	AC 380

3.9.1   结构分析

配电网络设计如图 3 - 34 所示。

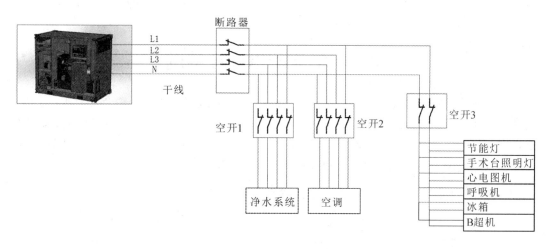

图 3 - 34   救护所配电网络示意图

配电网络是指经过逆变器与用电设备之间的配电网络。从用户或者用电设备的角度来看，发电机发出的电能还需要经过一定的配电网络才能到达终端用电设备。配电网络的设计与选型首先是确定接线形式，接着是电缆选型，最后是确定变压器、开关、断路器、导体与绝缘子、补偿设备、防雷和接地设备等。

3.9.2   设计原则及方法

1. 接线结构

发电机发出的电能经过接线到达用电设备。接线的选型包括接线形式的确定、线径的选择等。

干线接线的结构形式包括：① 有几个电压等级；② 各级电压的进出线状况；③ 各级电压的进、出线的横向联络方式。接线中一般有多个电压等级，接线的形式是针对每一个电压等级而言的，不同的电压等级可能有不同的接线形式，配电网络的接线形式就是各级电压接线形式的总和。

各级电压的进出线状况包括来去地点、进出功率的大小与负荷的性质。同一电压等级进出线的横向联络方式指的是进出线的并联关系，是否并联、采用何种方式并联，这是接线形式的核心内容，决定接线的造价和技术特性。

将同一电压等级的多条支路并联运行，可便于这些支路进行功率交换和相互备用。在接线的结构形式中，专门用于实现多条支路并联的导体称为汇流母线，简称母线。在野外应急供电配电网络中，一般将发电机的出口导体称为封闭母线。

采用母线并联的接线形式中，母线的组数常被写入接线结构形式的命名之中，例如，设有一组母线的接线称为单母线接线，设有两组母线的接线称为双母线接线，这是因为两者在运行特性上有很大的差别。双母线接线形式一般用在 220 kV 及以上电压的主接线形式中。野外应急供电一般采用单母线接线形式。

除了有母线接线形式外，还有一种比较灵活的简易接线方式，即不采用汇流母线。

本设计实例共有 AC 220 V、AC 380 V 两个电压等级，其中 AC 220 V 为三相电压中的一相对中性点的电压。因此，本实例采用三相四线制的接线形式将发电机组与救护所联络起来。

2. 负荷计算

1）负荷等级

电力负荷根据供电可靠性及中断供电在政治、经济上所造成的损失或影响的程度，分为一级负荷、二级负荷及三级负荷。

（1）对于一级负荷：

① 中断供电将造成人身伤亡。

② 中断供电将造成重大政治影响。

③ 中断供电将造成重大经济损失。

④ 中断供电将造成公共场所秩序严重混乱。

某些特等建筑，如重要的交通枢纽、重要的通信枢纽、国宾馆、国家级及承担重大国事活动的会堂、国家级大型体育中心，以及经常用于重要国际活动的大量人员集中的公共场所等的一级负荷，为特别重要负荷。中断供电将影响实时处理计算机及计算机网络正常工作或中断供电后将发生爆炸、火灾以及严重中毒的一级负荷亦为特别重要负荷。

（2）对于二级负荷：

① 中断供电将造成较大政治影响。

② 中断供电将造成较大经济损失。

③ 中断供电将造成公共场所秩序混乱。

（3）对于三级负荷：

不属于一级和二级的电力负荷为三级负荷。

2）供电要求

不同负荷的供电要求不同。

（1）一级负荷的供电"应由两个电源供电，当一个电源发生故障时，另一个电源应不致同时受到损坏"。在实际设计中为了满足一级负荷的供电，可以采用两路高压供电，但当供电不能满足要求时，应设自备发电机，故可以采用一路高压电源加一路备用电源——柴油发电机组供电；当一级负荷容量较大时，应采用两路高压供电。对于特别重要的负荷供电，除了必须采用两路高压外，还必须设置应急电源（应急柴油发电机），并且该电源中严禁接入其他负荷。

（2）二级负荷的供电"宜由两回线路供电"，即当发生电力变压器故障或线路常见故障时不致中断供电（或中断后能迅速恢复）。设计中常采用一用一备两路高压电源供电或一路高压电源加另一路备用电源（柴油发电机组）供电，但当负荷较小或地区供电条件困难时，可由一回 6 kV 及以上专用架空线供电。

（3）三级负荷对供电无特殊要求。

本实例应用为救护所，事关生命安全，属于一级负荷。因此，采用车载柴油发电机组供电，符合一级负荷的供电需求，同时，考虑一台发电机组可能带来的故障隐患，采用双发电机组供电方式，一台工作，一台备用。

在确定供电要求后，就可根据用电设备供电类型及电压等级进行分组。首先，根据用电设备是交流还是直流，选择相应的交流或者直流配电网络。交流供电系统是常见的供电系统，一般民用领域电压类型有单相 AC 220 V、三相 AC 380 V。接着，根据电压等级分组计算不同支路的负荷。

3）计算负荷

（1）计算 AC 220 V 设备负荷：

照明设备包括节能灯、手术台照明灯，用单相 AC 220 V 供电。照明设备负荷计算如下：

$$P_{30} = K_d P_e = 1.0 \times (0.84 + 2.0) = 2.84 \text{ kW} \tag{3-214}$$

$$Q_{30} = P_{30} \tan\varphi = 2.84 \times 0.48 = 1.36 \text{ kvar} \tag{3-215}$$

$$S_{30} = \frac{P_{30}}{\cos\varphi} = \frac{2.84}{0.9} = 3.16 \text{ kV} \cdot \text{A} \tag{3-216}$$

$$I_{30} = \frac{S_{30}}{U\cos\varphi} = \frac{3.16 \times 1000}{220 \times 0.9} = 15.96 \text{ A} \tag{3-217}$$

式中，P_{30}、Q_{30} 分别为用电设备的有功功率和无功功率，单位分别为 kW 和 kvar；S_{30} 为视在功率，单位为 kV·A；I_{30} 为视在电流，单位为 A；K_d 是需求系数；φ 为功率角，即电压和电流的相位差，单位为°；U 为供电电压，单位为 V；P_e 为设备负荷（功率）。

除了照明设备，其余的都归于电气设备。电气设备的 AC 220 V 负荷计算如下：

$$P_{30} = K_d P_e = 0.8 \times (0.6 + 0.3 + 1.5 + 0.28) = 2.144 \text{ kW} \tag{3-218}$$

$$Q_{30} = P_{30} \tan\varphi = 2.144 \times 0.75 = 1.608 \text{ kvar} \tag{3-219}$$

$$S_{30} = \frac{P_{30}}{\cos\varphi} = \frac{2.144}{0.8} = 2.68 \text{ kV} \cdot \text{A} \tag{3-220}$$

$$I_{30} = \frac{S_{30}}{U\cos\varphi} = \frac{2.68 \times 1000}{220 \times 0.8} = 15.2 \text{ A} \tag{3-221}$$

所以，AC 220 V 负载在线路 L1 上有

$$P_{30} = 2.84 + 2.144 = 4.984 \text{ kW} \tag{3-222}$$

$$Q_{30}=1.36+1.608=2.968 \text{ kvar} \tag{3-223}$$

$$S_{30}=3.16+2.68=5.84 \text{ kV} \cdot \text{A} \tag{3-224}$$

$$I_{30}=15.96+15.2=31.2 \text{ A} \tag{3-225}$$

（2）计算净水系统负荷：

$$P_{30}=K_{d}P_{e}=0.8\times5.0=4.0 \text{ kW} \tag{3-226}$$

$$Q_{30}=P_{30}\tan\varphi=4.0\times0.75=3.0 \text{ kvar} \tag{3-227}$$

$$S_{30}=\frac{P_{30}}{\cos\varphi}=\frac{4.0}{0.8}=5 \text{ kV} \cdot \text{A} \tag{3-228}$$

$$I_{30}=\frac{S_{30}}{\sqrt{3}U\cos\varphi}=\frac{5\times1000}{\sqrt{3}\times380\times0.8}=9.5 \text{ A} \tag{3-229}$$

（3）计算空调负荷：

$$P_{30}=K_{d}P_{e}=0.8\times2.5=2 \text{ kW} \tag{3-230}$$

$$Q_{30}=P_{30}\tan\varphi=2\times0.75=1.5 \text{ kvar} \tag{3-231}$$

$$S_{30}=\frac{P_{30}}{\cos\varphi}=\frac{2}{0.8}=2.5 \text{ kV} \cdot \text{A} \tag{3-232}$$

$$I_{30}=\frac{S_{30}}{\sqrt{3}U\cos\varphi}=\frac{2.5\times1000}{\sqrt{3}\times380\times0.8}=4.7 \text{ A} \tag{3-233}$$

（4）计算总负荷：

发电机组通过三相四线制向救护所供电，其中 L1 上接 AC 220 V 设备和 AC 380 V 设备，负载为两种负载之和。

总的负载以最大负载计算：

$$I_{30}=31.2+9.5+4.7=45.4 \text{ A} \tag{3-234}$$

将 AC 220V 负载都接到一根相线上，会带来三相不平衡问题。当负荷较小时，可能不会带来问题；当负荷较大时，必须确保三相平衡。本实例中认为可以接受，所以不做调整。

3. 电缆的选型

1）选型原则

（1）导线材料和型号的选择。

导线按材料不同可分为铜芯导线和铝芯导线两大类。在爆炸危险场所、腐蚀性严重的地方、移动设备处和控制回路中，宜用铜芯导线。在建筑中，考虑负荷相对集中以及防火安全方面的问题，为提高截面的载流能力，便于敷设，要求采用铜芯导线。

导线按有无绝缘和保护层可分为裸导线和绝缘线。裸导线没有任何绝缘和保护层，主要用于室外架空线，野外应急供电一般不采用裸导线。绝缘线是有绝缘包皮的导线，如果再加保护层，则保护层应具有防潮湿、耐腐蚀等性能。绝缘线按绝缘和保护层的不同又可分为多种型号，例如，常用的橡皮绝缘线（BX、BLX、BBX、BBLX）用玻璃丝或棉纱作保护层，柔软性好，但耐热性差，易受油类腐蚀，且易延燃；塑料绝缘线（BV、BLV、BVV、BLVV）绝缘性能良好，价格低，可代替橡皮线，以节约棉纱，缺点是气候适应性差，低温下会变硬发脆，高温下增塑剂易挥发，加速绝缘老化；氯丁橡皮绝缘线（BLXF）耐油性能好，不延燃，具有取代普通橡皮线之趋势。另外，绝缘线根据线芯硬软不同又可分为硬线和软线，软线芯线均为多股铜芯。

（2）电缆选型。

由于导线过流能力有限，通常将多股导线绕制在一起，并增加绝缘和保护层，这就形成了电力电缆。电缆主要由缆芯、绝缘层和保护包皮三大部分组成。缆芯就是由多股导线绕制而成的。

电缆按缆芯、绝缘层和保护包皮材料的不同可分为多种型号，例如聚氯乙烯绝缘及护套电力电缆、交联聚乙烯绝缘聚氯乙烯护套电力电缆，这些电缆具有抗酸碱、抗腐蚀、质量小、不延燃等优点，适于高压大电流，可以取代油浸纸绝缘电力电缆。

油浸纸绝缘电力电缆一般用 ZLQ(ZLL) 来表示，这种电缆也不易受电晕影响而氧化，且价格低廉，使用寿命长；缺点是绝缘易老化变脆，可弯曲性差，绝缘油易在绝缘层内流动，不宜倾斜和垂直安装，况且带负荷运行后，绝缘油会受热膨胀，从电缆头或中间接头外渗漏出，久而久之，易使电缆头绝缘性能降低，发生相间短路，酿成火灾事故。

（3）导线截面积的确定。

导线截面积以 mm² 为单位。导线截面积越大，允许通过的安全载流量就越大。在同样条件下，铜导线可以比铝导线小一号。在野外应急供电设备配电网络中，导线的截面积选择要充分考虑经济性、安全性，一般应满足发热原则、电压损失原则、机械强度原则、经济原则和热校验原则。常用发热原则来计算导线截面积。

本实例中，从发电机组到救护所配电柜之间的三相四线制干线网络中，考虑绕线时的方便性，采用多芯铜线，这种多芯铜线具有一定的柔韧性和绝缘性。因此，相线选择 BVR 铜芯聚氯乙烯软电缆。

2）主干线路选型

（1）按照发热条件计算。

根据前述计算结果，线路总负荷电流为 $I_{30}=45.4$ A。首先选择 6 mm² BVR 线，考虑线路在 25℃环境温度时的载流量为 55 A，最高允许温度为 65℃，则温度校正系数为

$$K=\sqrt{\frac{\theta_2-\theta_0}{\theta_2-\theta_1}}=\sqrt{\frac{65-40}{65-25}}=\sqrt{\frac{5}{8}}\approx0.7906 \qquad (3-235)$$

6 mm² BVR 线在 40℃时的允许载流量为

$$I'_{ux}=KI_{ux}=0.7906\times55=43.48<I_{30} \qquad (3-236)$$

因此，6 mm² BVR 线允许载流量接近最大负荷，基本满足需要。考虑恶劣情况，可以增大线径等级，选择 16 mm² 线，修正后的允许载流量为

$$I'_{ux}=KI_{ux}=0.7906\times75=59.3 \text{ A}>I_{30} \qquad (3-237)$$

满足允许载流量要求。最终，本实例从发电机组到救护所之间采用 16 mm² BVR 多芯铜线作为配电线路。

（2）按照电压损失条件校验。

按照电压损失公式计算电压损失时，可以通过查找所选导线单位长度的电阻 R 和电抗 X 值，再代入到相应公式中进行计算。

本例中，所选 16 mm² BVR 多芯铜线长度为 0.1 km，通过查找 BVR 导线厂家给定的参数，20℃时每千米该导线的电阻值为 1.15 Ω，电抗值为 0.08 Ω。因此，导线的电压损失为

$$\Delta U = \frac{PR+QX}{U_N} = \frac{10.984\times1000\times1.15\times0.1+7.468\times1000\times0.08\times0.1}{380} = 3.48 \text{ V}$$

$$(3-238)$$

其中，P 为计算的有功负荷，根据前述负载计算，有功负荷为 $4.984+4+2=10.984$ kW；Q 为计算的无功负荷，根据前述负荷计算，无功负荷为 $2.968+3.0+1.5=7.468$ kvar；R、X 分别为导线电阻和阻抗值；U_N 为导线输入端电压。

电压下降百分比为

$$\Delta U\% = \frac{3.48}{380}\times100\% \approx 0.9\%$$

$$(3-239)$$

电压损失只有 0.9%，满足电压损失小于 5% 的要求。

按照电压损失条件进行校验时，一旦发现电压损失过大，就要选择截面大一个标号的导线，重新计算，直到满足要求。

（3）机械强度校验。

本实例中，配电主干导线为非架空方式使用，因此，机械强度校验可以忽略。如果应用场景需要架空，请参照相关标准确定最小截面。

（4）按经济电流密度选择截面积。

野外应急供电设备的年最大工作时间小于 3000 h，所以，BVR 铜芯电缆的经济电流密度为 2.5 A/mm²。则根据经济电流密度计算电缆截面积为

$$A_{ec} = \frac{I_{30}}{j_{ec}} = \frac{45.4}{2.5} = 18.16 \text{ mm}^2$$

$$(3-240)$$

该结果和使用最大载流量选型的 16 mm² BVR 电缆截面积非常接近。所以，16 mm² 截面积的电缆基本符合经济性原则。

3）支路导线选型

本实例支路导线比较多，并且按照分组布置支路。这里仅以照明设备组为例来说明它的电缆选型方法。

（1）按照发热条件计算。

单相 AC 220 V 供电负荷电流为 $I_{30}=31.2$ A。首先选择 10 mm² BVR 线，参照主干线路，温度校正系数为 $K\approx0.7906$。则 10 mm² BVR 线在 60℃ 时的允许载流量为

$$I'_{ux} = KI_{ux} = 0.7906\times55 = 43.48 \text{ A} > I_{30}$$

$$(3-241)$$

因此，10 mm² BVR 电缆能够满足需要。本实例中照明设备组支线电缆选择 10 mm² BVR 多芯铜线作为配电线路。

净水系统和空调支线线路可以参照本方法计算，这里略去。

（2）按照电压损失条件校验。

AC 220 V 支路 10 mm² BVR 多芯铜线长度为 0.1 km，通过查找 BVR 导线厂家给定的参数，20℃ 时每千米该导线的电阻值为 1.83 Ω，电抗值为 0.089 Ω，P 为 4.984 kW，Q 为 2.968 kvar。因此，导线的电压损失为

$$\Delta U = \frac{PR+QX}{U_N} = \frac{4.984\times1000\times1.83\times0.1+2.968\times1000\times0.089\times0.1}{220} = 4.27 \text{ V}$$

$$(3-242)$$

电压下降百分比为

$$\Delta U\% = \frac{4.27}{220} \times 100\% \approx 1.94\%　　　　　　(3-243)$$

电压损失只有 1.94%。一般照明设备电力损失控制在 2%～3% 之间即可，因此，10 mm² BVR 多芯铜线作为 AC 220 V 支线，完全符合要求。

（3）机械强度校验。

非架空线路，机械强度校验可以忽略。

（4）按经济电流密度选择截面积。

野外应急供电设备的年最大工作时间小于 3000 h，所以，BVR 铜芯电缆的经济电流密度为 2.5 A/mm²。则根据经济电流密度计算电缆截面积为

$$A_{ec} = \frac{I_{30}}{j_{ec}} = \frac{31.2}{2.5} \approx 12.5 \text{ mm}^2　　　　　　(3-244)$$

所选 10 mm² BVR 电缆符合经济性原则。

4. 断路器的选型

1）选型原则

断路器，也叫空气开关，其作用是保护用电设备和隔离负载。断路器根据其使用可分为配电型断路器、电机保护型断路器、家用保护型断路器、漏电断路器等。

断路器一般选择原则如下：

（1）根据用途选择断路器的类型及极数，根据最大工作电流选择断路器的额定电流，根据需要选择脱扣器的类型、附件的种类和规格。具体要求是：

① 断路器的额定工作电压大于或等于线路额定电压。

② 断路器的额定电流大于或等于线路计算负载电流。

③ 断路器的额定电流大于或等于线路中可能出现的最大短路电流（一般按有效值计算）。

④ 线路末端单相对地短路电流大于或等于 1.25 倍断路器瞬时（或短延时）脱扣整定电流。

⑤ 断路器欠压脱扣器额定电压等于线路额定电压。

⑥ 断路器的分励脱扣器额定电压等于控制电源电压。

⑦ 电动传动机构的额定工作电压等于控制电源电压。

⑧ 断路器用于照明电路时，电磁脱扣器的瞬时整定电流一般取负载电流的 6 倍。

（2）采取断路器作为单台电动机的短路保护时，瞬时脱扣器的整定电流为电动机启动电流的 1.35 倍（DW 系列断路器）或 1.7 倍（DZ 系列断路器）。

（3）采用断路器作为多台电动机的短路保护时，瞬时脱扣器的整定电流为一台电动机最大启动电流的 1.3 倍再加上其余电动机的工作电流。

（4）采用断路器作为配电变压器低压侧总开关时，其分断能力应大于变压器低压侧的短路电流值，脱扣器的额定电流不应小于变压器的额定电流，短路保护的整定电流一般为变压器额定电流的 6～10 倍，过载保护的整定电流等于变压器的额定电流。

（5）初步选定断路器的类型和等级后，还要与上、下级开关的保护特性进行配合，以免越级跳闸，扩大事故范围。

带有漏电保护功能的断路器，又称为漏电保护器，或者漏电断路器。目前，市场上的

漏电断路器的漏电保护功能与配电断路器集成在一起，其选型可参照断路器选型。需要漏电保护功能时，在断路器选型参数基础上，选择相应的带有漏电保护功能的断路器即可。

2）选型计算

（1）干线断路器选型计算。

本实例采用三相四线制配电干线，因此，选择 4P 断路器。

① 干线负荷电流为：$I_{30}=45.4$ A。

② 断路器额定电流为：$I>1.25 I_{30}=1.25 \times 45.4=56.8$ A。

③ 额定电压为：$U>U_N=380$ V。

所以，干线配电断路器可选择额定电压大于 380 V、额定电流大于 56.8 A 的 4P 断路器，比如施耐德 C65 系列小型断路器 C65a - 917035，其额定电流为 63 A。

（2）AC 220 V 支线断路器选型计算。

单相 AC 220 V 支线，选择 2P 断路器。

① 负荷电流为：$I_{30}=31.2$ A。

② 断路器额定电流为：$I>1.25 I_{30}=1.25 \times 31.2=39.0$ A。

③ 额定电压为：$U>U_N=220$ V。

因此，照明线路断路器可选择施耐德 C65a - 917015，其额定电流为 40 A。

（3）AC 380 V 支线断路器。

三相线路选择 4P 的适用于电机的断路器。计算选型过程可参照主线路和 AC 220 V 支线选型过程。

第4章　野外应急供电的发展方向

随着新能源、新技术、新材料的不断发展，野外应急供电系统可采用的、相对成熟的新技术越来越多。本章将聚焦野外应急供电的新能源、新技术、新材料。

4.1　新　能　源

与常规能源相比，新能源生产规模较小，适用范围较窄。常规能源与新能源的划分是相对的。以核裂变能为例，20世纪50年代初开始把它用来生产电力和作为动力使用时，被认为是一种新能源，到20世纪80年代世界上不少国家已把它列为常规能源。太阳能和风能被利用的历史比核裂变能要早很多，由于还需要通过系统研究和开发才能提高利用效率、扩大使用范围，所以还是把它们列入新能源。联合国曾认为新能源和可再生能源共包括14种能源，即太阳能、地热能、风能、潮汐能、海水温差能、波浪能、木柴、木炭、泥炭、生物质转化、畜力、油页岩、焦油砂及水能。目前各国对这类能源的称谓有所不同，但共同的认识是，除常规的化石能源和核能之外，其他能源都可称为新能源或可再生能源，主要为太阳能、地热能、风能、海洋能、生物质能、氢能和水能。由不可再生能源逐渐向新能源和可再生能源过渡，是当代能源利用的一个重要特点。

新能源的分布广、储量大、清洁环保，将为人类提供发展的动力。从目前应用前景看，核能、生物质能、风能、海洋能（含海洋渗透能）、地热能、可燃冰等，短期在野外无法使用。野外应急供电系统中，最具实用意义的新能源主要是太阳能、氢能和化学能。

4.1.1　太阳能及其利用技术

太阳能是人类最主要的可再生能源，太阳每年输出的总能量为 3.75×10^{26} W，其中辐射到地球陆地上的能量大约为 8.5×10^{16} W，这个数量远大于人类目前消耗的能量的总和，相当于 1.7×10^{18} t标准煤。太阳能利用技术主要包括：

（1）太阳能—热能转换技术，即通过转换装备将太阳辐射能转换为热能加以利用，例如太阳能热能发电、太阳能采暖技术、太阳能制冷与空调技术、太阳能热水系统、太阳能干燥系统、太阳灶和太阳房等。

（2）太阳能—光电转换技术，即太阳能电池，例如应用广泛的半导体太阳能电池和光化学电池的制备技术。

（3）太阳能—化学能转换技术，例如光化学作用、光合作用和光电转换等。

4.1.2　氢能及其利用技术

氢是未来最理想的二次能源。氢以化合物的形式储存于地球上最广泛的物质中，如果把海水中的氢全部提取出来，那么总能量是地球现有化石燃料的9000倍。氢能利用技术包括制氢技术、氢提纯技术和氢储存与输运技术。

制氢技术范围很广,包括化石燃料制氢、电解水制氢、固体聚合物电解质电解制氢、高温水蒸气电解制氢、生物制氢、生物质制氢、热化学分解水制氢及甲醇重整、H_2S 分解制氢等。氢的储存是氢利用的重要保障,主要技术包括液化储氢、压缩氢气储氢、金属氢化物储氢、配位氢化物储氢、有机物储氢和玻璃微球储氢等。

氢的应用技术主要包括燃料电池、燃气轮机(蒸汽轮机)发电、MH/Ni 电池、内燃机和火箭发动机等。

4.1.3　化学能及其利用技术

化学能实际上是直接把化学能转变为低压直流电能的装置,也叫电池。化学能已经成为国民经济中不可缺少的重要的组成部分。同时化学能还将承担其他新能源的储存功能。化学电能技术即电池制备技术,目前研究活跃并具有发展前景的电池研究方向包括金属氢化物镍电池、锂离子二次电池、燃料电池和铝电池等。

4.2　新　技　术

4.2.1　储能技术

储能(Energy Storage),又称蓄能,是指使能量转化为在自然条件下比较稳定的存在形态的过程,它包括自然的储能与人为的蓄能两类。按照储能状态下能量的形态不同,储能可分为机械储能、化学储能、电磁储能(或蓄电)、风能储存、水能储存等。和热有关的能量储能,不管是把传递的热量储存起来,还是以物体内部能量的方式储存能量,都称为蓄热。在能源的开发、转换、运输和利用过程中,能量的供应和需求之间往往存在着数量、形态和时间上的差异,为了弥补这些差异,有效利用能源,常把储能和释放能量的人为过程或技术手段称为储能技术。

储能技术的原理涉及能量转换原理。储能技术用途广泛,集中体现在以下几个方面:防止能量品质自动恶化,改善能源转换过程的性能,方便经济地使用能量,降低污染和保护环境。在新能源利用中,更需要发展储能技术。在已知的不稳定能源利用方法中,如利用太阳能、海洋能、风能等发电,在能量输入与输出之间基本上仅设有能量转换装置,而存在于该领域中的最大问题是输入能量的不稳定性,使转换效率、装置安全性、装置稳定性等诸多方面存在无法克服的先天性缺点。

储能系统本身并不节约能源,它们的引入主要在于能够提高能源利用体系的效率,促进新能源(如太阳能和风能)的发展,以及对废热的利用。

目前,储能技术需要研究的课题涉及很多方面,例如,提高电池的能源密度和寿命,开发新材料和材料改性,改进现有制造工艺和操作条件;针对便携式应用系统,研究的重点是开发锂离子、锂聚合物和镍氢电池,提高能量密度;开发超级电容器,降低成本、改进生产工艺、降低内部电阻。开发超导储能系统(Superconducting Magnetic Energy Storage,SMES)的重点内容是降低成本,获取高温超导材料和低温电力电子器件;等等。冷、热储能技术的研究目标应该综合不同用途,采取更有效的办法,例如,提高或降低温度水平,重点开发新材料(如相变材料)。

4.2.2　智能微电网技术

微电网(Micro-Grid，MG)是一种将分布式发电(Distributed Generation，DG)、负荷、储能装置、变流器以及监控保护装置等有机整合在一起的小型发电、输电、配电系统。凭借微电网的运行控制和能量管理等关键技术，可以实现其并网或孤岛运行，降低间歇性分布式电源给配电网带来的不利影响，最大限度地利用分布式电源电力，提高供电可靠性和电能质量。将分布式电源以微电网的形式接入配电网，被普遍认为是利用分布式电源最有效的方式之一。微电网作为配电网和分布式电源的纽带，使得配电网不必直接面对种类不同、归属不同、数量庞大、分散接入的(甚至是间歇性的)分布式电源。国际电工委员会(IEC)在《2010—2030 应对能源挑战白皮书》中明确将微电网技术列为未来能源链的关键技术之一。

近年来，欧盟成员国、美国、日本等均开展了微电网试验示范工程研究，已进行概念验证、控制方案测试及运行特性研究。国外微电网的研究主要围绕可靠性、可接入性、灵活性三个方面，探讨系统的智能化、能量利用的多元化、电力供给的个性化等关键技术。微电网在我国也处于试验、示范阶段。这些微电网示范工程普遍具有以下四个基本特征：

(1) 微型。微电网电压等级一般在 10 kV 以下，系统规模一般在兆瓦级及以下，与终端用户相连，电能就地利用。

(2) 清洁。微电网内部分布式电源以清洁能源为主。

(3) 自治。微电网内部电力电量能实现全部或部分自平衡。

(4) 友好。可减少大规模分布式电源接入对电网造成的冲击，可为用户提供优质可靠的电力，可实现并网/离网模式的平滑切换。

因此，与电网相连的微电网，可与配电网进行能量交换，提高供电可靠性和实现多元化能源利用。微电网与电网之间的信息交换量将日益增大，并且在提高电力系统运行可靠性和灵活性方面体现出较大的潜力。微电网和配电网的高效集成，是未来智能电网发展面临的主要任务之一。借鉴国外对微电网的研究经验，近年来，一些关键的、共性的微电网技术得到了广泛的研究。为了进一步保障微电网的安全、可靠、经济运行，结合我国微电网发展的实际情况，一些新的微电网技术需求有待进一步探讨和研究。

微电网是未来智能配电网实现自愈、用户侧互动和需求响应的重要途径，随着新能源、智能电网技术、柔性电力技术等的发展，微电网将具有如下新特征：

(1) 微电网将满足多种能源综合利用需求并面临更多新问题。大量的入户式单相光伏、小型风机、冷热电三联供、蓄电池、氢能等家庭式分布电源和大量柔性电力电子装置的出现将进一步增加微电网的复杂性。屋顶电站、电动汽车充放电、智能用电楼宇和智能家居等带来微电网形式的多样化问题、多种微电源响应时间的协调问题、现有小发电机组并入微电网的可行性问题、微电网配置分布式电源和储能接口标准化问题、微电网建设环境评价问题、微电网内基于电力电子接口的电源与柔性交流输电系统(FACTS)装置控制耦合问题等，这些问题将成为未来微电网研究的热点。

(2) 微电网将与配电网实现更高层次的互动。微电网接入配电网后，配电网结构、保护、控制方式，用电侧能量管理模式、电费结算方式等均需做出一定调整，同时带来上级调度对用户电力需求的预测方法、用电需求侧管理方式、电能质量监管方式等的转变。为此，一方面，通过不断完善接入配电网的标准，微电网将形成一系列典型模式的规范化建设和运行；另一方面，将加强配电网对微电网的协调控制和用户信息的监测力度，建立起与用户的良性互动机制，通过微电网内能量优化、虚拟电厂技术及智能配电网对微电网群的全局优化调控，逐步提高微电网的经济性，实现更高层次的高效、经济、安全运行。

（3）微电网将承载信息和能源双重功能。未来智能配电网、物联网业务需求对微电网提出了更高要求，微电网靠近负荷和用户，与社会的生产和生活息息相关。灵活的发电和配用电终端、企业、电动汽车充电站以及物流等将在微电网中相互影响，分享信息资源。承载信息和能源双重功能的微电网，使得可再生能源能够通过对等网络的方式分享彼此的能源和信息。

4.2.3　新型电机技术

1. 开关磁阻电机

开关磁阻电机（Switched Reluctance Motor，SRM）是一种双凸极可变磁阻电机，其定、转子的凸极均由普通硅钢片叠压而成。转子既无绕组也无永磁体，定子极上有集中绕组，径向相对的两个绕组串联构成一个两极磁极，称为"一相"。

SRM 的运动是由定、转子间气隙磁阻的变化产生的。当定子绕组通电时，产生一个单相磁场，其分布要遵循"磁阻最小原则"，即磁通总要沿着磁阻最小的路径闭合。因此，当转子轴线与定子磁极的轴线不重合时，便会有磁阻力作用在转子上并产生转矩使其趋于磁阻最小的位置，即两轴线重合位置，这类似于磁铁吸引铁质物质的现象。

SRM 的优点有：① 结构简单，成本低，适用于高速；② 各相独立工作，系统可靠性高；③ 功率电路简单可靠；④ 效率高，损耗小；⑤ 相数多，步距角小，利于减小转矩脉动。但 SRM 结构复杂，而且主开关器件增多，成本较高，因此，目前常用的 SRM 结构为三相 6/4 结构和四相 8/6 结构。

在发电应用方面，西北工业大学李声晋、卢刚等深入开展了 SRM 设计、控制技术研究，于 1999 年研制出了国内首台开关磁阻高压直流启动发电机。试验验证表明，开关磁阻发电机具有发电容易、容量大、效率和功率密度高等特点，推动了国内 SRM 技术的快速发展。

2. 磁阻式同步电动机

磁阻式同步电动机，又称为反应式同步电动机，它由鼠笼型异步电动机演变而来。磁阻式同步电动机的定子与一般同步电动机或异步电动机相同，转子上设有与定子极数相对应的反应槽（仅有凸极部分的作用，无励磁绕组和永久磁铁），利用转子上直轴和交轴方向磁阻不等而产生磁阻转矩驱动电机工作。

按转子结构分，磁阻式同步电动机可分为凸极式（外反应式）、分块式、内反应式（磁障式）和磁各向异性转子式等。

磁阻式同步电动机具有结构简单、制造容易、成本低廉、无滑动接触、运行可靠等优点，主要用于工农业生产、交通运输、国防、商业及家用电器、医疗电器设备等领域。

3. 永磁游标电机

在低速大转矩应用场合，采用永磁电机直接驱动可去除齿轮箱，消除由于齿轮传动引起的噪声和故障，提高系统的效率和可靠性。为实现低速大转矩，多种基于永磁电机与新型磁齿轮相结合的复合电机被提了出来，该类电机结合了外转子永磁电机和新型磁齿轮的优点，极大地提高了输出转矩。然而这种复合电机三层气隙的结构给加工制造带来了很大困难，限制了其实际工程应用。

近年来，一种基于"磁齿轮效应"且具有高转矩密度的新型永磁游标电机（Permanent Magnet Vernier Machine，PMVM）引起了电机领域的广泛关注。通过将磁通调制极（Flux Modulation Pole，FMP）引入磁齿轮电机定子齿充当磁齿轮电机中的调磁环，从而起到调制气隙磁导的作用。基于磁齿轮的场调制原理，将转速较低的转子永磁磁场调制成转速较高的定子气隙磁场，即实现了所谓的"自增速"效果，定子绕组可按高速旋转磁场来设计，有助于解决大功率低速直驱电机极槽数较多的不足，有利于提高电机的功率密度。相比于磁齿轮复合电机，该类电机的结构和制造工艺相对简单，单层气隙结构使其完全能运用常规永磁电机的分析、设计和制造方法，且相比于传统永磁电机，其转矩密度有大幅提高。

目前，常见的PMVM有游标磁阻电机、单齿开口槽永磁游标电机、多齿分裂极永磁游标电机、双开槽凸极式混合励磁永磁游标电机、双转子结构永磁游标电机、双定子结构永磁游标电机、高温超导游标电机、永磁游标记忆电机、容错式游标电机、直线游标电机等。

PMVM既可以用作发电机，也可以用作电动机。在发电方面，主要应用于风力发电和海洋波浪发电。在变速恒压风力发电系统中，风速变化较大，在宽速度范围内要求电压输出恒定，PMVM用作风力发电机可直接与风力涡轮机相连接，省略了中间齿轮变速传动部分，即使在较低风速时仍可以提供大输出转矩，发电机组运行稳定性和效率可得到明显提升。直线PMVM在较低波浪速度运行时，也可提供较大推力。然而，PMVM普遍存在过载能力较弱的情况，当电机传动比取值较大时该问题尤为突出，如何解决这一问题是PMVM应用于发电领域的关键问题。

4.2.4　新型发动机技术

发动机是供电设备的一个重要能源转换装置，发动机的动力性、经济性、排放性是发动机的根本指标。近年来，发动机技术在不断发展，一些新技术不断涌现并应用到发动机中。这些新技术主要有涡轮增压技术、可变涡轮截面技术、顶置涡轮技术、多气门技术、缸内直喷技术、可变进气歧管长度技术、可变气门升程技术、可变压缩比技术、可变气门正时技术、电控燃油喷射技术、可变排量技术、能量回收技术、电子化智能化控制技术、新型逆变技术等。

1. 增压技术

所谓内燃机增压，就是利用增压器将空气或可燃混合气进行预压缩，再送入气缸的过程。增压后，每循环进入气缸的空气密度增大，使实际充气量增加，从而达到提高发动机功率、扭矩和改善经济性的目的。增压器有涡轮增压和机械增压两种。

2. 可变气门正时技术

传统发动机的配气相位和升程是固定的，不能在各种工况下都得到最佳的配气正时，可变气门正时技术可以根据发动机工况实时调节发动机气门升程和配气相位。可变气门正时技术有三种，即可变相位技术、可变升程技术以及可变相位和升程技术。

3. 高压共轨电控燃油喷射技术

传统的柴油机存在着振动噪声大、NO 和 PM 排放高等问题,其解决办法之一就是采用高压共轨电控燃油喷射技术。共轨技术是指在高压油泵、压力传感器和电子控制单元(ECU)组成的闭环系统中,将喷射压力的产生和喷射过程彼此完全分开的一种供油方式。由高压油泵把高压燃油输送到公共供油管,通过对公共供油管内的油压实现精确控制,使高压油管的压力大小与发动机的转速无关,可以大幅度减小柴油机供油压力随发动机转速的变化,因此也就减少了传统柴油机的缺陷。ECU 控制喷油器的喷油量大小取决于燃油(公共供油管)压力和电磁阀开启时间的长短。该技术不再采用传统的柱塞泵脉动供油的原理,而是通过共轨直接或间接地形成恒定的高压燃油,分送到每个喷油器,并借助于集成在每个喷油器上的高速电磁开关阀的启闭,定时定量地控制喷油器喷射至柴油机燃烧室的油量,从而保证柴油机达到最佳的燃烧比和良好的雾化效果以及最佳的发火时间、足够的能量和最少的污染排放。

高压共轨喷射系统的特点是:喷油压力的建立与喷油过程无关;喷油压力、喷油过程和喷油持续时间不受负荷和转速的影响;喷油正时与喷油计量完全分开,可以自由调整每缸的喷油量和喷油始点;能实现预喷射、快速停喷和多段喷射。因此高压共轨喷射系统通过对喷油要素的优化控制使柴油机燃烧更充分,从而减少了燃烧中有害物的形成,使柴油机的有害排放、噪声排放和冷启动性能都得到很大改善。

4. 可变排量技术

可变排量技术就是根据动力需求来实时决定发动机的有效排量,使做功的汽缸总是处于大负荷状态,从而达到节能环保的目的。这一技术适用于中大排量、V 型布置的发动机。这种发动机技术最适合多汽缸的发动机使用。对于 12 缸发动机来说,采用这种技术相当于安装了 2 个独立的 6 缸发动机,可以根据工况的需要让一台发动机运行,而让另一台处于怠速状态。这样,就可以随时调整发动机的排气量,从而减少能源的消耗。

5. 新型逆变技术

1)高频逆变技术

随着制造成本的大幅降低和制造技术的成熟,高频变换逆变器开始得到广泛应用。高频变换逆变器的工作方式大致为:先将低压直流电通过变换频率变为低压交流电,然后再通过脉冲变压器将该低压交流电进行升压,之后再进行整流,从而得到高压直流电。因为在这个转换过程中采用了 PWM 相关技术,从而使获得的直流电压稳定、可靠,可直接用于驱动交流节能灯、白炽灯等感性负载。

若是在高压直流电的基础上再次进行正弦变换,则可获得 220 V、50 Hz 的正弦波交流电。因为在逆变器中采用了高频变换技术(多为 20~200 kHz),所以该类型逆变器在体积和质量上都大大降低;又因为采用了二次调宽、二次稳压技术,使得逆变器的输出电压非常稳定,带负载能力也非常强。

2)软开关技术

PWM 开关电源按硬开关模式工作(开关过程中电压下降/上升和电流上升/下降波形有交叠),因而开关损耗大。高频化虽可以缩小体积、质量,但开关损耗却更大了。为此,必须研究开关电压/电流波形不交叠的技术,即所谓的零电压开关(ZVS)/零电流开关

(ZCS)技术，或称软开关技术。

20世纪70年代谐振开关电源奠定了软开关技术的基础。随后新的软开关技术，如准谐振全桥移相 ZVS－PWM、恒频 ZVS－PWM/ZCS－PWM、有源嵌位 ZVS－PWM、零电压 ZVT－PWM、零电流 ZCT－PWM、桥移相 ZV－ZCS－PWM 等不断涌现。

使用软关技术，可大幅降低开关损耗，使得即使在开关频率高于 1 MHz 时，逆变器的整体效率也不会明显降低。实际应用中表明，在工作频率一致的情况下，谐振逆变器在转换过程中产生的损耗要比其他类型的逆变器低 $30\%\sim40\%$。目前，谐振逆变器的工作频率可以达到 500 kHz～1 MHz。

4.2.5　人体发电技术

人体发电是科学家为解决可穿戴设备的供电问题而大胆发展的一个新兴技术。人体发电技术本质上是利用各种比较成熟的发电机理。人体发电技术主要有以下几种。

1. 运动发电

运动发电是指利用人体运动时的动能来驱动发电装置发电。比如 NBA 所有球队的场馆地板都换成可发电地板，不仅运动员跑起来能发电，篮球砸在地上也能发电；又比如百米冲刺，每个人的赛道终点都放一个灯泡，跑得越快，瞬间发电量越大，灯泡就越亮。美国的一家健身房就利用人们健身时候产生的能量来为场馆提供照明所需的全部电力。据说，这种健身发电机，如果 20 个人每天使用 4 h，一个月就能生产 300 多千瓦时的电力。

2. 血液发电

目前，血液发电主要有两种方式。一种是利用血液自身的流动来发电，复旦大学某团队就将直径为 0.8 mm 的纤维植入人的血管中，然后从流动的血液中获取能量。研究人员把纤维插入纳米管，然后在纳米管的两端连接一根铜线，在血液流过的时候，插入纤维的纳米管就能够产生电。与血液流动不同，日本科学家们则采用了生化方式，它们研制出了一种利用血液中的糖分来发电的燃料电池。在电池上涂上分解血液中葡萄糖的酶，葡萄糖在被分解之后会产生电子，从而产生电流。这种电池的优点是显而易见的，只要人活着，它就一直都有电。

3. 肌肉运动发电

人体能够产生的最大能量来自肌肉。科学家们就研发了两种利用肌肉发电的方式。一种是在下肢上绑定一个发电机，这个发电机能够利用移动磁铁和线圈组成的感应来发电。通过感应人体重心的变化，磁铁不断移动，然后产生电量。另一种方式则是在鞋里面装个液垫，行走时液体会不断流动，由此而在软管内形成液压泵。在反复的运动中，电力就产生了。

4. 体热发电

物理学中有一个塞贝克效应，两种不同的金属连接起来构成一个闭合回路时，如果两个连接点的温度不一样，则此回路中就能产生微小的电压。温差越大，产生的电压也就越大。人是恒温动物，在正常情况下人体和空气中都会有一个温差，温差就为电流的产生提供了条件。如果在皮肤的表面粘上一个微型发电机的话，电路中就会有电流出现。

此外，还有眼泪发电、汗液发电、尿液发电、头发发电、耳膜发电等等，可以说为了发电,人类已经被试遍了全身。

人体发电技术目前处于探索研究阶段,需要解决的问题有人体发电量有限、电能传输难等问题。

4.2.6　无线供电技术

无线供电技术就是指通过电磁波、电磁场传递电能的供电技术。无线供电方式有三种:电磁感应型(利用电流通过线圈产生磁力实现近程无线供电)、电波接收型(通过电力转换成电波实现近程无线供电)、磁场共鸣型(利用磁场等共鸣效应实现近程无线供电)。

专家分析认为,在解决了能效转化效率、电磁人体辐射安全的情况下,无线供电方式将能够有效解决家庭布线、家电固定化等问题,为人们的生活提供更多的便利。同时,还将在大量节省布线所用的铜、塑料以及人力等资源方面发挥显著作用。

无线供电除了可摆脱累赘的输电线路外,另外一个重要作用是在不适宜安装供电线缆的环境下提供能源。日本东北大学试制出可从外部向植入眼球的人工视网膜中大规模集成电路进行无线供电的系统。该系统使用电磁感应型无线供电方式,配备有小型电池,通过嵌入眼球透镜的一次线圈,以电磁感应方式,向眼球透镜——水晶体中嵌入的二次线圈供电。这种供电系统遇到的难题主要在于电磁波的频率,如果频率超过 100 MHz 而接近 GHz,电磁波会使眼球发热。而频率只有 3～4 MHz 时,又会违反电波法的规定。因此,他们最终选择了 RFID 标签(无线标签)使用的 13.56 MHz 频率。另外,他们还要将整体功耗控制在 50 mW 以下,否则眼球细胞的温度会因提升超过 3℃而受损。日本 NEC 公司开发出了只要在荧光灯管上安装环状供电装置就可以实现供电的无线摄像机。只要有照明用直管型荧光灯,无须设置电源就可以构筑影像系统。该系统利用荧光灯内部的交流电源(45～100 kHz)所产生的磁场,通过电磁感应原理获得电力。此次开发的无线摄像机在 120 mW 下工作,可以根据荧光灯的供电来自动控制影像拍摄的频率,拍摄的图像还可以通过 IEEE 802.11b 标准的无线网络进行发送。

使用电磁感应来进行无线供电虽然是非常成熟的技术,但是这种输电技术会受到很多限制。其中,最致命的一个缺陷是距离太短。随着距离的增加,充电过程中的电能损耗将变得非常大。如果要增加供电距离,只能加大磁场的强度。然而,磁场强度太大一方面会增加电能的消耗,另一方面可能会导致附近使用磁信号来记录信息的设备失效,例如银行卡上的磁条会彻底损坏。此外,电磁感应是将线圈中的电流直接以电磁波形式进行 1 cm 以下的近距离收发,由于电磁波是向四面八方辐射而大量散失,因此效率较低,通常它只适合相互"贴着"的小功率电子产品。

除了电磁感应外,还有其他无线的能量载体可以供我们使用,最典型的就是电磁波。电磁波不仅能传输信号,也能传输电能,特别是微波的能量传输能力最强。因为电磁波的频率越高,能量就越集中,方向性也越强。因此,使用微波来进行无线能量传递也是一种可行的办法。通过硅整流二极管天线将微波转换成电能,转化效率可以高达 95% 以上。目前,加拿大科学家在制造一架借助微波飞行的无人机,飞行高度可达 33 km,可以在空中连续飞行几个月。无人机起飞之后,地面的高功率发射机通过天线将发射机所产生的微波能量汇聚成能量集中的窄波束,然后将其射向高空飞行的微波飞机。微波飞机通过将微波转换成直流电带动飞机的螺旋桨旋转。没有了燃料的羁绊,这种飞机的有效载荷将会大大提升。

除了目前已经广为人知的电磁感应和微波无线输电技术外，最近几年又出现了一种新的无线输电技术，这项技术在传输能量时依靠了共振的原理。共振是一种非常高效的传输能量方式。共振进行的能量传输甚至可以引起铁桥坍塌、雪崩等灾害，高音歌唱家唱歌时引发的共振可以震碎身边的玻璃杯。这一原理的基本含义就是：两个振动频率相同的物体之间可以高效传输能量，而对不同振动频率的物体几乎没有影响。

基于共振原理，麻省理工学院的物理学助理教授马林·索尔贾希克和他的研究团队公开做了一个演示。他们给一个直径为 60 cm 的线圈通电，点亮了大约 2 m 之外连接在另一个线圈上的 60 W 灯泡。这项被命名为"WiTricity"的技术就是运用了共振的原理，通过一个磁共振系统进行电能传输。WiTricity 使用匹配的谐振天线，可使磁耦合在几米的距离内发生，而不需要增强磁场强度。在这项技术中，发送端和接收端的线圈被调校成了一个磁共振系统，通电后能够以 10 MHz 的频率振动。当发送端产生的振荡磁场频率和接收端的固有频率相同时，接收端就产生共振，从而实现了能量的传输。根据共振的特性，能量传输都是在这样一个共振系统内部进行，对这个共振系统之外的物体不会产生什么影响。

4.2.7 新型燃料电池技术

随着燃料电池技术的发展，新型燃料电池不断涌现，主要有再生燃料电池、微生物燃料电池、锌空燃料电池等。

1. 再生燃料电池

再生燃料电池（Regenerative Fuel Cell，RFC）是一种将燃料电池（FC）发电过程和电解水（WE）充电过程集合于同一装置内运行的电化学装置，以其极高的能量密度和较低的空间成本，在航空航天、无人机、潜艇等空间动力领域具有巨大的应用前景。RFC 需实现燃料电池和电解池两种工作模式：在燃料电池模式，分别通入 H_2 和 O_2 发生氧化还原反应生成水，并向外输出电能；在电解池模式，在外加电源的加载下，通入去离子水，发生水电解反应，同时析出 H_2 和 O_2 并加以储存。

再生燃料电池与普通燃料电池的相同之处在于它也用氢和氧来生成电、热和水；其不同的地方是它还进行逆反应，也就是电解。燃料电池中生成的水再送回到以太阳能为动力的电解池中，在那儿分解成氢和氧组分，然后这种组分再送回到燃料电池。这种方法就构成了一个封闭的系统，不需要外部生成氢。再生燃料电池的商业化开发已走了一段路程，但仍有许多问题尚待解决，例如成本、进一步改进太阳能利用的稳定性等问题。

2. 微生物燃料电池

微生物燃料电池（Microbial Fuel Cells，MFCs）具有降解污水中的有机物同时产生电能的双重功能。微生物燃料电池技术，本质上是一种生物发电技术。典型的双室 MFCs 包括阳极室、阴极室，两室之间用质子膜进行分割，在阳极室主要进行微生物在电极上的附着生长、有机物的分解代谢、微生物—阳极间的电子传递，H^+ 通过质子交换膜到达阴极，电子通过外电路到达阴极，在阴极发生还原反应，从而发出电能。目前较低的产电性能限制了 MFCs 的扩大化应用，降低投入成本、提高产出效率是 MFCs 研究的重要方向。

3. 锌空燃料电池

锌空燃料电池是利用锌和空气在电解质中的化学反应来产生电能的，其能量密度非常大。与其他燃料电池相比,同样的质量,锌空燃料电池可以工作更长的时间。另外,地球上的锌资源相对丰富,降低了锌空燃料电池的工作成本。但是,锌空燃料电池有金属氧化物生成,需要更新电解质,属于采用机械性方法补充电量的一种电池。

4.3　新　材　料

4.3.1　储能材料

节能储能材料的技术进步使得相关的关键材料研究迅速发展,一些新型的利用传统能源和新能源的储能材料也成为人们关注的对象。

1. 相变储能材料

利用相变材料(Phase Change Materials,PCM)的相变潜热来实现能量的储存和利用,进而提高能效和开发可再生能源,是近年来能源科学和材料科学领域中一个十分活跃的前沿研究方向。

相变储能材料是指随温度变化而发生状态转变并在此转变过程中吸收或释放大量潜热的物质。该类材料在相变过程中温度恒定并且储能能力强,可以作为能量的储存器,近年来在建筑、电池热管理、太阳能等领域都得到了广泛应用。相变储能材料按其相变方式可以分为四类:固液相变储能材料、固固相变储能材料、固气相变储能材料和液气相变储能材料。其中,固液相变储能材料、固固相变储能材料被认为具有更大的应用价值。

固固相变储能材料是由于相变发生前后固体晶体结构的改变而吸收或者释放热量的,因此,在相变过程中无液相产生,相变前后体积变化小,无毒、无腐蚀,对容器的材料和制作技术要求不高,过冷度小,使用寿命长,是一类很有应用前景的储能材料。目前研究的固固相变储能材料主要是无机盐类、多元醇类和交联高密度聚乙烯。

自 20 世纪 80 年代初,美国特拉华大学的 Birchenall、苏联科学院的 Maltainov 等研究了合金的储热性能,认为金属相变材料在相变储能技术中作为储能介质有许多优势,同时 Birchenall 等对共晶合金的热物理参数进行了较为深入的研究,提出了三种典型状态平衡图的二元合金的熔化熵和熔化潜热的计算方法。之后,美国俄亥俄州立大学的 Mobley 进行了硅共晶合金储热球的研究。这些工作均为金属作为储能介质提供了新的概念和途径。对富含 Al、Cu、Mg、Si 和 Zn 的二元和三元合金的示差扫描量热计(DSC)测量结果表明,Si 或 Al 元素含量大的合金有大的相变潜热,因而具有较好的质量或体积热存储密度,在这几种金属相变材料中,相变温度在 $780 \sim 850$ K 范围内储能密度最大,高储能密度硅共晶合金(Mg_2Si)的相变温度是 1219 K。

金属及其合金作为相变材料的优点很多,例如相变潜热大、导热系数高(是其他相变储能材料的几十倍到几百倍)、相应的储能换热设备的体积小、以单位体积(或质量)储能密度计的性价比较理想等。

近年来随着电子设备向高速、小型、高功率等方向发展,集成电路的集成度、运算速度和功率也迅速提高,导致集成块内产生的热量大幅度增加。相变材料在其发生相变过程中,在很小的温升范围内,吸收大量热量,从而降低其温度上升幅度。在通信、电力等设备箱(间)降温方面,相变材料可以节省设备成本75%以上。在通信领域,已经广泛应用于通信基站的机房、电池组间，使传统的一年寿命的设备可以延长到 4 年或更多。

2. 电容器的电极材料

超级电容器（Super Capacitors 或 Ultra Capacitors），又称电化学电容器（Electrochemical Capacitors），它是一种介于常规电容器与二次电池之间的新型储能器件，其功率密度是锂离子电池的 10 倍，能量密度为传统电容器的 10～100 倍。同时，超级电容器还具有对环境无污染、效率高、循环寿命长、使用温度范围宽、安全性高等特点。目前，超级电容器在新能源发电、电动汽车、信息技术、航空航天等领域具有广泛的应用前景。例如，超级电容器用于可再生能源分布式电网的储能单元，可以有效提高电网的稳定性。单独运行时，超级电容器可作为太阳能或风能发电装置的辅助电源，可将发电装置所产生的能量以较快的速度储存起来，并按照设计要求释放，如太阳能路灯在白天由太阳能提供电源并对超级电容器充电，晚上则由超级电容器提供电力。此外，超级电容器还可以与充电电池组成复合电源系统，既可满足电动车启动、加速和爬坡时的高功率要求，又可延长蓄电池的循环使用寿命，实现电动车动力系统性能的最优化。

电极材料是超级电容器中最重要的组成部分，决定着超级电容器的能量存储行为和性能。目前常用的电极材料主要是基于碳材料、金属氧化物和导电聚合物。

1）碳材料

碳材料是纳米材料的一个重要分支，因其良好的物理化学性能和广泛的来源一直是研究的热点。

（1）石墨烯。

长久以来，物理学家一直认为完美的二维结构无法在非绝对零度时稳定存在。2004 年，两位科学家 Andre Geim 和 Konstantin Novoselev 在 *Science* 上首次报道了一种新型碳材料——石墨烯，这一发现颠覆了传统理论，目前理论界普遍认为石墨烯通过内部原子的涨落而稳定存在。由于在石墨烯材料方面的卓越贡献，这两位科学家分享了 2010 年的诺贝尔物理学奖。

石墨烯是由 sp^2 杂化的碳原子相互连接形成的具有二维蜂窝状晶格结构的碳质材料。石墨烯独特的结构赋予了其独特的性能：碳原子以六元环形式周期性排列于石墨烯平面内，具有 $120°$ 的键角，赋予了石墨烯极高的力学性能；p 轨道上剩余的电子形成大 π 键，离域的 π 电子赋予了石墨烯良好的导电性。石墨烯作为基本单元可以形成各种维度的碳材料，例如，石墨烯翘曲可形成零维的 C_{60}，卷绕即可形成零维的碳纳米管，堆叠可以形成三维的石墨等。

石墨烯具有较高的比表面积，如果制备得到的石墨烯基材料能够避免堆积，有效释放表面，将获得远高于多孔碳的比电容。同时，石墨烯基材料由于其良好的导电性和独特的电子传导机制，非常有利于电解质的扩散和电子的传输，使其具有很好的功率特性。再者，通过表面改性、与其他材料复合等手段可以对石墨烯进行二次构建，优化结构，获得更好的储能性能。更重要的是，石墨烯可以通过化学氧化还原法很容易地制备得到，低廉的价格和丰富的储藏使石墨烯有望成为潜力巨大的储能材料。

（2）碳纳米管。

碳纳米管是 20 世纪 90 年代初发现的一种纳米尺寸管状结构的碳材料，是由单层或多层石墨烯片卷曲而成的无缝一维中空管,具有良好的导电性、大的比表面积、好的化学稳定性、适合电解质离子迁移的孔隙,以及交互缠绕可形成纳米尺度的网状结构,因而被认为是高功率超级电容器理想的电极材料。

2) 金属氧化物

金属氧化物主要是通过电极活性物质在电极表面及近表面快速氧化还原反应来储存能量的,其工作原理与化学电源相同,但充放电行为与常规电容器类似,故称法拉第赝电容。法拉第赝电容具有相对较高的容量,是双电层电容的 10～100 倍。加快电极活性物质的电化学反应速率和增大电极活性物质的利用率,是提高基于金属氧化物超级电容器比电容的有效途径。

(1) 二氧化钌。

二氧化钌(RuO_2)材料具有比电容高、导电性好以及在电解液中稳定等优点,是目前性能最好的超级电容器电极材料。早在 1995 年,美国陆军研究实验室就报道了无定形水合氧化钌比电容高达 768 F/g,基于电极材料的能量密度为 26.7 W·h/kg。用热分解氧化法制得的 RuO_2 薄膜电极,其单电极比电容为 380 F/g。此外,运用溶胶凝胶法,在低温下退火可制备出无定形 $RuO_2 \cdot xH_2O$ 电极材料,其比电容为 768 F/g,能量密度为 96 J/g。用热分解氧化法制得的 RuO_2 不含结晶水,仅有颗粒外层的 Ru^{4+} 和 H^+ 作用,因此,电极的比表面积的大小对电容的影响较大,所得电极比电容比理论值小得多;而用溶胶凝胶法制得的无定形的 $RuO_2 \cdot xH_2O$,H^+ 很容易在体相中传输,其体相中的 Ru^{4+} 也能起作用,因此,其比电容比用热分解氧化法制得的要大。

但是 RuO_2 价格昂贵并且在制备过程中污染严重,因而不适合大规模工业生产。为了进一步提高性能和降低成本,国内外均在积极寻找其他价格较为低廉的金属氧化物电极材料,如 MnO_2、Co_3O_4、NiO、V_2O_5,其中 MnO_2 的研究最为广泛。

(2) 二氧化锰。

二氧化锰(MnO_2)电极材料的储能机理主要是基于法拉第赝电容,同时还包括一定量的双电层电容,但由于法拉第赝电容是双电层电容的 10～100 倍,因此一般主要考虑法拉第电容的贡献。在水溶液电解液中进行充放电时,电解液离子(H^+、Na^+、K^+、OH^-)在电场作用下迁移到电极—电解液界面,然后通过电化学反应嵌入或者吸附到活性电极材料表面。

由于电极材料的充放电过程实质上是其氧化还原反应,所以 MnO_2 在理论上可提供非常高的比电容(其理论值为 1370 F/g)。但是在实际应用过程中,电极材料的氧化还原反应有一定程度的不可逆性且纳米材料很容易在充放电过程中发生团聚,因此缺乏循环稳定性能;并且,MnO_2 的导电性能较差(一般只有 $10^{-5} \sim 10^{-7}$ S/cm),导致电极材料的倍率性能较差。不同形貌的 MnO_2 纳米材料的电化学性能差异很大,为了得到性质优良的电极材料,就必须通过严格的实验条件来调控其微纳米结构。

(3) 四氧化三钴。

四氧化三钴(Co_3O_4)外观为灰黑色或黑色粉末,具有正常的尖晶石结构,与磁性氧化铁为异质同晶,具有好的赝电容性能和较低的价格,是一种具有发展潜力的超级电容器电极材料。

大量研究表明,各种形貌和结构的纳米 Co_3O_4 用作超级电容器的电极材料时,既表现出了极好的超电容特性，又具有很好的稳定性能。这是由于低温下获得的无定型 $Co(OH)_2$ 具有较大的比表面积和合适的孔隙，在转变成氧化物的过程中，非晶结构变为晶体结构，活性表面减少，稳定性增加。研究人员用溶胶凝胶法合成的 Co_3O_X 干凝胶在 150℃ 时所测得的比容量为 291 F/g；以四元微乳液为介质，在水热环境下制备了具有蒲公英状、剑麻状及捆绑式结构的 Co_3O_4 前驱物，然后在 300℃ 下焙烧前驱物得到了 Co_3O_4，所制备的 Co_3O_4 电极材料的比容量为 340 F/g，非常接近其理论值 355 F/g。

同时，孔状 Co_3O_4 用作超级电容器已成为人们研究的热点，因为它们有利于电解液和反应物进入整个电极。科研人员通过简单的水热法制备了纳米结构的 $Co(OH)_2$，低温热处理得到了无序的介孔结构及高比表面积的 Co_3O_4，电化学测试结果表明介孔 Co_3O_4 在 5 mA/cm² 的电流密度下的比电容为 298 F/g。采用溶剂热-热分解法制备了具有斜方六面体结构的面心立方纳米孔 Co_3O_4，将制备的纳米孔作为超级电容器电极材料，在 5、10 和 20 mA/cm² 的电流密度下，Co_3O_4 的比容量分别为 223、198 和 166 F/g。利用 $CoCl_2$ 和 KOH 的反应制得前驱体 $Co(OH)_2$，再经煅烧，得到了立方相 Co_3O_4 电极材料，这种电极在 5 mol/L 的 KOH 溶液中，在 0～0.4 V 的电位范围内，在 5 mA/cm² 的电流密度下，放电比电容可达 300.59 F/g。以 P123 为模板采用水热法制备了层状结构的 $Co_2(OH)_2CO_3$ 前驱体，经 200℃ 热处理制得的 Co_3O_4 电极材料，单电极比电容可达 505 F/g。

3）导电聚合物

根据电导率 σ 的不同，材料可以分为绝缘体（电导率 $\sigma \leqslant 10^{-10}$ S/cm）、半导体（$\sigma = 10^{-10} \sim 10^2$ S/cm）、导体（$\sigma = 10^2 \sim 10^6$ S/cm）以及超导体（$\sigma \rightarrow \infty$）四大类。在过去的很长一段时间内，有机聚合物通常被认为是绝缘体。随着科学的不断发展，一类导电性堪比金属的高分子被逐渐开发出来，于是彻底打破了上述传统的观点。1975 年，首例具有类似金属导电能力的聚合物——聚硫氮 $(SN)_n$ 被发现，其电导率高达 10^3 S/cm，并且在 0.3 K 时成为超导体。1977 年日本化学家白川英树、美国化学家 A. G. MacDiannid 及物理学家 A. J. Heeger 共同发现：具有简单共轭结构的聚乙炔经碘掺杂后室温电导率上升了 12 个数量级，其电性质从绝缘体（10^{-9} S/cm）转变成导体（10^3 S/cm）。这一发现标志着有机导电聚合物材料的诞生，至此，"聚合物"等同于"绝缘体"的观念被彻底打破。由于此项开创性的工作，上述三位科学家分享了 2000 年的诺贝尔化学奖。

导电聚合物独特的掺杂脱掺杂性能可以提供电容性能。导电聚合物主要依靠法拉第电容进行电荷储存，在充放电过程中，电解液正离子或负离子会嵌入聚合物阵列，平衡聚合物本身电荷从而实现电荷存储。因此，该过程较双电层电极材料仅仅依靠电极材料表面吸附电解液离子来获得更高的电荷储存能力，表现出更大的比电容。在相同比表面积下，法拉第电容电极材料容量比双电层电极材料容量要大 10～100 倍。研究表明，纯聚苯胺修饰电极的比电容可以达到 815 F/g。并且，通过电化学沉积法，在金电极表面制备得到了联噻吩-三芳胺基导电聚合物，将该聚合物放在有机电解液中，当使用循环伏安法测试并设定扫描速率为 50 mV/s 时，其比电容高达 990 F/g，远远高于通常的活性炭基材料比电容。

4.3.2　半导体材料

在半导体的发展历史上，1990 年之前，第一代半导体材料中以硅（包括锗）材料为主元素的半导体占统治地位。但随着信息时代的来临，以砷化镓（GaAs）为代表的第二代化合物半导体材料显示了其巨大的优越性。而以氮化物为代表的第三代半导体材料，由于其优越的发光特征正成为最重要的半导体材料之一。如果没有这些材料的研究进展，发光器件也绝不可能取得今天这样大的发展，今后器件性能的提高也在很大程度上取决于材料的进展。同时，新型半导体材料可使功率器件（IGBT、MOSFET 等）的开关频率大幅提高，开管损耗大幅降低。由于这些基于新型半导体材料的功率器件具有较强的军事应用价值，因此各主要国防强国都在开展相应的研发工作。

成为半导体发光材料的条件包括：① 半导体带隙宽度与可见光和紫外光光子能量相匹配；② 有较高的辐射复合概率（只有直接带隙半导体才有）；③ 有好的晶体完整性，可以用合金方法调节带隙，有可用的 p 型和 n 型材料以及可以制备能带形状预先设计的异质结构和量子阱结构。

1. 砷化镓

砷化镓（GaAs）是黑灰色固体，属闪锌矿结构，晶格常数为 5.65×10^{-10} m，熔点为 1237℃，禁带宽度为 1.4 eV，是典型的直接跃迁型材料，发射的波长在 900 nm 左右，属于近红外区。它是许多发光器件的基础材料和外延生长用的衬底材料。其发光二极管采用普通封装结构时发光效率为 4%，采用半球形结构时发光效率可达 20% 以上。它们被大量应用于遥控器和光电耦合器件。砷化镓是半导体材料中兼具多方面优点的材料，但用它制作的晶体二极管的放大倍数小，导热性差，不适宜制作大功率器件。此外，由于它在高温下分解，故要生长理想化学配比的高纯单晶材料时，在技术上要求比较高。

2. 氮化镓

氮化镓（GaN）在大气压下一般为六方纤锌矿结构，它的一个原胞中有 4 个原子，原子体积大约为 GaAs 的一半。GaN 是极稳定的化合物，又是坚硬的高熔点材料，熔点约为 1700℃。GaN 是一种宽禁带半导体（$E_g = 3.4$ eV），自由激子束缚能为 25 meV，具有宽的直接带隙，是优良的光电子材料，可以实现从红外到紫外范围的光发射和红、黄、蓝三原色具备的全光固体显示。近年来在研发和商用器件方面的快速发展更使得 GaN 基相关产业充满活力。当前，GaN 基的近紫外、蓝光、绿光发光二极管已经产业化，激光器和光探测器的研究也方兴未艾。

3. 磷化镓

磷化镓（GaP）是人工合成的化合物半导体材料，是一种橙红色透明晶体。磷化镓的晶体结构为闪锌矿型，晶格常数为（5.447±0.06）Å，化学键是以共价键为主的混合键，其离子键成分约为 20%，300 K 时能隙为 2.26 eV，属间接跃迁型半导体。磷化镓可分为单晶材料和外延材料。工业生产的衬底单晶均为掺入硫、硅杂质的 n 型半导体。磷化镓外延材料是在磷化镓单晶衬底上通过液相外延或气相外延加扩散生长的方法制得的，多用于制造发光二极管。液相外延材料可制造红色、黄绿色、纯绿色光的发光二极管，气相外延加扩散生长的材料可制造黄色、黄绿色光的发光二极管。

4. 氧化锌

氧化锌（ZnO）具有铅锌矿结构，$a = 0.325\,33$ nm，$c = 0.520\,73$ nm，$z = 2$，空间群为 $P6_3mc$。

作为一种宽带隙半导体材料，其室温禁带宽度为 3.37 eV，自由激子束缚能为 60 meV。ZnO 与 GaN 的晶体结构、晶格常量都很相似，晶格失配度只有 2.2%（沿<001>方向）、热膨胀系数差异小，可以解决目前 GaN 生长困难的难题。

随着光电技术的进步，ZnO 作为第三代半导体以及新一代蓝、紫光材料，引起了人们的广泛关注，特别是 p 型掺杂技术的突破，凸显了 ZnO 在半导体照明工程中的重要地位。尤其是与 GaN 相比，ZnO 具有很高的激子结合能（60 meV），远大于 GaN 的激子结合能（21 meV），具有较低的光致发光和受激辐射阈值。本征 ZnO 是一种 n 型半导体，必须通过受主掺杂才能实现 p 型转变，但是由于 ZnO 中存在较多本征施主缺陷，对受主掺杂会产生自补偿作用，并且受主杂质固溶度很低，因此，p 型 ZnO 半导体技术已成为国际上的研究热点。

5. 碳化硅

碳化硅（SiC）的晶体结构可以包括立方（3C）、六方（2H、4H、6H、…）以及菱方（15R、21R、27R、…）等，它们在能量上很接近，结构上由六角双层的不同堆积形成。最常见的形式是 3C（闪锌矿结构 ZB）。目前器件上用得最多的是 3C - SiC、4H - SiC 和 6H - SiC。通过对具有相对最小带隙的 3C - SiC（2.4 eV）直至具有最大带隙的 2H - SiC（3.35 eV）的能带结构的研究发现，所有的价带导带跃迁都有声子参与，也就是说这些类型的 SiC 半导体都是间接带隙半导体。

SiC 是目前发展最为成熟的宽禁带半导体材料。由于其有效的发光来源于杂质能级的间接复合过程，因此，掺入不同的杂质可改变发光波长，其范围覆盖了从红到紫的各种色光。而 SiC 蓝光 LED 是唯一商品化的 SiC 器件，各种 SiC 多形体的 LED 覆盖整个可见光和近紫外光区域。6H - SiC 纯绿光（530 nm）的 LED 是通过注入 Al 或液相外延得到的，SiC 蓝光 LED 是 n - Al 杂质对复合发光，4H - SiC 蓝光 LED 是 n - B 杂质对复合发光。SiC 作为第三代宽禁带半导体的典型代表，无论是单晶衬底质量、导电的外延层还是高质量的介质绝缘膜和器件工艺等方面都比较成熟，由此可以预测在未来的宽禁带半导体器件中，SiC 将担任主角。

4.3.3 动力电池材料

经过多年的发展，目前主流动力电池以锂离子材料为主。电池的性能主要取决于所用电池内部材料的结构和性能，包括负极材料、电解质、隔膜和正极材料等。其中正、负极材料的选择和质量直接决定锂离子电池的性能。负极材料一般选用碳材料，其发展比较成熟。而正极材料的开发已经成为制约锂离子电池性能进一步提高的重要因素。目前已批量应用于锂电池的正极材料主要有钴酸锂、镍酸锂、锰酸锂、钴镍锰酸锂（三元材料）以及磷酸铁锂，尤其以钴镍锰酸锂（三元材料）和磷酸铁锂应用最为广泛。

钴镍锰酸锂，即三元材料，它融合了钴酸锂和锰酸锂的优点，在小型低功率电池和大功率动力电池上都有应用。但该种电池的材料之一——钴是一种贵金属，价格波动大，对钴酸锂的价格影响较大。钴处于价格高位时，三元材料价格较钴酸锂低，具有较强的市场竞争力；但钴处于价格低位时，三元材料相较于钴酸锂的优势就大大减小。目前以钴镍锰酸锂为正极的产品电池最高能量密度已达 255 W · h/kg，但其劣势是 180℃以上就容易燃烧，所以热管理尤为重要。

磷酸铁锂具有橄榄石晶体结构，是近年来研究的热门锂离子电池正极材料之一。以其为正电极的电池理论容量为 170 mA・h/g，在没有掺杂改性时其实际容量已高达 110 mA・h/g。通过对磷酸铁锂进行表面修饰，其实际容量可高达 165 mA・h/g，已经非常接近理论容量。其工作电压为 3.4 V 左右。磷酸铁锂不仅具有高稳定性，而且在使用时更安全可靠、更环保并且价格低。此外，它在大电流放电率放电、放电电压平稳性、安全性、寿命长等方面都比其他几类材料好，是最被看好的电流输出动力电池。目前已能将磷酸铁锂正极材料制造成均匀的纳米级超小颗粒，使颗粒和总表面积剧增，进一步提高了磷酸铁锂电池的放电功率和稳定性。基于以上原因，磷酸铁锂在大型动力电池方面有非常好的应用前景。目前以磷酸铁锂为正极的产品电池最高能量密度达到 140 W・h/kg，不过还在提高之中。

4.3.4　热电转换材料

热电转换材料是一种能将热能和电能相互转换的功能材料，1823 年发现的塞贝克效应和 1834 年发现的珀耳帖效应为热电能量转换和热电制冷的应用提供了理论依据。热电转换材料在航天领域已经得到应用，以核裂变作为热源的热电转换装置已安装在卡西尼号（Cassin）、新视野号（New Horizons）航天器及好奇号（Curiosity）火星探测器上。

目前热电转换材料的研究主要集中在 $(SbBi)_3(TeSe)_2$ 合金、填充式 Skutterudites $CoSb_3$ 型合金（如 CeFe4Sb12）、IV 族 Clathrates 体系（如 $Sr_4 Eu_4 Ga_{16} Ge_{30}$）以及 Half-Heusler 合金（如 $TiNiSn_{0.95} Sb_{0.05}$）等方面。

热电转换材料的导电性高，且导热性弱，材料的关键技术指标——热电品质因数（热电转换效果）高。莫斯科钢铁学院能效中心所选用的原料为方钴矿材料，其成分为锑与钴的金属间化合物（$CoSb_3$），当表面温度差达到 400～500℃ 时，所研发材料的品质因数最大，达到 1.4（作为参考，已知的热电转换材料碲化铋，当温度差为 100～150℃ 时其品质因数达到最大，为 1.2）。为在锑-钴金属系中获得更高的品质因数，该中心尝试采用稀土元素（如镱元素）作为杂质成分对材料进行杂化处理，曾采用三种金属元素合成出品质因数为 1.8 的材料。另外，改变金属成分的配比及采用铟作为杂化成分，可在短时间内（不超过 2 min）合成出相应材料，再进行 5 h 退火后所获得材料的品质因数指标非常高。该技术方案具有成本低的优势，且其品质因数高（可达 1.5），创造了以铟作为杂化成分的锑-钴金属系热电转换指标的记录。

4.3.5　燃料电池材料

燃料电池可以应用于工业及生活的各个方面，如使用燃料电池作为电动汽车电源一直是汽车业发展的目标之一。在材料及部件方面，人们主要进行了电解质材料合成及薄膜化、电极材料合成与电极制备、密封材料及相关测试表征技术的研究，如掺杂的 $LaGaO_3$、纳米 YSZ、锶掺杂的锰酸镧阴极及 Ni-YSZ 陶瓷阳极的制备与优化等。采用廉价的湿法工艺，可在 YSZ+NiO 阳极基底上制备厚度仅为 50 μm 的致密 YSZ 薄膜，800℃ 用氢作燃料时单电池的输出功率密度达到 0.3 W/cm^2 以上。

催化剂是质子交换膜燃料电池的关键材料之一，对于燃料电池的效率、寿命和成本均有较大影响。在目前的技术水平下，燃料电池中 Pt 的使用量为 1～1.5 g/kW，当燃料电池

汽车达到 10^6 辆的规模(总功率为 $4×10^7$ kW)时，Pt 的用量将超过 40 t，而世界 Pt 族金属总储量为 56 000 t，且主要集中于南非(77%)、俄罗斯(13%)和北美(6%)等地，我国本土的铂族金属矿产资源非常贫乏，总保有储量仅为 310 t。铂金属的稀缺与高价已成为燃料电池大规模商业化应用的瓶颈之一。如何降低贵金属铂催化剂的用量，开发非铂催化剂，提高其催化性能，成为当前质子交换膜燃料电池催化剂的研究重点。

传统的固体氧化物燃料电池(SOFC)通常在 800～1000℃ 的高温条件下工作，由此带来材料选择困难、制造成本高等问题。如果将 SOFC 的工作温度降至 600～800℃，便可采用廉价的不锈钢作为电池堆的连接材料，降低电池其他部件(BOP)对材料的要求，同时可以简化电池堆设计，降低电池密封难度，减缓电池组件材料间的互相反应，抑制电极材料结构变化，从而提高 SOFC 系统的寿命，降低 SOFC 系统的成本。当工作温度进一步降至 400～600℃ 时，有望实现 SOFC 的快速启动和关闭，这为 SOFC 进军燃料电池汽车、军用潜艇及便携式移动电源等领域打开了大门。实现 SOFC 的中低温运行有两条主要途径：① 继续采用传统的 YSZ 电解质材料，将其制成薄膜，减小电解质厚度，以减小离子传导距离，使燃料电池在较低的温度下获得较高的输出功率；② 开发新型的中低温固体电解质材料及与之相匹配的电极材料和连接板材料。

4.3.6　可穿戴材料

随着可穿戴电子设备的快速发展，人们对可穿戴能源的需求逐渐增大。由于传统电池存在缺乏柔韧性、不可拉伸、难以编织等局限性，柔性随身能源材料与器件的发展获得了大量关注。目前大部分可穿戴电源的研究展示了"佩戴"形式的能源器件，主要作为服装的附加品，缺乏穿着舒适性。相比之下，服装本体是现成的物理载体，是更为理想的可穿戴功能集成平台，可以预见，纤维、纱线、织物将成为新一代发电载体。

研究人员利用工业级的纺丝设备实现了可拉伸摩擦发电纱线的连续化与规模化生产。此类发电纱线由高弹性聚合物材料(橡胶)与螺旋金属纤维构成，这两类本征弹性体与非本征弹性体通过皮芯结构的设计合二为一，具有协同应变行为。发电纱线在拉伸、弯曲、扭曲等应变下，材料间发生电子转移，可产生毫瓦级的输出功率。

研究人员还深入探讨了金属与非晶聚合物接触/分离的单电极势阱模型，发现非晶聚合物不仅作为隔离层防止纱线内场电势被外界环境气氛(气体、水等)消除，其界面的感应电荷还能够与外界气氛分子发生耦合增益，由此提出了摩擦发电器件的电势/极化耦合效应的假设。借助特殊的皮芯结构设计与耦合增益发电机制，研究的发电纱线无需借助与其他物体的相互作用即可自发电，并能够应用于不同气氛环境甚至是液体中。

在纱线基础上，研究人员使用工业级的织样机将发电纱线进行编织得到了具有弹性的发电织物，其同样具有两栖工作的能力。发电纱线也可与其他市售纤维，如聚酰胺纤维、聚丙烯腈纤维等共同编织，纺织品的透气性、舒适性、发电功率便可有效调控。研发的发电织物制成的衣服，能够实现为电子设备锂电池充电、驱动无线信号传输系统、捕捉人体运动姿态等功能。

此外，通过静电纺丝和静电喷涂复合技术对涤纶织物表面进行改性处理，在其表面附上串珠结构的 PVDF 纳米纤维和 PTFE 纳米颗粒，可提高织物的表面粗糙度，改善织物的摩擦特性，从而大幅度提高电输出性能。将发电织物与人体服装进行结合，还可以有效监测人体运动的幅度和角度,用作高灵敏的人体运动传感器。

　　目前,鉴于能源纺织品难以规模化生产、能源器件的性能易受环境湿度影响、缺乏利用单根纱线实现发电的技术,可穿戴服装的开发仍任重道远。

参 考 文 献

[1]　许乃强，蔡行荣，庄衍平. 柴油发电机组新技术及应用[M]. 北京：机械工业出版社，2018.

[2]　贾锡印，李晓波. 柴油机燃油喷射及调节[M]. 哈尔滨：哈尔滨工程大学出版社，2002.

[3]　刘艳. 电工技术[M]. 北京：北京理工大学出版社，2015.

[4]　张慧颖，雷吉平. 电工技术[M]. 成都：电子科技大学出版社，2016.

[5]　林荣文. 电机学[M]. 北京：中国电力出版社，2011.

[6]　王勇. 电机与控制[M]. 3版. 北京：北京理工大学出版社，2016.

[7]　王爱霞，王蕾. 电机原理及实训[M]. 北京：中国电力出版社，2011.

[8]　张家生，邵虹君，郭峰. 电机原理与拖动基础[M]. 3版. 北京：北京邮电大学出版社，2017.

[9]　张月相，王雪艳，刘大学. 电控汽车柴油发动机培训教程[M]. 哈尔滨：黑龙江科学技术出版社，2007.

[10]　李洁，晁晓洁，贾渭娟，等. 电力电子技术[M]. 2版. 重庆：重庆大学出版社，2019.

[11]　刘志华，刘曙光. 电力电子技术[M]. 成都：电子科技大学出版社，2017.

[12]　王立夫，金海明. 电力电子技术[M]. 2版. 北京：北京邮电大学出版社，2017.

[13]　黄诗萱. 电力电子实用技术[M]. 北京：中国电力出版社，2010.

[14]　赵仲民. 电力系统与分析研究[M]. 成都：电子科技大学出版社，2017.

[15]　肖鹏，赵艳秋. 电气控制理论基础与技术应用[M]. 成都：电子科技大学出版社，2017.

[16]　张明，沈明辉. 电网系统与供电[M]. 南京：东南大学出版社，2014.

[17]　牟道槐，林莉. 发电厂变电站电气部分[M]. 4版. 重庆：重庆大学出版社，2017.

[18]　胡冬生，方青林. 发动机构造与拆装[M]. 长沙：湖南大学出版社，2015.

[19]　艾芊，郑志宇. 分布式发电与智能电网[M]. 上海：上海交通大学出版社，2013.

[20]　鲍玉军. 风光发电及传输技术[M]. 南京：东南大学出版社，2014.

[21]　张波，疏许健，黄润鸿. 感应和谐振无线电能传输技术的发展[J]. 电工技术学报，2017，32(18)：3-17.

[22]　金亚玲，周璐. 工厂供电[M]. 北京：北京理工大学出版社，2018.

[23]　黄其柏. 工程噪声控制学[M]. 武汉：华中科技大学出版社，1999.

[24]　苑薇薇，古正准，顾鹏冲. 工业企业供电[M]. 2版. 北京：北京邮电大学出版社，2017.

[25]　徐世勤，王樯. 工业噪声与振动控制[M]. 2版. 北京：冶金工业出版社，1999.

[26]　同向前，余健明，苏文成，等. 供电技术[M]. 5版. 北京：机械工业出版社，2018.

[27] 韦文诚. 固体燃料电池技术[M]. 上海：上海交通大学出版社，2014.

[28] 吴建春. 光伏发电系统建设实用技术[M]. 重庆：重庆大学出版社，2015.

[29] 郭炳焜，李新海，杨松青. 化学电源：电池原理及制造技术[M]. 长沙：中南大学出版社，2009.

[30] 潘仲麟，张邦俊. 环境声学与噪声控制[M]. 杭州：杭州大学出版社，1997.

[31] 张邦俊，翟国庆. 环境噪声学[M]. 杭州：浙江大学出版社，2001.

[32] 杨玉致. 机械噪声控制技术[M]. 北京：中国农业机械出版社，1983.

[33] 罗雄彬，谭梁，张俊，等. 基于汽车底盘取力发电设备的设计与试验[J]. 移动电源与车辆，2020(4)：34-37.

[34] 陈小剑. 舰船噪声控制技术[M]. 上海：上海交通大学出版社，2013.

[35] 吴红星. 开关磁阻电机系统理论与控制技术[M]. 北京：中国电力出版社，2010.

[36] 时君友，李翔宇. 可再生能源概述[M]. 成都：电子科技大学出版社，2017.

[37] 黄丽薇，王迷迷. 模拟电子电路[M]. 南京：东南大学出版社，2016.

[38] 杨庆伟. 内燃机噪声控制[M]. 太原：山西人民出版社，1985.

[39] 朱孟华. 内燃机振动与噪声控制[M]. 北京：国防工业出版社，1995.

[40] 宋福昌. 汽车电控柴油发动机结构与故障检修图解[M]. 北京：金盾出版社，2009.

[41] 夏令伟. 汽车发动机电控技术(柴油)[M]. 北京：清华大学出版社，2015.

[42] 吴天林，程宏贵，朱杰. 汽车发动机构造与维修[M]. 武汉：湖北科学技术出版社，2016.

[43] 张巨岭. 汽车取力发电系统结构设计及应用[J]. 汽车世界(车辆工程技术)，2020(5)：16，11.

[44] 李朝晖，杨新桦. 汽车新技术[M]. 2版. 重庆：重庆大学出版社，2012.

[45] 屈召贵，刘强，孙活，等. 嵌入式系统原理及应用：基于Cortex-M3和μC/OS-II[M]. 成都：电子科技大学出版社，2011.

[46] 李瑛，王林山. 燃料电池[M]. 北京：冶金工业出版社，2000.

[47] (德)周苏. 燃料电池汽车建模及仿真技术[M]. 北京：北京理工大学出版社，2017.

[48] 陈明. 软件工程学教程[M]. 北京：北京理工大学出版社，2013.

[49] 姜洪雁. 实用电工技术[M]. 北京：北京理工大学出版社，2017.

[50] 陈秀娟. 实用噪声与振动控制[M]. 2版. 北京：化学工业出版社，1996.

[51] 熊年禄. 数字电路[M]. 武汉：武汉大学出版社，2008.

[52] 冯珊珊. 数字电路的分析与应用[M]. 北京：北京理工大学出版社，2016.

[53] 车孝轩. 太阳能光伏发电及智能系统[M]. 武汉：武汉大学出版社，2013.

[54] 沈文忠. 太阳能光伏技术与应用[M]. 上海：上海交通大学出版社，2013.

[55] 黄学良，谭林林，陈中，等. 无线电能传输技术研究与应用综述[J]. 电工技术学报，2013，28(10)：1-11.

[56] 陈玉安，王必本，廖其龙. 现代功能材料[M]. 重庆：重庆大学出版社，2008.

[57] 王伯良. 现代机械噪声控制技术(二)[J]. 机械科技，1991(11)：39-42.

[58] 王伯良. 现代机械噪声控制技术(三)[J]. 机械科技，1991(12)：37.

[59] 王伯良. 现代机械噪声控制技术(四)[J]. 机械科技，1992(1)：42.

[60]　王伯良. 现代机械噪声控制技术（一）[J]. 机械科技，1991(10)：39-44.

[61]　孙宝元. 现代执行器技术[M]. 长春：吉林大学出版社，2003.

[62]　赵文钦，黄启松，林辉. 新编柴油汽油发电机实用维修技术[M]. 福州：福建科学技术出版社，2007.

[63]　雷永泉. 新能源材料[M]. 天津：天津大学出版社，2000.

[64]　吴其胜. 新能源材料[M]. 2版. 上海：华东理工大学出版社，2017.

[65]　马文胜，贾丽娜，郝金魁. 新能源汽车技术[M]. 北京：北京理工大学出版社，2018.

[66]　张之超，邹德伟. 新能源汽车驱动电机与控制技术[M]. 北京：北京理工大学出版社，2016.

[67]　刘培朋，饶梦琳，赵君建，等. 野战帐篷医院供配电系统设计[J]. 医疗卫生装备，2019，40(2)：30-35.

[68]　王秀和. 永磁电机[M]. 2版. 北京：中国电力出版社，2011.

[69]　张林. 噪声及其控制[M]. 北京：科学出版社，2018.

[70]　王文奇. 噪声控制技术及其应用[M]. 沈阳：辽宁科学技术出版社，1985.

[71]　王伯良. 噪声控制理论[M]. 武汉：华中理工大学出版社，1990.

[72]　李一龙，蔡振兴，张忠山. 智能微电网控制技术[M]. 北京：北京邮电大学出版社，2017.

[73]　沈传文，肖国春，于敏，等. 自动控制理论[M]. 西安：西安交通大学出版社，2007.

[74]　陈国呈. PWM变频调速及软开关电力变换技术[M]. 北京：机械工业出版社，2001.